21世纪高等学校文科计算机课程系列规划教材

Visual Basic
程序设计与应用开发教程

李俊 ◎ 主编　张沧生　于会萍　尹胜彬 ◎ 编著

计算机

人民邮电出版社
北　京

图书在版编目（CIP）数据

Visual Basic程序设计与应用开发教程 / 李俊主编
. —— 北京：人民邮电出版社，2009.10
（21世纪高等学校文科计算机课程系列规划教材）
ISBN 978-7-115-21459-1

Ⅰ. ①V… Ⅱ. ①李… Ⅲ. ①
BASIC语言—程序设计—高等学校—教材 Ⅳ. ①TP312

中国版本图书馆CIP数据核字(2009)第177587号

内　容　提　要

本书介绍利用 Visual Basic 6.0 进行程序设计的思路和方法。全书分为基础篇、提高篇和实验篇。基础篇分为 10 章，介绍 Visual Basic 6.0 开发环境、基本语法、基本控件、文件操作等；提高篇分为 4 章，介绍图形操作、多文档界面操作、数据库程序设计和文件系统操作；实验篇介绍 16 个与前面章节配套的实验内容。

本书内容翔实、案例新颖、结构清晰、可操作性强，结合了作者多年的 Visual Basic 6.0 开发经验和教学经验，充分强调实践性、实用性和技能性。本书可作为高等院校和各种培训班的教材，也可作为深入学习 Visual Basic 6.0 程序设计的自学参考书。

21 世纪高等学校文科计算机课程系列规划教材

Visual Basic 程序设计与应用开发教程

◆ 主　　编　李　俊
　　编　　著　张沧生　于会萍　尹胜彬
　　责任编辑　邹文波

◆ 人民邮电出版社出版发行　　北京市崇文区夕照寺街 14 号
　　邮编　100061　　电子函件　315@ptpress.com.cn
　　网址　http://www.ptpress.com.cn
　　三河市海波印务有限公司印刷

◆ 开本：787×1092　1/16
　　印张：18.25
　　字数：475 千字　　　　　　　　2009 年 10 月第 1 版
　　印数：1 - 3 000 册　　　　　　2009 年 10 月河北第 1 次印刷

ISBN 978-7-115-21459-1
定价：29.00 元
读者服务热线：(010)67170985　印装质量热线：(010)67129223
反盗版热线：(010)67171154

前　言

Visual Basic 6.0 是 Microsoft 公司推出的面向对象的应用程序开发工具，具有简单易学、实用方便、功能强大等特点，已经成为目前使用非常广泛的高级程序设计语言，在程序员中备受青睐。

本书结合了作者多年的 Visual Basic 6.0 开发经验和教学经验，充分强调实践性、实用性和技能性。

本书具有如下主要特点。

1. 案例新颖

本书中的每个案例都由作者精心设计，通过这些案例，不仅可以提高读者学习的兴趣，而且可以使读者对所学知识点达到举一反三的效果，从而更深刻地理解所学的知识点。

2. 内容安排层次清晰

本书根据读者的学习过程分为两个层次。第一层次为 Visual Basic 6.0 程序设计基础学习，本层次适合初学者学习 Visual Basic 6.0 程序设计，同时，也适合作为高等院校本科教学内容。第二层次为 Visual Basic 6.0 程序设计深入学习，本层次适合具有 Visual Basic 程序设计基础的读者深入学习 Visual Basic 6.0 图形设计、多文档设计、数据库设计和文件系统设计，也适合作为高等院校本科毕业生毕业设计的参考内容。

3. 注重实践教学

很多 Visual Basic 教材只注重了课堂教学，却忽视了实践教学，虽然有些教材也有一些习题，但是，这些习题往往无法将一次课的内容汇总为一个综合实践，因此，需要教师冥思苦想把一次课的内容汇总成一个综合实验。本教材为了解决这个问题，结合作者多年的教学经验，特意将每次课的内容汇总为一个能够激发学生兴趣的综合实验，从而提高学生学习的积极性，提高学生的实践创造能力，减轻教师实验设计的负担。

本书由李俊主编并进行总体设计，同时编写第 1 章～第 6 章；尹胜彬编写第 7 章～第 10 章；于会萍编写第 11 章～第 14 章；张沧生编写实验内容部分。

本书相关教学资料可以通过编者 VB 教材网站（http://cc.hbu.cn/vb）下载。

由于编者的水平有限，书中难免存在错误和不妥之处，敬请读者批评指正。

编者

2009 年 9 月

目 录

第2部分 提 高 篇

第 3 部分　实　验　篇

第 1 部分
基础篇

第1章
Visual Basic 6.0 概述

本章要点：

- 了解 Visual Basic 的产生和发展；
- 熟悉 Visual Basic 6.0 的集成开发环境；
- 掌握 Visual Basic 6.0 的程序开发步骤。

Visual Basic 应用程序的开发是在一个集成的环境中进行的，编写应用程序前，必须要了解 Visual Basic 开发环境。本章将介绍 Visual Basic 的特点及 Visual Basic 6.0 集成开发环境，并通过一个简单事例介绍 Visual Basic 程序开发的步骤。

1.1　Visual Basic 6.0 简介

Visual Basic 是由 Microsoft 公司推出的一套完整的 Windows 系统软件开发工具，它继承了 BASIC 语言简单易学的优点，同时增加了许多新的功能，可用于开发 Windows 环境下的各类应用程序，是一种可视化、真正面向对象、采用事件驱动方式的结构化高级程序设计语言和工具的完美集成。它编程简单、方便，功能强大，具有与其他语言及环境的良好接口，不需要编程开发人员具备特别高深的专业知识，只要懂得 Windows 的界面及其基本操作，就可以迅速上手。

1.1.1　Visual Basic 的产生和发展

Visual Basic 是在原有的 BASIC（Beginners All-Purpose Symbol Instruction Code，初学者通用的符号指令代码）语言的基础上进一步发展而产生的。1991 年，Microsoft 公司推出了 Visual Basic 1.0 版后，虽然存在一些缺陷，但是，它是第 1 个"可视"的编程工具，受到了广大程序员的青睐。随后 Microsoft 公司又分别在 1992 年、1993 年、1995 年、1997 年和 1998 年相继推出了 Visual Basic 2.0、3.0、4.0、5.0 和 6.0 版本。Visual Basic 6.0 比以前版本在功能和性能上进行了大幅的提升。Visual Basic 6.0 对面向对象编程技术做了许多扩展，用户可以自定义对象所处理的事件，提出了部件编程的概念。同时还提供了新的、灵巧的数据库和 Web 开发工具。

1.1.2　Visual Basic 的特点

Visual Basic 主要有以下功能特点。

1. 可视化开发工具

Visual Basic 提供了可视化的设计工具，把 Windows 界面设计的复杂性封装起来，开发人员只需从现有的工具箱中拖出所需的对象，即可直接在屏幕上设计出所需的界面，Visual Basic 自动产生界面设计代码，从而可以大大地提高程序设计的效率。

2. 面向对象的程序设计方法

Visual Basic 支持面向对象的程序设计，但它与一般的面向对象程序设计语言（如 Java）不完全相同。在一般的面向对象程序设计语言中，对象由程序和数据组成，是抽象的概念；而 Visual Basic 则是将程序和数据封装起来作为一个对象，并为每个对象定义了相应的属性。在使用对象时，不必编写建立和描述对象的程序代码，而是用工具直接绘制在界面上，Visual Basic 自动生成对象的程序代码并封装起来，从而简化用户的程序设计。

3. 事件驱动的编程机制

Visual Basic 通过事件来执行对象的操作。一个对象可能会产生多个事件，每个事件都可以通过一段程序来响应。而在设计这些程序时，不必建立具有明显开始和结束的程序，而是编写若干个子程序，即过程，这些过程分别面向不同的对象，由用户操作引发某个事件来驱动执行某种特定的功能，或者由事件驱动程序调用通用过程来执行制定的操作。

4. 结构化程序设计

Visual Basic 是由 Basic 发展而来，具有高级程序设计语言的语句结构，具有结构化的程序设计结构，同时还具有完善的调式、运行出错处理等特点。

5. 支持对多种数据库系统的访问

Visual Basic 可以直接编辑或访问多种数据库，如 Microsoft Access、Microsoft SQL Server、dBase、FoxPro、Paradox 等。另外，Visual Basic 还可通过开放式数据库连接（ODBC）功能，利用结构化查询语言（SQL）操作后台大型网络数据库。

6. 强大的数据和代码共享能力

Visual Basic 支持动态数据交换（DDE）。Visual Basic 可以在应用程序中与其他的应用软件进行通信，可以进行数据的交换。

Visual Basic 支持对象的链接与嵌入（OLE）。该技术将每个应用程序都看成一个对象，将不同的对象链接起来，嵌入到 Visual Basic 应用程序中，从而可以得到具有声音、影像、图像、动画、文字等各种信息的集合式文件。

Visual Basic 支持动态链接库（DLL）。Visual Basic 通过动态链接库技术可以调用其他语言生成的 DLL 文件，或调用 Windows 应用程序接口（API），从而完成许多对 Windows 系统底层的操作。

1.2　Visual Basic 6.0 的启动与退出

1. 启动 Visual Basic

进入 Windows 后，可以用多种方法启动 Visual Basic。

方法一：利用快捷方式。操作如下。

（1）从桌面或者"开始"→"所有程序"→"Microsoft Visual Basic 6.0 中文版"菜单中找到"Microsoft Visual Basic 6.0 中文版"快捷方式，启动 Visual Basic，弹出如图 1-1 所示的新建工程对话框。

（2）在"新建"选项卡列表框中，选择"标准 EXE"工程类型，并单击"打开"按钮，即启动了 Visual Basic 并进入 Visual Basic 主窗口，如图 1-2 所示。

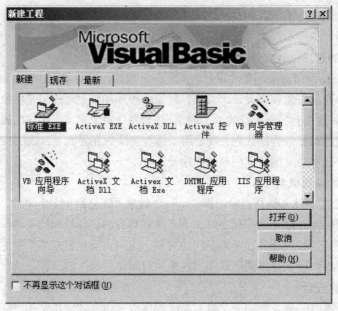

图 1-1　"新建工程"对话框

在图 1-1 中，3 个选项卡的功能如下。

① 新建：通过该选项卡，用户可以选择不同的工程类型，并从头开始新建。

② 现存：通过该选项卡，用户可以打开一个现存的工程。

③ 最新：通过该选项卡，用户可以打开最近打开的工程。

方法二：通过双击工程文件（扩展名为.vbp 的文件）也可以直接启动 Visual Basic 并打开一个工程。

2. 退出 Visual Basic

单击标题栏中的 ✕ 按钮，或者单击"文件"菜单中的"退出"命令，可以退出 Visual Basic。如果当前程序已修改且没有存盘，系统将显示一个是否存盘的对话框，此时，用户选择"是"按钮，则存盘退出；选择"否"按钮，则不存盘退出。

1.3　Visual Basic 6.0 的集成开发环境

1.3.1　主窗口

Visual Basic 6.0 的集成开发环境如图 1-2 所示，下面对这个集成开发环境的主窗口进行介绍。

1. 标题栏

标题栏中显示当前正在编辑的工程名称以及工作模式，如果当前工程为新建的工程，系统默认工程名为"工程 1"，如图 1-2 所示。方括号括起来的为当前的工作模式，在 Visual Basic 中程序的工作模式分别为：设计模式、运行模式和中断模式。

2. 菜单栏

Visual Basic 集成开发环境的菜单栏中包含了使用 Visual Basic 的所有命令。共有 13 个菜单项，即文件、编辑、视图、工程、格式、调试、运行、查询、图表、工具、外接程序、窗口和帮助，如图 1-3 所示。用户可以通过单击菜单项打开相应的菜单，也可以通过 Alt+菜单项上标注的字符直接通过键盘打开一个菜单项。

图 1-2　Visual Basic 6.0 集成开发环境

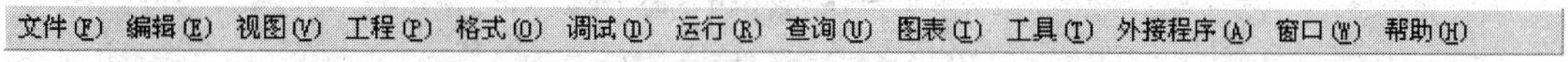

文件(F)　编辑(E)　视图(V)　工程(P)　格式(O)　调试(D)　运行(R)　查询(U)　图表(I)　工具(T)　外接程序(A)　窗口(W)　帮助(H)

图 1-3　菜单栏

3. 工具栏

工具栏提供了常用命令的快速访问方式。单击工具栏上的按钮，就会执行按钮所代表的操作。Visual Basic 共有常见的 4 种工具栏，分别为编辑、标准、窗体编辑器和调试工具栏，默认显示标准工具栏，如图 1-4 所示。其他工具栏可以从"视图"菜单中的"工具栏"命令中进行选择，也可以直接在现有工具栏或菜单栏上单击鼠标右键进行选择。

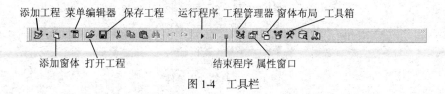

图 1-4　工具栏

1.3.2　窗体设计窗口

窗体设计窗口，如图 1-5 所示，是设计应用程序最终面向用户界面的窗口。各种图形、图像、数据都是通过窗体或窗体中的控件显示出来。应用程序的每个窗体都有自己的窗体设计窗口。

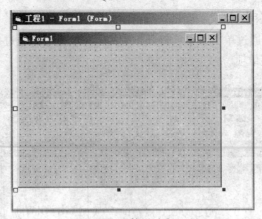

图 1-5　窗体设计窗口

在窗体设计窗口中布满了小点（见图 1-5），通过这些小点可以对齐窗体上的控件（这些点在程序运行时，不会显示在窗体上）。可以通过选择"工具"菜单的"选项"命令，在"通用"选项卡的"显示网格"选项中设置是否显示小点，同时也可以在该选项卡中设置小点的宽度和高度来调整小点之间的距离。

1.3.3　工具箱

在 Visual Basic 6.0 中，系统默认控件工具箱只有一个 General 选项卡，位于屏幕的左边。工具箱上的每个图标表示一种控件，系统提供了常用的 20 个控件，如图 1-6 所示。

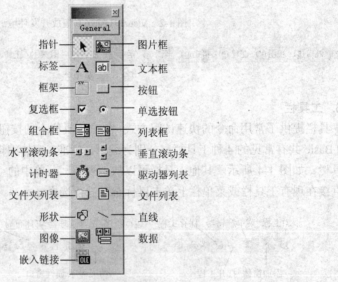

图 1-6　工具箱常用控件

如果用户想将其他的 ActiveX 控件添加到控件工具箱中，可以通过在控件工具箱中单击鼠标右键，选择"部件"命令，将弹出如图 1-7 所示的"部件"对话框，在该对话框中列出了系统的所有的 ActiveX 控件，用户可以选中需要的控件，并单击"确定"按钮，选中的控件就被添加到工具箱上了。同时用户也可以在控件工具箱上单击鼠标右键，选择"添加选项卡"命令来增加新的选项卡，从而可以将控件工具箱上的控件进行分类存放。

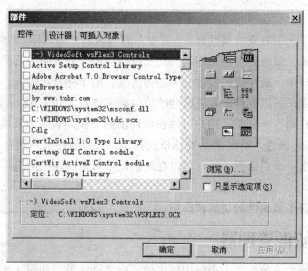

图 1-7　"部件"对话框

1.3.4　属性窗口

属性窗口主要是针对窗体和控件设置的。在 Visual Basic 中，窗体和控件被称为对象。每个对象都可以用一组属性来描述其特征，用户可以通过属性窗口来修改这些对象的属性。

图 1-8 所示为一个属性窗口。除标题外，属性窗口分为 4 部分，分别为对象框、属性显示方式、属性列表和属性说明部分。

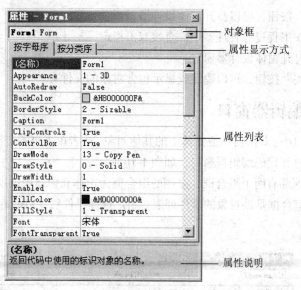

图 1-8　属性窗口

对象框位于属性窗口的顶部，通过单击下拉列表可以列出当前正在编辑的窗体以及窗体上的所有的对象，用户可以通过这里选择不同对象进行属性设置，也可以在窗体上直接选择不同的对象，属性窗口中的对象框会自动地切换到相应的对象。

属性的显示方式有两种，一种为按字母序，一种为按分类序。用户可以通过单击"按字母序"将对象的属性按字母排列的顺序进行显示，也可以通过"按分类序"，将属性按照类别进行分类排列。

属性列表中显示了选中对象的属性列表，其中左侧列为属性的名称，右侧列为相应属性的值。注意，不同类别的对象，属性列表也不相同。用户可以在属性列表中为某些属性设置值来修改控件的属性。在属性窗口中，属性值的设置分为 3 种情况：第 1 种直接输入，如果单击某个属性的值后有光标在闪烁，用户可以直接输入该属性的值，如窗体对象的 Caption 属性；第 2 种为下拉选择型，如果属性值右侧有 ▼ 图标，用户可以在属性值的下拉列表中为属性直接选择一个值，如窗体对象的 BorderStyle 属性；第 3 种为对话框选择型，如果属性值右侧有 ... 图标，用户可以单击该图标，系统将弹出一个对话框，用户可以在对话框中对该属性的值进行设置，比如窗体对象的 Picture 属性。

属性说明部分解释了该属性的功能和作用。

1.3.5　工程资源管理器

在工程资源管理器中，包含着一个应用程序的所有文件清单，如图 1-9 所示。工程资源管理器窗口中的文件可以分为 6 类，即工程文件（.vbp）、窗体文件（.frm）、程序模块文件（*.bas）、类模块文件（.cls）、资源文件（*.RES）和工程组文件（*.vbg）文件。

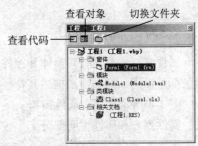

图 1-9　工程资源管理器

在工程资源管理器中有 3 个按钮，分别是"查看代码"、"查看对象"和"切换文件夹"。

单击"查看代码"按钮，可以打开代码编辑器窗口查看代码。

单击"查看对象"按钮，可以打开窗体设计器窗口，查看窗体中的对象。在工程资源管理器中，直接双击指定的窗体对象，也可以打开窗体设计器窗口。

单击"切换文件夹"按钮，可以隐藏或显示包含对象的文件夹。

1.3.6　代码编辑器窗口

在窗体设计器窗口中，双击窗体或窗体上的其他对象，或者单击工程资源管理器窗口中的"查看代码"按钮，可以打开代码编辑器窗口，如图 1-10 所示。

在代码编辑器的顶部有两个组合框，左侧的组合框为窗体和窗体中的所有对象列表。选定左侧的对象后，右侧的组合框是该对象的事件列表。用户选择事件后，Visual Basic 会自动地生成事件的起始和结束代码。

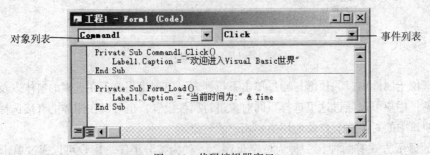

图 1-10　代码编辑器窗口

1.3.7　窗体布局窗口

窗体布局窗口显示在屏幕的右下角，如图 1-11 所示。用户可使用屏幕中的窗体图像来设置窗体启动时的位置。用户通过在窗体布局窗口中的窗体图像上单击鼠标右键，可以设置窗体的启动位置。启动位置包括手工、所有者中心、屏幕中心和 Windows 默认。

1.3.8　立即窗口

在 Visual Basic 集成环境中，运行"视图"菜单的"立即窗口"命令，即可打开立即窗口，如图 1-12 所示。

图 1-11　布局窗口

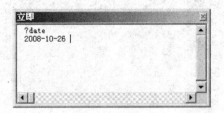

图 1-12　立即窗口

用户可以在立即窗口中用"？"或 Print 输出一些表达式的值。也可以在程序中断时，输出一些变量或对象属性的值。

例如，在立即窗口中输入：

```
?date
2008-10-26                      '输出结果
```

此外，在 Visual Basic 6.0 中还有本地窗口和监视窗口。它们都是为调试应用程序提供的。

1.4　一个简单的 Visual Basic 程序

本节通过编写一个简单的程序向读者介绍 Visual Basic 应用程序的创建步骤。一般来讲，创建 Visual Basic 应用程序分为 7 个步骤，分别是新建工程、设计界面、设置属性、编写代码、保存工程、调试运行和生成可执行文件。

【例 1.1】设计一个简单的应用程序，在窗体上绘制 3 个按钮和一个文本框，界面如图 1-13 所示。功能要求：单击"显示"按钮时，在文本框中显示"欢迎进入 Visual Basic 世界"；单击"清空"按钮时，文本框不显示内容；单击"退出"按钮时，退出程序。文本框中开始没有任何内容，字体为一号、宋体、加粗。

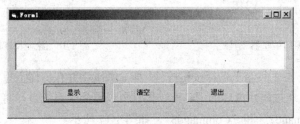

图 1-13　程序运行结果

1. 新建工程

启动 Visual Basic 6.0，并在"新建工程"对话框中（见图 1-1）选择"标准 EXE"，单击"打开"按钮进入 Visual Basic 的设计工作模式，系统将默认的新建一个新的工程，如图 1-14 所示。

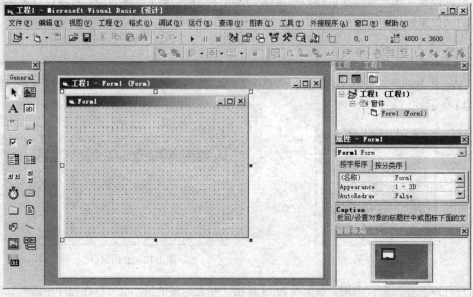

图 1-14　新建工程

2. 设计界面

在设计界面时，建议读者将窗体编辑器工具栏显示出来。方法是在标准工具栏上单击鼠标右键，选择"窗体编辑器"，即可显示出窗体编辑器工具栏，如图 1-15 所示。

（1）绘制控件

在工具箱上单击 图标，该图标会变亮且凹下去，此时将鼠标移向窗体设计器，鼠标指针会变成"十"字型，在窗体上按住鼠标左键拖曳出一个矩形框，松开鼠标左键后，就会在窗体上绘制出一个文本框，文本框中显示一个"Text1"字符串，通过属性窗口的"名称"属性可以看到系统自动命名为 Text1，如图 1-16 所示。

图 1-15　窗体编辑器工具栏

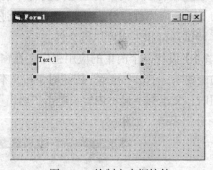

图 1-16　绘制文本框控件

使用相同的方法，在工具箱上选择按钮控件，即 图标，并在窗体上重复绘制 3 个按钮控件。分别选择 3 个按钮，通过属性窗口的"名称"属性可以看到，系统自动将 3 个按钮分别命名为"Command1"、"Command2"和"Command3"，如图 1-17 所示。

（2）调整控件大小

选择要调整尺寸的控件，选定的控件上将会出现调整尺寸的句柄（见图 1-16），通过拖动尺寸句柄可直接调整控件的高度和宽度。也可以在选中控件后，用 Shift+方向键直接改变控件的大小。

如果想将多个控件的大小设置为相同的尺寸，首先通过 Shift 键同时选中这些控件，如本例中的 Command1 按钮、Command2 按钮和 Command3 按钮，然后选择窗体编辑器工具栏上控件大小 右侧的向下三角形，在弹出菜单中选择"两者都相同"命令，所有选中控件的大小都等同于最后一个选中的控件。

（3）调整控件位置

在窗体编辑器中，用户可以直接拖动控件到一个合适的位置，也可以通过 Ctrl+方向键调整控件的位置。

如果想调整多个控件并将其对齐，可以先通过 Shift 键选择要对齐的控件，然后选择窗体编辑器工具栏上控件对齐 右侧的向下三角形，在弹出菜单中选择相应的对齐方式即可。

如果想使得多个控件的间距相同，可以先选中这些控件，然后单击"格式"菜单的"水平间距"或"垂直间距"中的"间距相同"命令。

如果想使得多个控件位于窗体的水平中间位置，可以先选中这些控件，然后选择窗体编辑器工具栏上控件位置 右侧的向下三角形，在弹出菜单中选择相应的命令。

通过以上方法，可以将本例中的界面设计为如图 1-18 所示的效果。

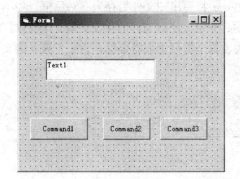

图 1-17　添加按钮后的界面

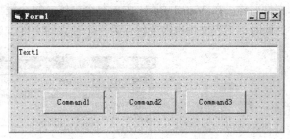

图 1-18　设计界面

3. 设置属性

界面设计好后，可以通过属性窗口来修改各个控件的属性。属性的设置方法如下。

首先设置文本框属性。先选中文本框控件，然后在属性窗口中将 Text 属性的值设置为空；找到 Font 属性，单击 图标，将文本框的字体设置为一号、宋体、加粗。用相同的方法，将 Command1 按钮、Command2 按钮和 Command3 按钮的 Caption 属性设置为"显示"、"清空"和"退出"。

4. 编写代码

设置好控件的属性后，需要为一些控件添加代码以便实现指定的功能。编写代码的方法如下。

在窗体编辑器中，双击 Command1 按钮即可进入代码编辑器窗口，系统自动为 Command1 按钮选择一个 Click 事件，现在就可以为 Command1 的 Click 事件添加代码，如图 1-19 所示。通过在代码窗口的对象列表组合框中选择 Command2 和 Command3，可以分别为 Command2 和 Command3 添加 Click 事件，并添加相应的代码，如图 1-19 所示。

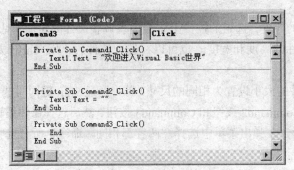

图 1-19　编写事件代码的窗口

3 个按钮的事件代码如下：

```
Private Sub Command1_Click()
    Text1.Text = "欢迎进入 Visual Basic 世界"
End Sub
Private Sub Command2_Click()
    Text1.Text = ""
End Sub
Private Sub Command3_Click()
    End
End Sub
```

5．保存工程

编写完代码后，单击工具栏上的 🖫 按钮，Visual Basic 将弹出"文件另存为"对话框，如图 1-20 所示。在存盘时，Visual Basic 会多次弹出该对话框，一定要注意文件的保存类型、保存位置和文件名称。在 Visual Basic 中，每个窗体、每个模块、每个类模块都需要保存为一个独立的文件，同时，工程文件也需要保存为一个独立的文件。

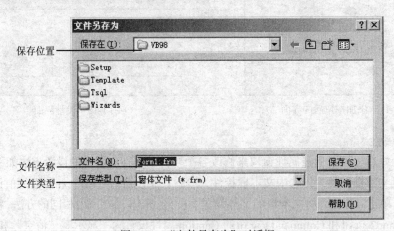

图 1-20　"文件另存为"对话框

6．调式运行

选择"运行"菜单的"启动"命令，或按 F5 键，或单击工具栏上的 ▶ 按钮，都可运行程序。单击"显示"按钮，如果程序代码有错，就会弹出如图 1-21 所示的对话框。

单击"调试"按钮，系统会定位到出错的语句，如图 1-22 所示。

将出错的代码修改后（本例中，Text2 应该改为 Text1），单击工具栏上 ▶ 按钮可以继续运行程序。其他按钮的代码也可以用相同的方法进行调试，直到没有错误为止。

<table>
<tr><td>图 1-21　程序运行错误对话框</td><td>图 1-22　程序调试窗口</td></tr>
</table>

7. 生成可执行程序

程序调试完成后，如果没有错误，可以将其生成独立的可执行程序，即.EXE 文件，具体的方法如下。

单击"文件"菜单中的"生成 XXX.exe"命令（其中 XXX 为当前工程的名称），Visual Basic 弹出一个"生成工程"的对话框，用户可以通过对话框选择生成可执行文件的位置和名称。生成后，这个可执行程序就可以独立的运行了。

本章小结

本章重点介绍了 Visual Basic 的集成开发环境，并通过一个简单的程序介绍了 Visual Basic 程序设计由新建一个工程到生成可执行程序的过程。希望读者能够通过这个简单的程序更加熟悉和掌握 Visual Basic 集成开发环境中各个窗口的应用。

习　题

1. 简述 Visual Basic 的功能特点。
2. Visual Basic 的工作模式有哪些？
3. 如何显示工具箱、属性窗口和工程资源管理器？
4. 用 Visual Basic 编写一个应用程序需要哪些步骤？

第 2 章
窗体和基本控件

本章要点：

- 理解对象、属性、事件和方法的概念；
- 掌握窗体的基本属性、事件和方法；
- 掌握标签控件、文本框控件、命令按钮的基本属性、事件和方法。

窗体对象、命令按钮控件、标签控件和文本框控件是 Visual Basic 程序设计中使用最多的控件，本章将介绍对象的概念以及这些基本控件的属性、事件和方法。

2.1 Visual Basic 中的基本概念

用 Visual Basic 进行应用程序设计，实际上是与一组标准对象进行交互的过程。因此，准确地理解对象、属性、事件和方法等几个重要的概念，是设计 Visual Basic 的重要环节。

1. 对象

在面向对象的程序设计中，"对象"是系统中的基本运行实体，是一个具体实例，如控件工具箱上的各个控件，只有将控件绘制到窗体上时，这个控件才叫做一个对象，如果再绘制一个相同的控件，则生成了另外一个对象。在 Visual Basic 中，对象分为两类，一类是由系统设计好的，称为预定义对象，可以直接使用，如窗体、各种控件、菜单、显示器、剪贴板等；另一类由用户自己定义。

2. 属性

属性是一个对象的特性，是用来描述和反映对象特征的参数。对象常见的属性有名称（Name）、字体（FontName）、标题（Caption）、是否可见（Visible）等。不同的对象具有不同的属性，如文本框控件有 Text 属性，而标签控件则没有该属性。

在设计应用程序时，有以下两种方法可以修改对象的属性。

（1）在设计阶段，选中某对象，利用属性窗口直接进行修改。

（2）利用程序语句设置，格式为

    对象名称.属性名称=属性值

例如，假定窗体上有一个文本框，名称为 Text1，如果将该对象的 Text 属性设置为"欢迎学习 Visual Basic"，其在程序中的代码格式为

```
Text1.Text="欢迎学习 Visual Basic"
```

3．事件

Visual Basic 是采用事件驱动编程机制的语言。在 Visual Basic 中，每个对象都有一系列预先定义好的事件，如单击（Click）、双击（DblClick）、鼠标移动（MouseMove）等，程序员在编写程序时，只编写响应用户动作的程序。不同的对象能够识别的事件也不一样，比如窗体有装载事件（Load），而按钮则没有该事件。

响应某个事件后所执行的操作通过一段程序代码来实现，这样的一段程序代码叫做事件过程。一个对象可以识别一个或多个事件，因此，可以使用一个或多个事件过程对用户或系统的事件作出响应。

事件过程的一般格式为

```
Private Sub  对象名称_事件名称[(参数列表)]
    …事件响应程序代码
End Sub
```

"对象名称"指的是该对象的 Name 属性，但如果该对象为窗体对象，则对象名称都为固定名称"Form"，不用窗体对象的名称。

例如，单击名称为"cmdHello"的命令按钮，使命令按钮的标题改为"Hello"，对应的事件过程如下：

```
Private Sub cmdHello_Click()
    cmdHello.Caption = "Hello"
End Sub
```

例如，单击窗体时，在窗体上输出"欢迎学习 Visual Basic"，对应的事件过程如下：

```
Private Sub Form_Click()
    Print "欢迎学习 Visual Basic"
End Sub
```

在编写事件过程时，用户可以双击事件的对象，切换到代码视图，然后再在事件列表中选择相应的事件，系统会自动生成事件过程，最后在生成的事件过程中编写代码即可，如图 2-1 所示。

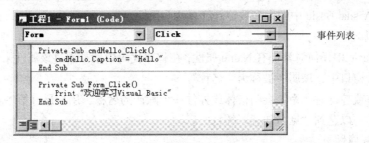

图 2-1　事件过程

4．方法

方法是面向对象程序设计语言为编程者提供的用来完成特定操作的过程和函数。在 Visual Basic 中，已将一些通用的过程和函数编写好并封装起来，作为方法用户可直接调用。其调用的格式为

　　　[对象名称.]方法 [参数列表]

例如，需要在名称为 Form1 的窗体上输出"Welcome"，可以使用窗体的 Print 方法：

　　　Form1.Print "Welcome"

若当前窗体是 Form1，则可以省略窗体名称，直接写为：Print "Welcome"。当前对象若为窗体对象则可以省略，如果为其他对象，对象名称不能省略。

2.2 窗　　体

窗体是一块"画布"，在窗体上可以直观地建立应用程序。窗体是所有控件的容器，各种控件对象必须建立在窗体上，一个窗体对应一个窗体模块。

2.2.1　窗体的结构与属性

窗体的结构与 Windows 窗口十分类似，在程序设计阶段称为窗体，在程序运行阶段称为窗口。Visual Basic 中的窗体在默认设置下具有控制菜单、标题、最大化/还原按钮、最小化按钮、关闭按钮等，如图 2-2 所示。

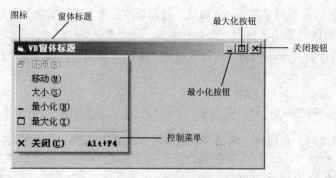

图 2-2　窗体的结构

1. 窗体的基本属性

窗体的基本属性有 Name、Caption、Font、Left、Top、Height、Width、Visible、Enabled、ForeColor、BackColor 等。Visual Basic 中的大多数控件都有这些属性。

（1）Name 属性

在 Visual Basic 中任何对象都有 Name 属性，在程序代码中就是通过该属性来引用、操作具体对象的。在属性窗口中，该属性被称为"名称"。

在添加窗体或控件时，系统会给窗体或控件一个默认的名称，用户最好给 Name 属性一个有实际意义的名称，以达到"见名知意"的目的。

（2）Caption 属性

这是窗体的标题属性，通过修改该属性可以改变窗体标题栏上的文本内容。图 2-2 所示窗体的 Caption 属性为"VB 窗体标题"。

（3）Font 属性

Font 属性由一组字体相关的属性组成，在属性窗口中，可以通过字体对话框直接设置，在代码视图下，分别对应如下属性。

① FontName 属性：设置对象字体名称，如 Form1.FontName= "隶书"。

② FontSize 属性：设置对象字体大小，如 Form1.FontSize=20。

③ FontBold 属性：设置对象字体是否加粗，值为 True 或 False，如 Form1.FontBold=True。

④ FontItalic 属性：设置对象字体是否倾斜，值为 True 或 False，如 Form1.FontItalic=True。

⑤ FontStrikeThru 属性：设置对象字体是否加删除线，值为 True 或 False。

⑥ FontUnderLine 属性：设置对象字体是否加下划线，值为 True 或 False。

（4）Left 和 Top 属性

窗体的 Left 属性是指窗体距离屏幕左侧的距离。Top 属性是指窗体距离屏幕顶端的距离。对于控件，Left 属性和 Top 属性则是相对"容器"左侧和顶端的距离，如窗体上控件的 Left 属性和 Top 属性是指控件到窗体的左侧和窗体的顶端的距离。其默认单位是 twip，其中，1twip=1/20 点 =1/1 440 英寸=1/567 厘米。

（5）Height 和 Width 属性

该属性用于返回或设置对象的高度和宽度，单位为 twip。对于窗体是指窗体的高度和宽度，包括边框和标题栏。

（6）Visible 属性

该属性用于返回或设置一个对象是否可见，值为逻辑型，即 True/False。如果想隐藏一个对象，将该对象的 Visible 属性设置为 False 即可。

（7）Enabled 属性

该属性用于返回或设置一个对象是否可用，值为逻辑型。通过对该属性的设置，可以将窗体或控件设置为有效或无效。如果将"容器"对象的 Enabled 属性设置为 False，则该容器中的所有控件都将无效。

（8）ForeColor 属性

该属性用于返回或设置一个对象的字体颜色。该属性的取值为十六进制整数。在 Visual Basic 中通常用 Windows 运行环境中的 RGB 颜色方案，使用调色板或在代码中使用 RGB 或 QBColor 函数指定标准 RGB 颜色。

例如，将窗体 Form1 的字体颜色设置为红色，则可以使用

```
Form1.ForeColor=RGB(255,0,0)
```

也可以使用

```
Form1.ForeColor=&HFF&
```

或

```
Form1.ForeColor=vbRed
```

（9）BackColor 属性

该属性用于返回或设置一个对象的背景颜色，其属性取值同 ForeColor 属性。

2. 窗体的其他常用属性

（1）MaxButton 和 MinButton 属性

MaxButton 属性和 MinButton 属性的取值为逻辑型，如果取值为 True，则有最大化和最小化按钮；如果取值为 False，则没有最大化和最小化按钮。

（2）Icon 属性

该属性用于返回或设置窗体左上角显示的图标。只有 ControlBox 属性设置为 True 时，才能显示窗体图标。单击窗体属性窗口的 icon 属性右侧的 图标，可以加载扩展名为.ico 或.cur 的图标文件，并将其设置为窗体的图标。

（3）ControlBox 属性

该属性用于设置控制菜单、最大化按钮、最小化按钮和关闭按钮是否显示。如果取值为 True，则所有控制按钮显示；如果取值为 False，窗体将不显示所有的控制按钮。

（4）Picture 属性

该属性用于设置窗体中要显示的图片。加载图片的方法和加载窗体图标的方法一样。如果需要删除该图片，选择该属性的值，按 Delete 键即可。

（5）BorderStyle 属性

通过改变 BorderStyle 属性，可以控制窗体如何调整大小，它的取值情况如表 2.1 所示。

表 2.1   BorderStyle 属性的取值

属 性 值	说 明
0-None	窗体无边框
1-Fixed Single	固定单边框。包含控制菜单框、标题栏、最大化、最小化按钮，其大小只能用最大化和最小化按钮改变
2-Slzable	（默认值）可调整的边框。窗体大小可变，有标准的双线边界
3-Fixed Dialog	固定对话框。包含控制菜单框和标题栏，但没有最大化和最小化按钮。窗体大小不可改变（设计时设定），并有双线边界
4-Fixed ToolWindow	固定工具窗口。窗体大小不能改变，只显示关闭按钮，并用缩小的字体显示标题栏
5-Sizable ToolWindow	可改变大小的工具窗口。窗体大小可变，只显示关闭按钮，并用缩小的字体显示标题栏

该属性为只读属性，即只能在设计时通过属性窗口改变，不能在代码中改变。

（6）WindowState 属性

该属性用于返回或设置窗体运行的状态。其取值有 3 种情况，对应 3 个状态，取值情况如下。

0-Normal：正常状态，有窗口边界。

1-Minimized：最小化状态，显示一个示意图标。

2-Maxmized：最大化状态，无边框，充满整个屏幕。

（7）AutoRedraw 属性

该属性决定窗体被隐藏或被另一个窗口覆盖之后重新显示时，是否重新还原该窗体被隐藏或覆盖以前的画面，即影响利用 Circle、Line、Pset、Print 等方法输出的内容，不影响控件的显示。如果该属性取值为 True，则显示以前输出的内容；如果取值为 False，则不显示。

2.2.2 窗体事件

与窗体有关的事件较多，其中常用的有以下几个。

1. Click（单击）事件

在程序运行时单击窗体内的某个位置，Visual Basic 将调用窗体的 Form_Click 事件过程。注意，如果单击窗体上的控件，则不会激发窗体的 Click 事件，而是激发被单击对象的 Click 事件。

2. DblClick（双击）事件

在程序运行时双击窗体的某个位置，Visual Basic 将调用窗体的 Form_DblClick 事件过程。注意，双击实际上触发两个事件，第 1 次按键激发 Click 事件，第 2 次按键激发 DblClick 事件。

3. Load（载入）事件

程序运行时，在窗体显示之前，系统将自动激发窗体的 Load 事件，所以，该事件经常用来在启动应用程序时对对象的属性和变量进行初始化操作。

4. Unload（卸载）事件

当关闭一个窗体时，系统将自动激发窗体的 Unload 事件，因此，该事件经常用来在关闭窗口时的一些提示操作。

如果需要在关闭窗口时，增加一个提示功能，就可以使用 Unload 事件，代码如下。

```
Private Sub Form_Unload(Cancel As Integer)
    If MsgBox("真的要关闭窗口吗? ", vbYesNo + vbQuestion, "关闭") = vbNo Then
        Cancel = True
    End If
End Sub
```

5. Resize（改变大小）事件

当窗体改变大小时，将会激发窗体的 Resize 事件。

例如，如果需要窗体在改变大小时，窗体上的文本框 Text1 始终在窗体的中央，就可以使用窗体的 Resize 事件，代码如下。

```
Private Sub Form_Resize()
    Text1.Left = (Form1.Width - Text1.Width) / 2
    Text1.Top = (Form1.Height - Text1.Height) / 2
End Sub
```

2.2.3　窗体的方法

窗体常用的方法有打印输出（Print）、清除（Cls）、显示（Show）、隐藏（Hide）。

1. Print 方法

Print 方法以窗体的 ForeColor 属性为前景颜色和 Font 属性组为字体的格式在窗体上输出文本字符串。Print 方法的格式为

[窗体对象名称.]Print 输出函数或表达式列表[,|;]

其中的参数分别说明如下。

窗体对象名称：窗体对象的名称。如果窗体为当前窗体，则窗体对象名称可以省略。

输出函数：spc(n)，输出 n 个空格；Tab(n)，用于指定表达式的值从窗体的第 n 列开始输出，允许重复使用。

表达式列表：该表达式由一个或多个数值、字符串或变量等组成。

分隔符：输出多个表达式时，可以使用逗号或分号分隔。分号表示光标定位在上一个显示字符之后；逗号表示光标定位在下一个打印区开始的位置，每隔 14 列为一个打印区。

【例 2.1】在窗体的 Click 事件里编写如下代码。

```
Private Sub Form_Click()
    a = 2009
    Print "今年是"; a, "年"
    Print    '输出一空行
    Print Spc(10); "我今年"; a - 1976; "岁了"
    Print
    Print Tab(30); "欢迎进入 Visual Basic 世界"
End Sub
```

程序的运行结果如图 2-3 所示。

图 2-3　Print 方法的使用

2. Cls 方法

Cls 方法用来清除运行时在窗体上显示的文本或图形，调用格式为

[窗体对象名称.]Cls

其中，如果输出的窗体为当前窗体，窗体对象名称可以省略。注意，Cls 方法只能清除用 Circle、Pset、Line、Print 等输出的内容，控件上的内容不能用 Cls 方法清除。

3. Show 方法

Show 方法用于显示一个窗体。调用该方法和将窗体的 Visible 属性设置为 True 具有相同的效果。其调用格式如下：

窗体名称.Show [vbModal|vbModeless]

该方法有一个可选参数，它有两个值，分别为 0（vbModeless）和 1（Modal），其中 0 为默认值。如果参数取值为 1，则要求用户必须关闭显示的窗体后，才能进行其他操作，否则不允许进行其他操作；如果参数为 0，则用户可以不关闭显示的窗体而进行其他的操作。

4. Hide 方法

Hide 方法用于隐藏指定的窗体，但并不从内存中删除窗体。其调用格式如下：

窗体名称.Hide

调用 Hide 方法等同于将窗体的 Visible 属性设置为 False。

2.3 基 本 控 件

2.3.1 标签控件

标签控件是用来显示文本的控件，不能进行文本的编辑。标签控件的用途十分广泛，通常和那些不带标题的控件一起使用，起到标注和提示信息的作用。用户也可以利用标签控件直接显示信息。

用户可以通过单击控件工具箱中的 **A** 图标，在窗体上绘制标签控件。标签控件显示的文本内容可以在设计时通过属性窗口设定，也可以通过代码在程序运行时进行修改。

标签控件的部分属性与窗体及其他控件相同，包括 Name、FontBold、FontItalic、FontName、FontSize、FontUnderLine、FontStrikeThru、Height、Width、Left、Top、Visible、Enabled、ForeColor 和 BackColor。

除了上述属性，标签控件还有如下常用属性。

（1）Caption 属性

Caption 属性用于改变标签控件中显示的文本内容。该属性允许显示的文本最大长度为 1 024 字符。

（2）AutoSize 属性

AutoSize 属性的取值是一个逻辑值，默认值为 False。如果该属性设置为 True，标签的宽度会根据文本内容的长度而自动改变；如果为 False，标签显示内容的长度如果超出标签的宽度，标签显示的内容将自动换行，当文本的内容超出标签的高度时，超出部分将被裁剪掉。

（3）BackStyle 属性

BackStyle 属性用于确定标签控件的背景是否透明，该属性有两个取值，分别是 0 和 1，默认

值为 1。当值为 0 时，标签的背景是透明的，即 BackColor 属性将失效；当值为 1 时，标签的背景不透明，可以通过 BackColor 属性设置背景颜色。

（4）Alignment 属性

该属性是用于改变标签控件显示内容的对齐方式，可以设置为 0、1 和 2，0 为默认值。当值为 0 时，文本内容左对齐（Left Justify）；当值为 1 时，文本内容右对齐（Right Justify）；当值为 2 时，文本内容居中对齐（Center）。

（5）BorderStyle 属性

该属性用于设置标签控件的边框类型，可以设值为 0 和 1，0 为默认值。当值为 0 时，标签控件没有边框（None）；当值为 1 时，将会为标签控件加上边框。

（6）WordWrap 属性

该属性用于决定标签显示内容的显示方式，该属性的取值是一个逻辑值，默认值为 False。如果设置为 True，则标签将在垂直方向变化大小以与标题文本相适应，水平方向的大小与原来所画的标签相同；如果设置为 False，则标签将在水平方向上扩展到标题中最长的一行，在垂直方向上显示标题的所有各行。为了使 WordWrap 属性起作用，应把 AutoSize 属性设置为 True。

标签控件支持 Click、DblClick 等事件，但一般不为其编写事件过程。

【例 2.2】在窗体上绘制两个标签控件，其名称分别为 Label1 和 Label2，将 Label1 标签的 Alignment 属性设置为 2，BorderStyle 属性设置为 1，BackColor 属性设置为白色；将 Label2 标签的 AutoSize 属性设置为 True，BackColor 属性设置为白色，BackStyle 属性设置为 0。运行后的截面如图 2-4 所示。

图 2-4　标签控件属性设置效果

2.3.2　文本框控件

文本框控件是一个文本编辑控件，在设计阶段或运行期间都可以对控件的内容进行输入、编辑和显示文本。用户可以通过单击控件工具箱中的 [abl] 图标，在窗体上绘制文本框控件。

1. 常用属性

文本框控件的部分属性与窗体及其他控件相同，包括 Name、FontBold、FontItalic、FontName、FontSize、FontUnderLine、FontStrikeThru、Height、Width、Left、Top、Visible、Enabled、ForeColor 和 BackColor。

除了上述基本属性，文本框控件还包括如下常用属性。

（1）Text 属性

该属性用于返回或设置文本框中显示的文本内容。通常，Text 属性所包含字符串中字符的个数不超过 32KB（多行文本）。

（2）MaxLength 属性

该属性用于设置允许文本框中输入的最大字符数，默认值为 0。如果该属性设置为 0，则表示不限制字符个数，如果输入一个正整数，则用户在输入文本时，不能超出指定的字符数。

（3）MultiLine 属性

该属性用于设置文本框内容是否多行显示，该属性的取值是逻辑值，默认值为 False。当值为 True 时，文本框内容允许多行显示，可以通过回车键换行；当值为 False 时，文本框内容单行显示，输入回车键不换行。

（4）ScrollBars 属性

该属性用于为多行文本设置滚动条属性，取值分别为 0、1、2 和 3，默认值为 0。该属性取值的含义分别如下。

0-None：文本框中没有滚动条。

1-Horizontal：文本框中只有水平滚动条。

2-Vertical：文本框中只有垂直滚动条。

3-Both：文本框同时具有水平和垂直滚动条。

该属性只有在 MultiLine 属性设置为 True 时，才起作用。当文本框具有滚动条时，文本框中文本的自动换行功能将不起作用，只能通过回车键换行。

（5）PasswordChar 属性

该属性用于隐藏文本框中输入的真实字符，常用于口令输入。该属性的取值为任意的一位英文字符或标点符号，常被设置为星号（*）。当用户在文本框中输入任何内容时，文本框中只显示用户设置的替代字符，显示形式为 ***** 。

如果需要获得用户输入的真实信息，可以通过 Text 属性获取。

（6）Locked 属性

该属性用于指定文本框内容是否可编辑，取值为逻辑型，默认值为 False。当设置为 True 时，可以滚动和选择控件中的文本内容，但不能编辑文本；当取值为 False 时，可以编辑文本。

（7）SelStart、SelLength 和 SelText 属性

这 3 个属性是文本框中对文本进行选择编辑的属性，这些属性不能通过属性窗口设置，只能通过程序代码设置。

SelStart 属性用于确定当前选择文本的起始位置。0 表示选择开始位置为第 1 个字符之前，1 表示从第 2 个字符开始选择，依此类推。

SelLength 属性用于返回或设置选中的字符数，该属性的取值为整数。例如，当文本框 Text1 中显示的内容为"Visual Basic"，需要选中"Basic"，代码如下：

```
Text1.SelStart=7
Text1.SelLength=5
```

SelText 属性用于设置或返回文本框中选定的文本内容。如果当前包含选择的内容，SelText 属性的内容即为选择的文本，如果没有包含选择的内容，则 SelText 属性的内容为一个空字符串。当 SelText 属性包含选定文本时，再次为其赋值时，选定的文本内容将被新的内容替换。例如，假定文本框 Text1 中原来包含如下文本：

```
欢迎进入 Visual Basic 世界
```

假定用户选择了"世界"，执行如下语句：

```
Text1.SelText="World"
```

执行上述语句后，文本框中的内容将会变为

```
欢迎进入 Visual Basic World
```

（8）ToolTipText 属性

该属性用于设置提示性文本。当用户将鼠标指向文本框控件时，将显示用户设置的提示性文本内容。例如，将文本框的 ToolTopText 属性设置为"请输入密码，不得少于 6 位"，当用户将鼠标指向该文本框时，将显示相应的提示，提示的格式为 请输入密码，不得少于6位 。

2．常用事件和方法

文本框控件支持 Click、DblClick 等鼠标事件，同时支持 Change、GotFocus、LostFocus 等事件。

（1）Change 事件

当文本框的内容发生改变时，将激发文本框的 Change 事件，如输入新信息、程序运行时改变 Text 属性的值、删除信息时。用户每输入或删除一个字符都会激发一次 Change 事件。

（2）GotFocus 事件

当文本框控件获得输入焦点时，将激发 GotFocus 事件。该事件通常用于控件获得焦点时的初始化、运算等操作。

（3）LostFocus 事件

当文本框控件失去焦点时，将激发 LostFocus 事件。该事件通常用于检查文本框中用户输入信息的合法性。

（4）KeyPress 事件

当进行文本输入或删除时，每一次键盘输入都将激发文本框的 KeyPress 事件。该事件和 Change 事件的区别在于 KeyPress 事件具有一个参数 KeyAscii，该参数记录用户输入的每个字符（包括回车键和退格键等）的 ASCII，用户可以根据 ASCII 判断用户键入的字符。该事件通常用于在文本录入时，屏蔽指定字符，如输入学号时，只能输入数字字符。

（5）SetFocus 方法

SetFocus 是文本框控件常用的方法，调用格式为

对象名称.SetFocus

该方法可以把光标移到指定的文本框，即让指定的文本框获得焦点。

2.3.3　命令按钮控件

命令按钮控件是 Visual Basic 应用程序中最常用的控件，它提供了用户与应用程序交互最简便的方法。用户可以通过单击控件工具箱中的 □ 图标，在窗体上绘制命令按钮控件。

命令按钮控件的基本属性和窗体一样包括 Name、FontBold、FontItalic、FontName、FontSize、FontUnderLine、FontStrikeThru、Height、Width、Left、Top、Visible、Enabled 和 BackColor。

除上述基本属性外，命令按钮控件还包括如下常用属性。

（1）Caption 属性

该属性用于设置命令按钮的标题文本。它不仅可以在属性窗口中设置，而且可以通过代码进行设置。Caption 属性的文本长度不超过 255 字符。

也可以通过该属性为按钮设置快捷键，方法是在指定字符前加上连字符（&）。例如，将一个按钮的标题设置为 "&OK"，运行时，字母 O 下面将带有下划线，按 Alt+O 组合键就相当于单击该命令按钮。

（2）Default 属性

该属性用于设置默认按钮，取值为逻辑型，默认值为 False。当该属性取值为 True 时，不管窗体上哪个非命令按钮获得焦点，只要用户按回车键，就相当于单击此默认按钮。

注意，在一个窗体中只能有一个命令按钮的 Default 属性的取值为 True。如果设置第 2 个命令按钮 Default 属性为 True，原来命令按钮的 Default 属性的取值会自动设置为 False。

（3）Cancel 属性

该属性用于设置取消按钮，取值为逻辑型，默认值为 False。当该属性取值为 True 时，用户只要按 Esc 键，就相当于单击了该命令按钮。

注意，同样在一个窗体中只能有一个按钮的 Cancel 属性的取值为 True。如果设置第 2 个命令

按钮的 Cancel 属性为 True，原来命令按钮的 Cancel 属性的取值会自动设置为 False。

（4）Style 属性

该属性用于确定命令按钮的显示类型，该属性的取值为 0 和 1，0 为默认值。该属性的取值情况如下。

0-Standard：标准样式。控件按钮只能显示文本，不能显示图形。

1-Graphical：图形样式。控件按钮不仅能显示文本，而且可以显示图形。

注意，如果需要为命令按钮设置 BackColor 属性和 Picture 属性，必须将命令按钮的 Style 属性设置为 1。

（5）Picture 属性

该属性可以设置命令按钮上显示的图片。此属性只有当 Style 属性为 1 时才有效。

命令按钮最常用的事件就是单击（Click）事件，当单击一个命令按钮时，激发 Click 事件。注意，命令按钮不支持双击（DblClick）事件。

【例 2.3】制作一个登录窗口。在窗体上绘制两个标签控件，名称分别为 Label1 和 Label2，绘制两个文本框控件，名称分别命名为 txtUserName 和 txtPassword，绘制两个命令按钮，名称分别为 Command1 和 Command2，在属性窗口中按表 2.2 所示设置它们的属性，窗口运行效果如图 2-5 所示。

表 2.2　　　　　　　　　　　　　　控件属性设置

对　象	属性（属性值）
Label1	Caption（"请输入账号："），AutoSize（True）
Label2	Caption（"请输入密码："），AutoSize（True）
txtUserName	Text（清空），MaxLength（10），ToolTipText（"账号不超过 10 位"）
txtPassword	Text（清空），PasswordChar（*）
Command1	Caption（确定(&OK)），Default（True）
Command2	Caption（取消(&Cancel)），Cancel（True）
Form1	Caption（登录窗口），MaxButton（False）

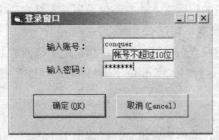

图 2-5　登录窗口运行效果

本章小结

本章介绍了 Visual Basic 程序设计中对象、属性、方法、事件等概念，并重点介绍了窗体、标签、文本框、命令按钮的常用属性、事件和方法。其中，窗体常常是其他控件的载体，常用的事件有载入（Load）事件和卸载（Unload）事件；文本框主要用来显示信息的输入和输出；标签主要用来显示信息；命令按钮是最常用的交互控件，常用的事件为单击（Click）事件。

　　通过本章的学习，要求读者能够掌握面向对象程序设计的基本概念，并能利用这几个控件及其属性的设定制作出基本的窗体界面。

习　　题

一、思考题

1. 请举例说明什么是对象、属性、方法和事件。

2. 对象的 Name 属性和 Caption 属性有什么区别？

3. 标签控件和文本框控件在功能上有什么区别？

二、选择题

1. 对于窗体，下面_____属性使得窗体标题栏没有任何控制按钮。

　　A）MaxButton　　　　　B）MinButton　　　　　C）ControlBox　　　　D）Name

2. 若要使标签控件背景透明，要对_____属性进行设置。

　　A）BackColor　　　　　B）BackStyle　　　　　C）Caption　　　　　　D）ForeColor

3. 要使对象不可见，要对_____属性进行设置。

　　A）Enabled　　　　　　B）BackColor　　　　　C）Caption　　　　　　D）Visible

4. 文本框不具有_____属性。

　　A）Text　　　　　　　B）Name　　　　　　　C）Caption　　　　　　D）ForeColor

5. 所有对象都具有_____属性。

　　A）Text　　　　　　　B）Name　　　　　　　C）Caption　　　　　　D）ForeColor

6. 对于命令按钮，_____属性可以设置一个命令按钮为默认按钮（按回车键相当于单击该命令按钮）。

　　A）Cancel　　　　　　B）Default　　　　　　C）Caption　　　　　　D）Style

7. 窗体启动时，自动激发_____事件过程。

　　A）Load　　　　　　　B）Unload　　　　　　C）Click　　　　　　　D）DblClick

第 3 章
Visual Basic 程序设计基础

本章要点：

- 了解 Visual Basic 6.0 的编码规则；
- 熟悉 Visual Basic 6.0 的数据类型和常量变量的命名规则及使用；
- 掌握 Visual Basic 6.0 的运算符和常用内部函数的使用。

Visual Basic 程序语句是由常量、变量、函数及表达式构成的，因此可以说常量、变量、函数和表达式是 Visual Basic 程序设计的重要基础。本章重点介绍 Visual Basic 的数据类型、常量、变量、运算符和表达式，以及函数的使用。

3.1　Visual Basic 语言字符集与编码规则

3.1.1　Visual Basic 语言字符集

字符是组成语言的最基本的元素，每种程序都有自己的字符集。若在编程时使用了超出字符集的符号，系统就会提示错误信息，因此，在学习一门编程语言时，一定要弄清楚该语言的字符集包括的内容。Visual Basic 语言字符集由字母、数字和专用字符共 94 个字符组成。

Visual Basic 的基本字符集如下。

（1）字母：小写字母 a～z 共 26 个，大写字母 A～Z 共 26 个。

（2）数字：0～9 共 10 个。

（3）专用字符共 32 个，如表 3.1 所示。

表 3.1　　　　　　　　　　　　　　Visual Basic 中的专用字符

符　号	说　明	符　号	说　明
%	百分号（整型数据类型说明符）	）	右圆括号
&	连接符（长整型数据类型说明符）	'	单引号
!	感叹号（单精度数据类型说明符）	"	双引号
#	磅号（双精度数据类型说明符）	,	逗号
$	美元符（字符串数据类型说明符）	;	分号
@	At 符（货币数据类型说明符）	:	冒号
+	加号	.	句号（小数点）

续表

符　号	说　明	符　号	说　明
－	减号	?	问号
*	星号（乘号）	＿	下划线
/	斜线（除号）	Space	空格
\	反斜线（整除号）	[	左中括号
^	上箭头（乘方号）	]	右中括号
>	大于号	{	左花括号
<	小于号	}	右花括号
=	等于号（关系运算、赋值）	|	竖线
(	左圆括号	~	波浪线

说明：

在代码窗口输入程序时，除汉字外，其余符号不能以全角或中文方式输入，而只能以英文方式键入作为语言成分的字符。

3.1.2　Visual Basic 编码规则及约定

1. 编码规则

在 Visual Basic 程序中编写代码时，需要注意以下规则。

（1）Visual Basic 源代码不区分字母的大小写。

（2）语句书写自由。可以在同一行上书写多条语句，但语句间需要用冒号（:）分隔。也可以将一条语句写在多行，只要在行尾加上续行符（空格加下划线）即可。

（3）一行最多不超过 255 个字符。

（4）适当添加注释有利于程序的维护和测试。可以使用单引号（'）或 Rem 开头添加注释内容，注释内容不参与程序的运行，只起提示作用。

2. 约定

（1）为了程序的可读性，注意养成添加注释的习惯。

（2）在程序编写时，通常不使用行号。

（3）对象的命名约定。对象的名称最好做到"见名知意"，一般来讲，对象的名称由 3 个小写字母组成的前缀（指明对象的类型）和表明该对象作用的单词或单词缩写组成。标签控件前缀字符为 lbl；文本框控件的前缀为 txt；按钮控件的前缀为 cmd；窗体的前缀为 frm。例如，txtUserName 表示一个账号文本框，cmdOK 表示一个确定按钮等。

（4）编写程序时，程序代码应根据层次关系进行适当的缩进以提高程序的可读性。

3.2　数 据 类 型

数据是计算机程序的处理对象，几乎所有的程序都具有输入数据→加工处理数据→将数据输出这样的数据处理过程。Visual Basic 语言根据实际需要，提供了各种数据类型。在程序中要用不同的方法来处理不同类型的数据。不同类型的数据，所占的存储空间不同，选择使用合适的数据类型，可以优化程序的速度和大小。

3.2.1　标准数据类型

标准数据类型是 Visual Basic 系统定义的数据类型，主要有数值型、逻辑型、日期型、对象型、字符型、变体型等几种基本的数据类型，如表 3.2 所示。

表 3.2　　　　　　　　　　　　　　Visual Basic 标准数据类型

数据类型	关键字	类型符	前缀	占字节数	大 小 范 围
字节型	Byte	无	byt	1	0 ~ 255
整型	Integer	%	int	2	−32 768 ~ 32 767
长整型	Long	&	lng	4	−2 147 483 648 ~ 2 147 483 647
单精度型	Single	!	sng	4	−3.402823E38 ~ 3.402823E38
双精度型	Double	#	dbl	8	−1.79769313486232D308 ~ 1.79769313486232D308
货币型	Currency	@	cur	8	−922 337 203 685 477.5808 ~ 922 337 203 685 477.5807
逻辑型	Boolean	无	bln	2	True 或 False
日期型	Date	无	dtm	8	100-1-1 ~ 9999-12-31
对象型	Object	无	obj	4	任何对象
字符串型	String	$	str	0 ~ 65 535	
变体型	Variant	无	vnt		

1.　数值型

Visual Basic 数值型数据分为整型数和浮点数两类。其中整型数分为整型和长整型，浮点数分为单精度型和双精度型。

（1）整型数

整型数分为整型（Integer）和长整型（Long）两种数据类型。整型数占用两个字节的存储空间，运算速度快，适用于表示不太大的整数，其表示范围为$-2^{15} \sim 2^{15}-1$（−32 768 ~ 32 727）。如果超出这个的范围，就会发生溢出错误。长整型占用 4 个字节的存储空间，可用来表示比较大的整数，其表示范围为−2 147 483 648 ~ 2 147 483 647。

（2）浮点数

浮点数分为单精度型（Single）和双精度型（Double）两种数据类型。单精度型数据占用 4 个字节的存储空间，表示精度是 7 位有效数字，能够表示绝对值为 1.401298E−45 ~ 3.402823E38 的数值。

双精度型数据占用 8 个字节的存储空间，表示精度为 15 位有效数字，能够表示绝对值为 4.94065645841247E−324 ~ 1.79769313486232E308 的所有数值。

单精度和双精度型数据能够表示的数值范围广，且表示数的精度高，在科学计算和工程设计中应用广泛，但缺点是运算速度比整型数要慢，而且在运算时可能会产生很小的误差。

2.　货币型

货币型（Currency）数据主要用在货币计算中，这种场合对于精度的要求特别高。货币型数据占用 8 个字节的存储空间，表示精度最高可达 19 位有效数字，数值的表示范围为

−922 337 203 685 477.5808 ~ 922 337 203 685 477.5807。货币型数据精确到小数点后 4 位，超出部分自动四舍五入，整数部分最多 15 位。

3. 字节型

字节型（Byte）是一种无符号整型数，占用 1 个字节的存储空间，只能表示范围在 0 ~ 255之间的正整数。字节型数据在存储二进制数时很有用。

4. 逻辑型

逻辑型（Boolean）数据只有 True 和 False 两个值，用来表示两种状态的数据。

逻辑型数据占用两个字节的存储空间。若将逻辑型数据转换成数值型，则 True 转换为−1，False 转换为 0；当数值型数据转换为逻辑型数据时，非 0 的数据转换为 True，0 转换为 False。

5. 字符串型

字符串型（String）数据用来表示字符串，字符串可以包括所有的西文字符和汉字，字符串型数据必须用英文的双引号引起来，如"欢迎进入 Visual Basic 世界"和""（空字符串）。

Visual Basic 中的字符串可分为变长字符串和定长字符串两种。变长字符串的长度是不确定的，其最大长度为 2^{31} 个字符；定长字符串含有确定个数的字符，其最大长度为 65 535 个字符。

6. 日期型

日期型（Date）数据用来表示日期和时间，按 8 个字节的浮点数形式存储数据，其表示的范围从公元 100 年 1 月 1 日到 9999 年 12 月 31 日，时间可以从 0:00:00~23:59:59。

日期型数据必须用符号"#"括起来，其格式为 mm/dd/yyyy 或 mm-dd-yyyy 或 yyyy-mm-dd等，如#01/10/2009#、#2009-01-10#、#2009-01-15 13:05:20#。

7. 变体型

变体型（Variant）数据是一种特殊数据类型，也叫做通用型，可以表示任何值，包括数值、字符串、日期等。

8. 对象型

对象型 (Object) 数据存储为 4 个字节的地址形式，该地址可引用应用程序中的对象。利用 Set 语句，声明为对象型数据的变量可以引用应用程序所识别的任何对象。

3.2.2　自定义数据类型

用户可以利用 Type 语句定义自己的数据类型，其格式如下：

```
Type 自定义数据类型名
    数据元素名 1 as 类型名
    数据元素名 2 as 类型名
    ……
    数据元素名 n as 类型名
End Type
```

例如，程序需要处理学生的学号、姓名、性别、年龄等数据，为了方便处理，常常需要把这些数据定义为一个新的自定义数据类型，形式如下：

```
Type Student
    ID as String
    Name as String
    Sex as String
    Age as Integer
End Type
```

记录类型的定义必须位于模块的声明部分，即位于所有过程的最上方。如果在窗体模块中声明自定义类型，必须在关键字 Type 前加上 Private 关键字。

3.3 常量和变量

3.3.1 常量

在程序运行过程中，其值不能改变的量称为常量，常量叫以用米在程序中设置初值。仕 Visual Basic 中有 3 种常量：一般常量、符号常量和系统常量。

1. 一般常量

一般常量指在程序代码中，以直接明显的形式给出的数据，可以是数值型、日期型、字符串型和逻辑型的数值，如 3、5.7、"VB 世界"、#2009-01-10#、True 等都是一般常量。

（1）整型常量

在 Visual Basic 中整型常量包括八进制、十进制和十六进制 3 种，整型常量的表示形式如下。

① 八进制整数。以&0（数字 0）开头的八进制数，如&036，表示八进制整数 36，相当于十进制的 30。

② 十进制整数。如 36、0、-1025 等。

③ 十六进制整数。以&H 开头的十六进制数，如&H36，表示十六进制整数 36，相当于十进制的 54。

 上述整数默认都是整型（Integer）常量，如果要表示长整型（Long）常量，则需要在数的最后加长整型类型符号"&"，如&036&表示八进制长整型常量，36&表示十进制长整型常量，&H36&表示十六进制长整型常量。

（2）实型常量

在 Visual Basic 中，实型常量包括单精度（Single）和双精度（Double）两种，实型常量的表示形式如下。

① 十进制小数形式，如 1.25、125.0、125!、125#等。

② 指数形式，如 3.65E+5 表示 $3.65×10^5$、36.201E-2 表示 $36.201×10^{-2}$、3.65D3 表示 $3.65×10^3$、3.65D-3 表示 $3.65×10^{-3}$ 等。

 小数形式的实型常量默认都是单精度（Single）类型，如果要表示双精度（Double）类型，需要在数字的后面加上双精度类型说明符"#"，如 123.45#。指数形式的实型常量默认都是双精度（Double）类型，如果要表示单精度（Single）类型，需要在数字后面加上单精度类型说明符"!"，如 1.23E3!。

（3）字符串型常量

在 Visual Basic 中，字符串常量是用一对英文的双引号引起来的一串字符，如"Visual Basic"、"VB 世界"、"123"等。

""表示空字符串；" "表示包含一个空格的字符；在字符串中，两个连续的双引号表示一个双引号字符，如"Visual ""Basic"" World"表示字符串 Visual "Basic" World。

（4）逻辑型常量

逻辑型常量只有两个值 True 和 False。若将逻辑型数据转换成数值型，则 True 转换为–1，False 转换为 0；当数值型数据转换为逻辑型数据时，非 0 的数据转换为 True，0 转换为 False。

（5）日期型常量

用于表示某一具体的日期和时间，其表示的范围从公元 100 年 1 月 1 日到 9999 年 12 月 31 日，时间可以从 0:00:00～23:59:59。日期常量可以有多种表示形式，但必须把日期和时间用符号"#"括起来，如#2009-1-10#、#1/10/2009#、#2009-1-10 08:30:25#等。

2. 符号常量

在程序中，某个常量多次被使用，则可以使用一个标识符来代替该常量。符号常量名由字母、汉字、数字和其他一些字符构成，但必须以字母开头。

符号常量的声明格式如下：

[Public | Private] Const 符号常量名 [As 数据类型|类型说明符] =表达式

例如：

```
Const PI=3.1415926              '声明一个常量 PI，值为 3.1415926
Const COUNT as Integer=50       '声明一个整型常量 COUNT，值为 50
Const P2#=3.1415926535          '声明一个双精度常量 P2，值为 3.1415926535
Const NEWDATE=#1949-10-1#       '声明一个日期型常量 NEWDATE，值为 1949-10-1
```

说明：

（1）常量名是必须的，且要遵循常量的命名规则。

（2）关键字 As 是可选的，用来指明常量的数据类型，默认该选项，数据类型由表达式决定。

（3）表达式是必须的，可以是数值常数、字符常数、日期常数以及运算符组成的表达式。

（4）如果要在一行中声明多个常量，必须要用逗号将每个常数赋值分开。

（5）在标准模块中可在 Const 前面加 Public | Private 关键字，表示符号常量的作用范围，即作用域（详见第 6 章），省略情况为 Private。

3. 系统常量

除了用户通过声明创建符号常量外，Visual Basic 系统提供了应用程序和控件定义的常量，这些常量位于"对象浏览器"的对象库中，用户可以直接使用。例如，系统颜色常量如表 3.3 所示。

表 3.3 系统颜色常量

常 量 名	常 量 值	表 示 颜 色
VbBlack	&H0	黑色
VbRed	&HFF	红色
VbGreen	&HFF00	绿色
VbYellow	&HFFFF	黄色
VbBlue	&HFF0000	蓝色
VbMagenta	&HFF00FF	洋红
VbCyan	&HFFFF00	青色
VbWhite	&HFFFFFF	白色

3.3.2 变量

变量是在程序运行过程中其值可以发生变化的量。变量是程序中数据的临时存放场所，数据类型决定着变量可以存储的数据类型。变量可以保存程序运行时用户输入的数据、特定运算的结果以及要在窗体上显示的一段数据等。

1. 变量的命名规则

在 Visual Basic 中，变量或符号常量的命名规则如下。

（1）必须以字母或汉字开头，由字母、汉字、数字或下划线组成。

（2）变量名的长度不能超过 255 个字符。

（3）不能使用 Visual Basic 系统保留字，如系统使用的语句、函数、操作符和系统常量名。

（4）字符之间必须并排书写，不能出现上下标。

（5）为了增加程序的可读性，通常在变量名前加一个缩写的前缀来表明该变量的数据类型。

例如：

strStudent、intNum、Ina、intMax_Length、intLesson、strNo3 等都是合法的变量名。

23Ina、￥re、ab@c 、A&B、all right、3M、s*t、for 等都是不合法的变量名。

2. 变量的声明

与其他语言对于变量要求"先声明后使用"不同，Visual Basic 允许提前不声明而直接引用变量。如果直接使用没有声明的变量，系统将自动定义该变量的类型为"变体类型（Variant）"。一般来讲，在使用变量之前最好先声明变量，并定义变量的类型。

（1）声明变量

所谓声明变量，就是用一个定义语句定义变量及其类型。变量声明语句的格式为

```
{Dim|Private|Public|Static} 变量名称 [As <类型>|类型符][,变量名称 2 [ As <类型 2>|类型符]]……
```

例如：

```
Dim a As Integer, b As Integer
Dim UserName As String, Age as Integer
Public ConfigFile As String
Dim T1
'下面语句声明变量 TeacherName 为字符串型，TeacherAge 为整型
Dim TeacherName$, TeacherAge%
'下面语句声明变量 StudentID 为定长字符串，长度为 10
Dim StudentID As String*10
```

说明：

① Dim|Private|Public|Static 表明变量的作用范围，详见第 6 章。

② 变量名称必须遵循变量的命名规则。

③ <类型>：用来定义被声明的变量的数据类型。变量的数据类型为表 3.2 中所列的关键字。

④ 类型符：用来定义被声明的变量的数据类型。变量的数据类型为表 3.2 中所列的类型符。

⑤ 如果省略类型，系统会将变量定义为变体类型（Variant）。

⑥ 对于字符串类型，根据其长度是否固定，可以定义为定长和变长两种。

（2）强制显示声明变量语句 Option Explicit

声明变量可以有效地降低错误率。为了避免写错变量名引起的错误，可以规定在使用变量前，必须先声明，否则系统将发出警告。要强制显示声明变量，可以在类模块或窗体模块的声明段（代

码顶端）加入语句：Option Explicit。

用户可在"工具"菜单中选择"选项"命令，然后在对话框的"编辑器"选项卡中，选择"要求变量声明"选项，这样可以在新模块中自动插入 Option Explicit 语句。

3.4 运算符与表达式

在日常生活中，我们要对数据做加减乘除等各种运算，同样，在计算机编程时，也要对各类数据进行运算。用来对运算对象进行各种运算的操作符号称为运算符，被运算的数据称为操作数，由多个运算对象和运算符组合在一起的合法算式称为表达式。Visual Basic 具有丰富的运算符，包括算术运算符、关系运算符、字符串运算符和逻辑运算符 4 类。

3.4.1 算术运算符与算术表达式

1. 算术运算符

算术运算符用来对数值型数据进行运算，除"-"取负运算是单目运算符（要求一个操作数）外，其余都是双目运算符（要求两个操作数）。算术运算符运算规则及优先级如表 3.4 所示。

表 3.4　　　　　　　　　　算术运算符运算规则及优先级

优 先 级	运 算 符	运 算	实 例	结 果
1	^	乘方	$-5\char`^2$	-25
2	-	取负	-5*2	-10
3	*	乘法	5*3	15
3	/	除法运算	7/2	3.5
4	\	整除运算	7\2	3
5	Mod	求余数运算	7 mod 2	1
6	+	加法	5+7	12
6	-	减法	5-7	-2

说明：

（1）整除运算符（\）和求余运算符（Mod）要求操作数必须都为整数，如果不是整数系统将四舍五入取整。整除运算结果舍去小数部分直接取整。例如：

```
a=7.4 \3.7          '变量 a 的结果为 1
b=7.7 Mod 4.2       '变量 b 的结果为 0
```

（2）Mod 运算符两边必须用空格和操作数隔开。

（3）对于求余运算，余数的符号与被除数相同。例如：

```
a=7 mod -4          '变量 a 的结果为 3
b=-7 mod 4          '变量 b 的结果为-3
```

（4）对乘方运算，当底数是负数时，指数必须是整数；当底数是 0 时，指数必须是非负数。

2. 算术表达式

由算术运算算符、括号、内部函数及操作数连接起来的符合 Visual Basic 语法规则的式子称为算术表达式。

例如：

```
Dim n As Integer
Dim s As Integer
n=(10+5)/(2+1)          '变量 n 的结果为 5
s=((2+1)*3)^2           '变量 s 的结果为 81
```

（1）表达式中乘号（*）不能省略，如 a 乘以 b 应写为 a*b，不能写为 ab，2 乘以 a 应写为 2*a，不能写为 2a。

（2）利用括号可以改变表达式中运算符的优先级，括号必须使用圆括号，并且成对出现。

3.4.2　关系运算符与关系表达式

关系运算符是对两个数进行比较，比较的结果是一个逻辑值，即真（True）或假（False）。能够参与关系运算的数据类型有数值型、字符型和日期型。关系运算符运算规则如表 3.5 所示。

表 3.5　　　　　　　　　　　　　关系运算符运算规则

运　算　符	运　　算	实　　例	结　　果
=	等于	5=7	False
<>或><	不等于	5<>7	True
>	大于	5>7	False
<	小于	5<7	True
>=	大于等于	7>=7	True
<=	小于等于	7<=7	True
Like	比较样式	"Hello" like "*ll*"	True

说明：

（1）数值型数据比较大小，按其数值大小进行比较。

（2）字符串型数据比较大小，按 ASCII 由小到大的次序从左到右一一进行比较。在比较时，由 ASCII 码表可知数字字符比大写字母小，大写字母比小写字母小。例如：

```
a="3There"<"There"      'a 的结果为 True
b="a"<"Aabc"            'b 的结果为 False
c="ab"<"abc"            'c 的结果为 True
```

（3）日期型数据比较大小时，早日期小于晚日期。例如：

```
a=#2008-10-1#<#2009-1-10#       'a 的结果为 True
```

（4）Like 运算符是一个字符串样式匹配运算符，常见的匹配符号有？和*，？表示一个任意字符，*表示多个任意字符。例如：

```
a="Visual" Like "?sual*"     'a 的结果为 False
```

（5）所有的关系运算符优先级相同。

3.4.3　逻辑运算符与逻辑表达式

逻辑运算符对操作数进行逻辑运算，运行的结果为逻辑型数据。当逻辑关系成立时，运算结果为 True；当逻辑关系不成立时，运算结果为 False。逻辑运算符运算规则及优先级如表 3.6 所示。

表 3.6			逻辑运算符运算规则及优先级	
优先级	运算符	运　算	功　能	实　例
1	Not	逻辑非运算	取反运算	Not (7>3)为 False Not (7<3)为 True
2	And	逻辑与运算	两操作数都为 True 时,结果为 True,否则都是 False	6>3 And 7>3 为 True 6<3 And 7>3 为 False
3	Or	逻辑或运算	两操作数都为 False 时，结果为 False，否则都是 True	6>3 Or 7>3 为 True 6<3 Or 7<3 为 False
3	Xor	逻辑异或运算	两操作数的布尔值不相同时，结果为 True，否则为 False	6>3 Xor 7>3 为 False 6<3 Xor 7>3 为 True
4	Eqv	逻辑同或运算	两操作数的布尔值相同时，结果为 True，否则为 False	6>3 Eqv 7>3 为 True 6<3 Eqv 7>3 为 False
5	Imp	逻辑蕴含运算	左边为 True，右边为 False 时，结果为 False，否则为 True	6<3 Imp 7>3 为 True 6>3 Imp 7<3 为 False

说明：

（1）所有的逻辑运算符的运算优先级都低于关系运算符。例如：

```
a= 5>7 Or 6>3          'a 的结果为 True
```

（2）在逻辑运算符中，Not 运算符的运算优先级最高。

```
a=Not 5>7 Or 6>3       'a 的结果为 True
```

（3）在关系运算中，如果需要连续比较大小时，必须使用 And 运算符，而不能直接比较，否则会得出不正确的结果。例如：

```
a=7>6>3                'a 的结果为 False
a=7>6 And 6>3          'a 的结果为 True
```

3.4.4　字符串运算符与字符串表达式

字符串运算符有"&"和"+"，其作用都是将两个字符串连接起来，合并成一个新的字符串。"&"会自动将非字符串类型的数据转换成字符串后再进行连接，而"+"则不能自动转换，只有当两个表达式都是字符串数据时，才将两个字符串连成一个新字符串。

例如：

```
a=" Visual " & "Basic"      'a 的结果为"Visual Basic"
b="Hello " +"World"         'b 的结果为"Hello World"
c="Result=" & 123           'c 的结果为"Result=123"
d="Result=" + 123           '系统报错
```

说明：

（1）在使用"&"连接表达式时注意，第 1 个表达式之后要加一个空格，否则系统将会把"&"认为是第 1 个表达式的类型说明符，从而出现错误。

（2）如果参与连接的一个表达式为 Null 或者 Empty，那么将其作为长度为零的字符串处理。

（3）如果一个数字字符串和一个数字利用"+"运算符运算时，系统将自动将数字字符串转换为数字，然后再进行加法运算。例如：

```
a="56"+74                   'a 的结果为 130
b="56"+"74"                 'b 的结果为"5674"
```

3.4.5　运算符的执行顺序

在对一个表达式进行运算操作时，每一步操作都要按照一定的先后顺序进行，这个顺序称为运算符的优先级。

运算符优先级的规则如下。

（1）各类运算符的优先级顺序为：算术运算符>字符串运算符>关系运算符>逻辑运算符。

（2）运算优先级相同的运算符，按照"自左至右"的顺序进行运算。

（3）算术运算符的优先级顺序为：乘幂运算>负数运算>乘除运算>整除运算>求余运算>加减运算。

（4）所有的关系运算符优先级相同。

（5）对于逻辑运算符而言，顺序为：非运算>与运算>或运算>异或运算>同或运算>蕴含运算。

（6）对于多种运算符并存的表达式，可用圆括号改变优先级。

3.5　常用内部函数

函数是一段用来表示完成某种特定运算或功能的程序。Visual Basic 的内部函数是系统预定义函数，用户可以直接调用。函数的参数必须用圆括号括起来，并满足一定的取值要求。Visual Basic 提供的内部函数按功能分为数学函数、日期和时间函数、字符串函数和转换函数等。下面主要介绍其中常用的一部分函数，其他函数可参见 Visual Basic 的有关资料。以下叙述中，用 N 表示数值表达式、C 表示字符表达式、D 表示日期表达式，凡函数后面有$符号，表示函数返回值为字符串。

函数的一般格式：<函数名>([<参数表>])

说明：

（1）函数名是必须的，参数可以常量、变量和表达式。参数可以是一个，也可以是多个，或者没有。

（2）使用内部函数时，要注意参数的个数及参数的数据类型。

（3）要注意函数的定义域，即参数的取值范围。

（4）要注意函数的值域，即返回值的取值范围。

3.5.1　数学函数

数学函数是针对数学计算设置的，函数的参数和返回值都是数值型的，包括取整函数、三角函数、取绝对值函数及对数、指数函数等常用数学函数。这些函数具有很强的数学计算功能，方便用户完成各种数学运算。常用的数学函数及功能描述如表 3.7 所示。

表 3.7　　　　　　　　　　　常用的数学函数及功能描述

函 数 名	功　　能	实　例	结　果
Abs(N)	返回 N 的绝对值	Abs(-3.5)	3.5
Exp(N)	计算 e 的 N 次方，返回双精度数	.Exp(3)	20.0855
Log(N)	计算 e 为底的自然对数值，返回双精度数	Log(10)	2.302585
Sqr(N)	计算 N 的平方根，返回双精度数	Sqr(4)	2

续表

函 数 名	功　　能	实　　例	结　　果
Sin(N)	计算 N 的正弦值，返回双精度数	Sin(0)	0
Cos(N)	计算 N 的余弦值，返回双精度数	Cos(0)	1
Tan(N)	计算 N 的正切值，返回双精度数	Tan(0)	0
Sgn(N)	返回自变量 N 的符号	Sgn(-5)	−1
Randomize([N])	初始化 Visual Basic 的随机函数发生器，和 Rnd 函数连用		
Rnd([N])	产生一个 0~1 的单精度随机数	Rnd	0~1 单精度随机数

说明：

（1）Randomize 语句的作用是改变 Rnd 函数随机数种子，若省略参数，系统计时器将作为新的种子值。

（2）Rnd([N])函数返回 0~1（包括 0，但不包括 1）之间的单精度随机数，可以通过下面语句产生 1~100 的随机整数：　Int(Rnd *100)+1。

（3）Sgn(N)函数返回参数的符号，即当 N 为负数时，返回−1；当 N 为 0 时，返回 0，当 N 为正数时，返回 1。

（4）三角函数中的参数以弧度为单位，如 sin(300)，sin(2.14159/180*30)。

3.5.2　日期和时间函数

Visual Basic 日期与时间函数可以提取系统的日期和时间，为处理和日期、时间有关的操作提供了极大的方便。常用的日期时间函数及功能描述如表 3.8 所示。

表 3.8　　　　　　　　　　常用的日期时间函数及功能描述

函 数 名	功　　能	实　　例	结　　果
Date	返回系统当前的日期	Date	2009-2-6
Now	返回系统当前的日期和时间	Now	2009-2-6 9:26:00
Year(D)	返回指定日期的年份	Year(#2009-2-6#)	2009
Month(D)	返回指定日期的月份（1~12）	Month(#2009-2-6#)	2
Day(D)	返回指定日期的日期值(1~31)	Day(#2009-2-6#)	6
Time	返回系统当前的时间	Time	9:26:00
Hour(T)	返回指定时间的小时（0~23）	Hour(#9:26:30#)	9
Minute(T)	返回指定时间的分钟(0~59)	Minute(#9:26:30#)	26
Second(T)	返回指定时间的秒数(0~59)	Minute(#9:26:30#)	30
WeekDay(D,[First Day])	返回指定日期位于当前周的天数，默认周日为第一天，可以设定星期几为第一天	WeekDay(#2009-2-6#) WeekDay(#2009-2-6#,vbMonday)	6 5

说明：

（1）Year、Month、Day 函数要求必须指定一个日期参数，如果获得当前的年、月、日，可以使用 Date 函数作为参数。例如：

```
dy=Year(Date)          'dy 的值为当前日期的年
dm=Month(Date)         'dm 的值为当前日期的月
dd=Day(Date)           'dd 的值为当前日期的日
```

（2）Hour、Minute、Second 函数必须指定一个时间作为参数，如果获得当前时间的时、分、秒，可以使用 Now 函数作为参数。例如：

```
th=Hour(Now)           'th 的值为当前时间的时
tm=Minute(Now)         'tm 的值为当前时间的分
ts=Second(Now)         'ts 的值为当前时间的秒
```

（3）WeekDay 函数返回指定日期位于当前周的天数，默认周日作为第 1 天，可以设置星期几作为第 1 天，可以通过 vbSunday,vbMonday 等系统常量进行设置。例如：

```
wn1=WeekDay(#2009-2-6#,vbMonday)        'wn1 的值为 5
wn2= WeekDay(Date,vbMonday)             'wn1 的值为当前日期的星期
```

3.5.3 字符串函数

Visual Basic 提供了大量的字符串操作函数，如字符串的查找、比较和大小写字母的转换等。常用的字符串函数及功能描述如表 3.9 所示。

表 3.9　　　　　　　　　　　　　　　常用的字符串函数及功能描述

函　数　名	功　　能	实　　例	结　果
LTrim$(C)	去掉字符串左边的空格字符	Ltrim("ABCD")	"ABCD"
Rtrim$(C)	去掉字符串右边的空格字符	Rtrim("ABCD")	"ABCD"
Trim$(C)	去掉字符串两边的空格字符	Rtrim("ABCD")	"ABCD"
Left$(C,N)	取字符串左部的 N 个字符	Left("Welcome",3)	"Wel"
Right$(C,N)	取字符串右部的 N 个字符	Right("Welcome",4)	"come"
Mid$(C,N1,N2)	从位置 N1 开始取字符串 N2 个字符	Mid("abcderfs",2,3)	"bcd "
Len(C)	返回字符串的长度	Len("Visual Basic")	12
Space$(C)	返回 N 个空格	Space(2)	" "
Ucase$(C)	把小写字母转换为大写字母	Ucase("abc")	"ABC"
Lcase$(C)	把大写字母转换为小写字母	Lcase("ABCD")	"abcd"
InStr(C1,C2)	在字符串 1 中查找字符串 2,返回字符串 2 第 1 次出现的位置	InStr("abcdefg","fg")	6
Replace$(C,C1,C2)	将字符串 C 中的 C1 字符串替换为 C2 字符串	Replace("This is","is","**")	"Th** **"

说明：

（1）Mid 函数的第 3 个参数可以省略，如果省略此参数，将从 N1 开始截取到字符串的末尾。例如：

```
a=mid("Visual Basic World",8)          'a 的值为"Basic World"
```

（2）Len 函数在取字符串长度时，不区分中英文字符。例如：

```
sl=Len("VB 世界")      'sl 的值为 4
```

（3）Str 函数在查找字符串时，如果在字符串 C1 中没有找到 C2 字符串，返回值为 0。

3.5.4 转换函数

Visual Basic 提供了一组转换函数，这些函数可以将一种数据类型的数据转换成另外一种数据类型。常用的转换函数及功能描述如表 3.10 所示。

表 3.10   常用的转换函数及功能描述

函 数 名	功 能	实 例	结 果
Asc(C)	求 C 中第 1 个字符的 ASCII 码值	Asc("ABCD")	65
Chr$(N)	ASCII 码值转换成字符	CHR(65)	A
Str$(N)	将 N 的值转换为 1 个字符串	Str(120)	"120"
Val(C)	数值字符串转换为数值	Val("123b")	123
Int(N)	返回小于 N 的第 1 个整数	Int(−8.6)	−9
CInt(N)	返回 N 四舍五入的整型数	CInt(121.5)	122
CLng(N)	返回 N 四舍五入的长整型数	CLng（124.4）	124
CDate(C)	将日期格式的字符串变为日期	CDate("2009-2-6")	#2009-2-6#
Fix(N)	返回 N 的整数部分	Fix(−8.6)	−8
Hex[$](N)	十进制数转换为十六进制数	Hex(120)	78
Oct[$](N)	十进制数转换为八进制数	Oct(120)	170

说明：

（1）Visual Basic 中还有其他类型的转换函数，如 CCur、CDbl、CSng、CVar 等。

（2）Val(C)函数只将最前面的数字字符转换为数值。例如：

```
a=Val("Hello123")            'a 的值为 0
b=Val("234Hello123")         'a 的值为 234
```

本章小结

本章介绍了 Visual Basic 的数据类型、常量变量、运算符与表达式和常用的内部函数，其中数据类型、常量变量以及运算符和表达式是计算机程序设计语言的基础。

数据类型是程序中的最基本元素，只有确定了数据类型，才能确定常量、变量的空间大小及其操作。数据类型的描述不仅确定了内存所占空间的大小，也确定了其数据范围，使用时一定要注意其数据范围。

常量是指不能改变的量，变量是分配给内存位置的名字，它的值可以根据需要随时改变。常量和变量在实际运算时，远远不能满足用户的要求，因此，经常采用各种运算表达式描述较为复杂的运算，在使用运算表达式时，要注意运算符的运算功能及其优先级，以正确计算表达式的值。

函数是运算中不可缺少的系统工具，在使用内部函数时，一定要注意函数的参数个数以及相应的数据类型。

通过对本章的学习，要求读者能够掌握基本的数据类型、变量的定义方法、运算符的功能及优先级顺序和常见内部函数的使用方法。

习　题

1. 下列哪些字符串不能作为 Visual Basic 中的变量名？

   abc@test、C1、abc*def、And、$abc、123、1a、OR

2. 请将下列表达式转换为 Visual Basic 表达式。

   （1）a(b+c)/d　　　　　　　　　　（2）a>b>c

3. 设 a=5，b=6，c=7，求下列表达式的值。

   （1）a>b And c>b　　　　　　　　（2）a*b\c

   （3）c>b>a　　　　　　　　　　　（4）−(a*b) Mod c

   （5）Not a>b Or c>b　　　　　　　（6）a>b Xor b>c

   （7）"hello" + "EveryOne"　　　　　（8）56+"78"

4. 写出下列函数的返回值。

   （1）Int(−5.6)　　　（2）Chr(65)　　　（3）Asc("A")

   （4）CInt(5.6)　　　（5）LCase("Welcome")　　　（6）Mid("Hello",2)

   （7）Val("20Age")　　　（8）Weekday(Date)　　　（9）Instr("This","That")

5. 函数 Int(Rnd*100)的取值范围是什么？

6. 请写出产生 0 ~ 100，包含 0，不包含 100 的随机数函数。

7. 写出产生 3 位整数的随机数函数。

第4章
程序设计的基本结构

本章要点：

- 熟悉程序设计的 3 种基本结构；
- 熟悉顺序结构的几种基本语句的用法；
- 掌握选择结构和循环结构的语法结构及用法；
- 掌握嵌套的选择结构和循环结构的应用。

Visual Basic 是面向对象的程序设计语言，采用的是面向对象的程序设计方法，在 Visual Basic 程序设计的具体过程或模块中和其他面向过程的结构化程序设计语言一样，包含 3 种基本的程序结构，即顺序结构、选择结构和循环结构。

本章重点介绍这 3 种结构的具体用法。掌握这些结构的用法，可编写较为复杂的程序。

4.1　顺　序　结　构

顺序结构是各条语句按出现的先后次序执行的结构。它是程序的主体结构，主要包含赋值语句、注释语句、结束语句、卸载语句等。

4.1.1　赋值语句

赋值语句在 Visual Basic 程序设计中是使用最频繁的语句之一。一般用于给变量、对象的属性和自定义类型声明的变量的各个元素赋值。语句格式为

变量名=<表达式>
对象名.属性=<表达式>
变量名.元素名=<表达式>

功能：计算赋值符号 "=" 右边表达式的值，并将结果赋值给左边的变量名或对象的属性或变量的元素。

例如：

```
Count=100
Text1.Text="欢迎进入 Visual Basic 世界"
```

说明：

（1）左边只能是定义格式的 3 种情况，不能是常量和表达式。

（2）右边的表达式可以是常量、变量、表达式或函数调用等。

（3）"="两边的数据类型必须一致。

（4）赋值符号与关系运算符的等号写法相同，注意区分不同情况的含义。

4.1.2　注释语句

为了提高程序的可读性，通常在程序的适当位置添加一些注释。由于注释语句不参与程序的执行，因此，注释语句不仅可以实现对程序语句的注解，也可以利用注释功能取消一些语句的执行。用户可以利用"编辑"工具栏中的"设置注释块"功能将多条语句变为注释，从而取消这些语句的执行，也可以利用"编辑"工具栏中的"解除注释块"功能将这些语句解除注释，使得这些语句继续执行。注释语句的语句格式为

```
Rem <注释内容>
```

或

```
' <注释内容>
```

例如：

```
Rem 下面的语句是一个为文本框赋值的语句
Text1.Text="VB 世界"
Label1.Caption=Now          '在标签上显示当前日期和时间
Label2.Caption=Date         : Rem 在标签上显示当前日期
```

说明：

（1）<注释内容>指要包括的任何注释文本。

（2）注释可以和语句在同一行，并写在语句的后面，也可占据一整行。

（3）可以用英文的单引号代替 Rem 关键字。

（4）如果在其他语句后面使用 Rem 关键字，需要用冒号隔开，而使用单引号不需要加冒号。

（5）不能在同一行上将注释接在续行符之后。

4.1.3　结束语句

结束语句用于结束一个程序的执行。结束语句的语句格式为

```
End
```

例如：

```
Private Sub Form_Click()
    End
End Sub
```

说明：

（1）End 语句直接结束程序的运行，不激发窗体的 Unload 事件。

（2）End 语句提供了一种强迫终止程序的方法。

4.1.4　卸载语句

当要结束应用程序时，可以使用 Unload 语句将窗体对象从内存中卸载。卸载语句的语句格式为

```
Unload 对象名
```

说明：

（1）如果对象名为当前窗体，可以使用关键词 Me 代替。

（2）在卸载窗体前，将激发窗体的 QueryUnload 事件和 Unload 事件。可以通过将 Unload 事件的 Cancel 参数设置为 True 取消窗体的卸载操作。

4.1.5 交互对话框

Windows 可以通过交互对话框实现一些简单信息的输入和输出。Visual Basic 提供输入对话框和信息对话框两种对话框，分别使用 InputBox 函数和 MsgBox 函数实现。

1. 输入对话框（InputBox 函数）

InputBox 函数提供了一个简单的信息输入功能，并返回用户输入的字符信息。输入对话框的语句格式为

变量=InputBox(<信息提示内容>[,<对话框标题>][,<默认内容>])

例如：

`n = InputBox("请输入你的年龄", "输入年龄", 20)`

上面语句的运行结果如图 4-1 所示。

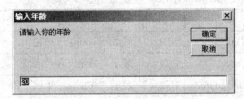

图 4-1 "输入年龄"对话框

说明：

（1）<提示信息内容>在对话框中显示提示用户操作的信息，此参数不能省略。信息的内容最多可显示 1 024 个字符。如果需要强制换行显示，可以使用系统常量 vbCrlf 进行字符串连接运算（ & ）。

（2）<对话框标题>设置对话框的标题文本，此参数可以省略。若此参数省略，系统将使用工程名称作为对话框的标题。

（3）<默认内容>设置对话框显示的默认值，此参数可以省略。若此参数省略，对话框中将没有默认值。

（4）若省略第 2 个参数，而不省略第 3 个参数，中间的逗号不能省略。例如：

`n = InputBox("请输入你的年龄", , 20)`

（5）InputBox 返回值的类型为字符串型，因此，如果需要转换为数值型，需要通过 Val 函数进行转换。例如：

`n =Val(InputBox("请输入你的年龄", "输入年龄", 20))`

2. 信息对话框（MsgBox 函数）

MsgBox 函数在对话框中显示信息，等待用户单击按钮，并返回一个整数以标明用户单击了哪个按钮。MsgBox 在使用时，可以不用括号将参数括起来，直接用空格将参数和函数分隔开，这种用法称之为 MsgBox 过程。MsgBox 过程和 MsgBox 函数的用法相同，但是 MsgBox 过程没有返回值，即无法得到用户到底单击了哪个按钮。MsgBox 过程经常用于显示一个简单的提示信息，MsgBox 函数经常用于信息交互，其语句格式为

函数形式：变量=MsgBox(<提示信息内容>[,<对话框类型>][,<对话框标题>])

过程形式：MsgBox <提示信息内容>[,<对话框类型>][,<对话框标题>])

例如：

`n = MsgBox("真的要退出系统吗？", vbYesNo + vbInformation + vbDefaultButton2,"退出提示")`

上述语句的执行结果如图 4-2 所示。

说明：

图 4-2　MsgBox 对话框

（1）<提示信息内容>是一个字符串表达式，作为显示在对话框中的消息，是必须的。最大长度为 1 024 个字符。如果需要强制换行显示，可以使用系统常量 vbCrlf 进行字符串连接运算（&）。

（2）<对话框类型>是一个数值表达式值的总和，用于指定对话框显示按钮的样式、使用的图标样式、默认按钮是什么以及消息框的强制回应等，是可选的。如果省略，则默认值为 0。该参数的具体取值及含义如表 4.1 所示。

（3）<对话框标题>用于设置对话框标题栏中显示的字符串内容，是可选的。如果省略，则将应用程序名作为对话框标题。

表 4.1　　　　　　　　　　　　　MsgBox 函数中<对话框类型>参数的常量

分　组	常　量	值	说　明
按钮样式	vbOKOnly	0	只显示"确定"按钮
	VbOKCancel	1	显示"确定"和"取消"按钮
	VbAbortRetryIgnore	2	显示"终止"、"重试"和"忽略"按钮
	VbYesNoCancel	3	显示"是"、"否"和"取消"按钮
	VbYesNo	4	显示"是"和"否"按钮
	VbRetryCancel	5	显示"重试"和"取消"按钮
图标样式	VbCritical	16	显示"关键信息"图标
	VbQuestion	32	显示"警告询问"图标
	VbExclamation	48	显示"警告消息"图标
	VbInformation	64	显示"通知消息"图标
默认按钮	vbDefaultButton1	0	第 1 个按钮是默认值（默认设置）
	vbDefaultButton2	256	第 2 个按钮是默认值
	vbDefaultButton3	512	第 3 个按钮是默认值
	vbDefaultButton4	768	第 4 个按钮是默认值
工作模式	vbApplicationModal	0	应用程序强制返回；应用程序一直被挂起，直到用户对消息框作出响应才继续工作
	vbSystemModal	4096	系统强制返回；全部应用程序都被挂起，直到用户对消息框作出响应才继续工作

（4）MsgBox 函数的返回值是一个整型常量，取值范围为 0～7。用户选择不同的按钮，MsgBox 函数返回不同的值，用户可以根据返回值进行判断，从而控制程序流程。返回值对应的系统常量及其操作如表 4.2 所示。

表 4.2　　　　　　　　　　　　　　MsgBox 函数返回值常量

常　数	值	操　作
vbOK	1	用户单击"确定"按钮
vbCancel	2	用户单击"取消"按钮
vbAbort	3	用户单击"终止"按钮

常　数	值	操　作
vbRetry	4	用户单击"重试"按钮
vbIgnore	5	用户单击"忽略"按钮
vbYes	6	用户单击"是"按钮
vbNo	7	用户单击"否"按钮

（5）若在对话框中显示"取消"按钮，则按下 Esc 键与单击"取消"按钮效果相同。

（6）如果要输入多个参数并省略中间的某些参数，相应位置的逗号分界符不能省略。例如：

```
MsgBox "单击"确定"按钮继续下一步操作",,,"提示"
```

4.2　选　择　结　构

在日常生活和工作中，常常需要对给定的条件进行分析、比较和判断，并根据判断结果采取不同的操作。在 Visual Basic 中，可以通过 IF 语句和 Select Case 语句来处理这种分支情况。选择结构可以根据所给定条件是否成立来决定执行程序的不同分支。

4.2.1　If 语句

If 语句有 If…Then、If…Then…Else 和 If…Then…ElseIf　3 种结构。

1. If…Then 语句

If...Then 语句可以实现有条件地执行一条或多条语句。可以使用单行语句和多行块语句两种结构。

单行语句格式为

```
If <表达式> Then <语句>
```

多行块语句格式为

```
If <表达式> Then
    语句块
End If
```

说明：

（1）<表达式>可以是关系表达式、布尔表达式或数值表达式。如果以数值作为表达式条件，0 被看做 False，任何非 0 数值都被看做 True。若<表达式>为 True，则 Visual Basic 执行 Then 关键字后面的所有语句。

（2）单行语句和多行语句在功能上是等价的，但如果条件成立需要执行多条语句时，一般建议使用多行语句格式，如果使用单行结构，需要用冒号语句分隔。例如：

```
If n < Date Then
    n = Date
    m=0
End If
```

等价于

```
If n < Date Then n = Date: m = 0
```

（3）无论条件是否成立，执行完该结构语句后，程序会继续执行下一条语句。

2. If…Then…Else 语句

If…Then…Else 语句可以实现非此即彼的分支选择。可以使用单行语句和多行块语句两种结构。

单行语句格式：

```
If <表达式> Then <语句块1> Else <语句块2>
```

多行块语句格式：

```
If <表达式> Then
    <语句块1>
Else
    <语句块2>
End If
```

说明：

（1）若表达式成立，执行语句块1，否则执行语句块2。

（2）若语句块1或语句块2包含多条语句，建议使用多行语句格式。

【例4.1】在窗体上绘制两个标签、两个文本框和两个按钮，当用户输入两个数值后，求出两个数中最大的数。运行结果如图4-3所示。

程序代码如下：

```
Private Sub Command1_Click()
    Dim a As Single, b As Single, c As Single
    a = Val(Text1.Text)
    b = Val(Text2.Text)
    If a > b Then
        c = a
    Else
        c = b
    End If
    MsgBox "两个数中的最大值为" & c, , "最大值"
End Sub
Private Sub Command2_Click()
    End
End Sub
```

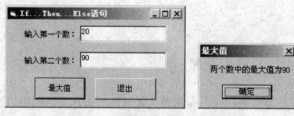

图4-3　求解最大值程序运行界面

3. If…Then…ElseIf 语句

If…Then…ElseIf 语句块，可以实现多分支的选择。语句格式为

```
If <表达式1> Then
    <语句块1>
ElseIf <表达式2> Then
    <语句块2>
……
ElseIf <表达式n> Then
    <语句块n>
[Else
```

　　<语句块 n+1>]
End If

说明：

（1）语句执行过程：首先判断表达式 1，如果值为 False，继续判断表达式 2，依此类推，直到找到一个表达式为 True 的条件。当它找到一个表达式为 True 的条件时，执行相应的语句块，然后执行 End If 后面的代码。

（2）在本结构中，语句块 Else 是可选的，可以根据需要进行选择。Else 的含义是如果条件都不是 True，则执行 Else 语句块。

（3）本结构中可以使用任意数量的 ElseIf 子句，或者一个也不用。

【例 4.2】绘制两个标签、一个文本框和一个命令按钮。实现用户输入一个年龄，按照年龄段进行分类提示的功能。0~1 岁为"幼儿"，2~12 岁为"儿童"，13~18 岁为"少年"，19~21 岁为"青少年"，22~39 岁为"青年"，40~69 岁为"中年"，70 以上为"老年"。程序运行结果如图 4-4 所示。

程序代码如下：

```
Private Sub Command1_Click()
    Dim Age As Integer, r As String
    Age = Val(Text1.Text)
    If Age <= 1 Then
        r = "幼儿"
    ElseIf Age <= 12 Then
        r = "儿童"
    ElseIf Age <= 18 Then
        r = "少年"
    ElseIf Age <= 21 Then
        r = "青少年"
    ElseIf Age <= 39 Then
        r = "青年"
    ElseIf Age <= 69 Then
        r = "中年"
    Else
        r = "老年"
    End If
    Label2.Caption = r
End Sub
```

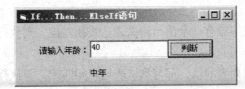

图 4-4　年龄段提示程序运行界面

4.2.2　IIf 函数

IIf 函数可以实现一些比较简单的选择结构，IIf 函数的语法格式为

IIf(<表达式>,<表达式 1>,<表达式 2>)

说明：

（1）<表达式>可以是关系表达式、逻辑表达式和数值表达式。如果为数值表达式做条件，非

0 表示 True，0 表示 False。

（2）当<表达式>结果为 True 时，函数的返回值为<表达式 1>的值；否则，函数的返回值为<表达式 2>的值。

例如，求两个变量中的最大值，并将结果存放于变量 Max 中。可以使用：

```
Max=IIf(a>b,a,b)
```

等价于

```
If a>b Then Max=a Else Max=b
```

4.2.3　Select Case 语句

在分支比较多的情况下，虽然可以使用 If…Then…ElseIf 结构来实现，但书写起来比较麻烦，而且不够直观，为此，Visual Basic 提供 Select Case 语句替代 If…Then…ElseIf 语句。Select Case 语句的语法格式为

```
Select Case 测试表达式
    Case 表达式列表 1
        语句块 1
    Case 表达式列表 2
        语句块 2
    ……
    Case 表达式列表 n
        语句块 n
    [Case Else
        语句块 n+1]
End Select
```

Select Case 语句首先计算测试表达式的值。然后，将表达式的值与语句中的每个 Case 的值进行比较。如果相等，就执行与该 Case 相关联的语句块。

说明：

（1）如果表达式列表中有多个值，用逗号把值隔开。例如：Case 2,4,6,8。

（2）如果表达式列表中包含一个范围的值，可以用关键字 to 连接。例如：Case 1 to10。

（3）如果表达式列表是一个没有两边的范围，可以用关键字 is 和关系运算符连接。例如：Case Is<10。

（4）表达式列表中不允许出现逻辑运算符（And、Or 等）。例如：Case Is>5 And Is<10 是错误的。

（5）如果在表达式列表中没有一个值与测试表达式相匹配，则执行 Case Else 子句（此项是可选的）中的语句。

（6）如果有多个表达式列表的值，都与测试表达式相匹配，则执行最先匹配表达式列表的语句块。

【例 4.3】输入一个学习成绩，按照成绩的范围进行分类。分类方法为：90～100 优秀，80～89 良好，60～79 合格，30～59 补考，小于 30 重修。程序运行结果如图 4-5 所示。

程序代码如下：

```
Private Sub Command1_Click()
    Dim Score As Single
    Score = Val(Text1.Text)
    Select Case Score
        Case Is < 0
```

图 4-5　学生成绩评测程序运行界面

```
            Label2.Caption = "分数不能为负数"
        Case Is < 30
            Label2.Caption = "下学期继续重修"
        Case Is < 60
            Label2.Caption = "准备补考吧！"
        Case Is < 80
            Label2.Caption = "合格了"
        Case Is < 90
            Label2.Caption = "不错！成绩为良好"
        Case Is <= 100
            Label2.Caption = "很棒啊！优秀了"
        Case Else
            Label2.Caption = "输入的数值太大了"
    End Select
End Sub
```

4.2.4　选择结构的嵌套

在选择结构中，如果在语句块中再次出现选择结构语句，就称之为选择结构的嵌套。选择结构的一般嵌套形式为

```
If <表达式> Then
    If <表达式> Then
        <语句块 1>
    Else
        <语句块 2>
    End If
    ……
Else
    If <表达式> Then
        <语句块 1>
    Else
        <语句块 2>
    End If
    ……
End If
```

说明：

（1）嵌套语句只能在一个分支内嵌套，不能出现交叉。

（2）在 If 语句嵌套时，一定要注意 If 语句的搭配问题。每一个独立的 If 都要有一个 End If 语句与之对应。

（3）在编写嵌套语句程序时，建议使用不同的缩进区分嵌套的层次，以增加程序的可读性。

【例 4.4】要求用户输入年龄和性别，如果年龄小于 18 岁，显示"本游戏不允许未成年人进入"，否则，如果用户输入的性别是"男"，则显示"欢迎这位男士！"，否则显示"欢迎这位女士！"。程序运行结果如图 4-6 所示。

程序代码如下：

```
Private Sub Command1_Click()
    Dim Age As Integer, Sex As String
    Age = Val(Text1.Text)
    Sex = Text2.Text
    If Age < 18 Then
```

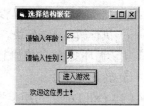

图 4-6　选择嵌套程序运行界面

```
          Label3.Caption = "本游戏不允许未成年人进入"
      Else
          If Sex = "男" Then
              Label3.Caption = "欢迎这位男士! "
          Else
              Label3.Caption = "欢迎这位女士! "
          End If
      End If
End Sub
```

4.3 循 环 结 构

循环结构允许重复执行一行或数行语句，直到指定的条件全部成立为止。Visual Basic 支持的常见循环结构有：

- For...Next 语句；
- Do...Loop 语句；
- While 语句。

4.3.1 For…Next 语句

For 语句一般用于循环次数已知的循环，语句的语法格式如下：

```
For <循环变量> = <初始值> To <终止值> [Step <步长值>]
    语句块
    [Exit For]
    语句块
Next [<循环变量>]
```

例如：

```
S=0
For c=2 to 100 step 2
  S=S+c
Next c
```

说明：

（1）<循环变量>、<初始值>、<终止值>、<步长值> 都是数值型。

（2）<步长值>可正可负。如果<初始值>小于<终止值>，则<步长值>必须为正，否则不能执行循环内的语句。如果<初始值>大于<终止值>，则<步长值>必须为负，这样才能执行循环体。如果没有设置 Step，则<步长值>默认为1。

（3）循环的执行步骤如下。

① 将<初始值>赋值给<循环变量>。

② 判断<循环变量>是否处于<终止值>范围内。若不是的话，则退出循环。

③ 执行循环体语句块。

④ <循环变量>的值加上<步长值>。

⑤ 转到步骤②。

（4）Exit For 语句用于强制退出循环。如果在指定条件下需要强制退出循环，可以使用此语句。

（5）Next 后面的循环变量省略与否，对语句没有影响。

（6）For 循环次数的计算公式为：Int（（终止值－初始值）/步长值+1）。

【例 4.5】要求用户输入一个整数 *n*，编写程序计算 *n*!。程序运行结果如图 4-7 所示。

程序代码如下：

```
Private Sub Command1_Click()
    Dim i As Integer
    Dim k As Integer
    Dim s As Double
    s = 1
    k = Val(Text1.Text)
    For i = 1 To k
        s = s * i
    Next
    Label2.Caption = k & "!=" & s
End Sub
```

图 4-7　*n* 的阶乘程序运行界面

4.3.2　Do…Loop 语句

Do…Loop 语句不仅可以用于次数确定的循环，也可用于重复次数不确定的循环。Do…Loop 语句有几种形式，每种形式都需要计算数值条件以决定是否继续执行。Do…Loop 语句的语法格式如下。

1. Do [While|Until <循环条件>]
   <语句块>
   [Exit Do]
   <语句块>
Loop

2. Do
   <语句块>
   [Exit Do]
   <语句块>
Loop [While|Until <循环条件>]

例如：

```
S=0
c=2
Do While c<=100
  S=S+c
  c=c+2
Loop
```

说明：

（1）当使用 While <循环条件>时，称之为当型循环。循环的特点是当<循环条件>的值为 True 时，则循环语句被循环执行；<循环条件>取值为 False 时，退出循环。

（2）当使用 Until <循环条件>时，称之为直到型循环。当<循环条件>的值为 False 时，则循环语句被循环执行；<循环条件>取值为 True 时，退出循环。

（3）需要通过循环体编写语句改变<循环条件>中的循环变量的值。

（4）Exit Do 用于强制退出 Do…Loop 循环。如果需要在指定条件下退出 Do…Loop 循环，可以使用 Exit Do 语句。

（5）语句格式 1 和语句格式 2 的区别在于，当循环条件一开始就不成立时，语句格式 1 的循环体一次也不执行，而语句格式 2 执行一次。其余情况两种格式完全一样。

【例 4.6】鸡兔同笼问题。在一只笼子里共有 100 只鸡和兔子，共有 280 条腿，编写程序计算鸡和兔子的只数。程序运行结果如图 4-8 所示。

程序代码如下：

```
Private Sub Command1_Click()
    Dim j As Integer    '保存鸡的只数
    Dim t As Integer    '保存兔子的只数
    j = 0
    Do While j <= 100
        t = 100 - j
        If j * 2 + t * 4 = 280 Then
            Label1.Caption = "笼中共有鸡" & j & "只，兔子" & t & "只"
            Exit Do
        End If
        j = j + 1
    Loop
End Sub
```

图 4-8 鸡兔同笼程序运行界面

4.3.3 While 语句

While 循环语句的用法和 Do...Loop 循环语句的用法相似。While 循环语句的语法格式如下：

```
While <循环条件>
    <语句块>
Wend
```

说明：

（1）当循环条件成立时，执行循环体语句。

（2）While 循环语句不能强制退出循环。

4.3.4 循环的嵌套

通常，把循环体内不再包含其他循环的循环结构称为单层循环。在处理某些问题时，常常要在循环体内再进行循环操作，这种情况称为多重循环，又称为循环的嵌套，如二重循环、三重循环等。

多重循环的执行过程是，外层循环每执行一次，内层循环就要从头开始执行一轮，例如：

```
For i=1 to 9
    For j=1 to 9
        Print i*j
    Next j
    Print
Next i
```

在以上的双重循环中，外层循环变量 i 取 1 时，内层循环就要执行 9 次；接着，外层循环变量 i 取 2，内层循环同样要重新执行 9 次……所以，循环共执行了 9×9 次，即 81 次。

说明：

（1）在循环的嵌套中不允许出现内外层循环交叉现象。

（2）外层循环每执行一次，内层循环都要从初始值执行到终止值。

（3）内层循环和外层循环可以是 For 循环，也可以是 Do 循环。

【例 4.7】编写程序在标签上输出乘法口诀。运行结果如图 4-9 所示。

程序代码如下：

```
Private Sub Command1_Click()
```

```
       Dim Row As Integer           '保存乘法口诀的行数
       Dim Col As Integer           '保存乘法口诀的列数
       Dim R As String              '保存生成口诀的字符串
       For Row = 1 To 9
          For Col = 1 To Row
             R = R & Col & "*" & Row & "=" & Format(Row * Col, "!@@@")
                'Format 函数格将 Row*Col 的结果格式化为 4 位，不够 4 位后边补空格
          Next Col
          R = R & vbCrLf '每连接一行后，连接换行符
       Next Row
       Label1.Caption = R
End Sub
```

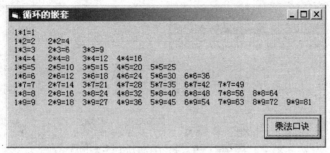

图 4-9　乘法口诀程序运行界面

4.4　应用程序举例

【例 4.8】在窗体上绘制一个文本框、一个命令按钮和一个标签控件，属性设置如表 4.3 所示。实现的功能为：用户在文本框中输入一串字符串，统计用户输入的英文字母、数字字符和其他字符的个数。程序运行结果如图 4-10 所示。

表 4.3　　　　　　　　　　　　　　　　对象属性设置

控 件 名 称	属性（属性值）	控 件 名 称	属性（属性值）
Form1	Caption（统计字符个数）	Label1	Caption（　）、BorderStyle（1）
Text1	Text（　）、MultiLine（True）、ScrollBars（Both）	Command1	Caption（统计）

程序代码如下：

```
Private Sub Command1_Click()
       Dim St As String         '保存用户输入的字符串
       Dim c As String          '保存截取的字符
       Dim n As Integer         '保存字符串长度
       Dim n1 As Integer        '保存字母字符个数
       Dim n2 As Integer        '保存数字字符个数
       Dim n3 As Integer        '保存其他字符个数
       Dim k As Integer

       St = Text1.Text
```

```
        n = Len(St)
        For k = 1 To n
            c = UCase(Mid(St, k, 1))
            If c >= "A" And c <= "Z" Then
                n1 = n1 + 1
            ElseIf c >= "0" And c <= "9" Then
                n2 = n2 + 1
            Else
                n3 = n3 + 1
            End If
        Next
        Label1.Caption = "统计结果: 字母字符" & n1 & "个,数字字符" & n2 & "个, 其他字符" & n3 &
"个"
    End Sub
```

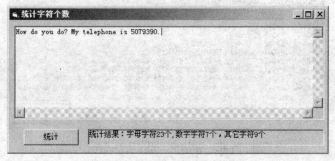

图 4-10　字符统计程序运行界面

【例 4.9】猜数游戏。在窗体上绘制两个标签、一个文本框、三个命令按钮控件,属性如表 4.4 所示。实现功能为:单击"开始游戏"按钮生成一个 0~100 之间的随机整数,并使按钮本身变灰,同时将这个随机数保存在窗体的 tag 属性中,并将文本框设置为焦点;单击"让我猜"按钮,将用户输入的数字和生成的随机数比较,根据比较结果的不同进行不同的提示,同时文本框获得焦点,当用户猜对时,取消"开始游戏"按钮的变灰属性;单击"退出游戏"按钮卸载窗体;窗体退出时,提示用户是否退出,如果用户选择"否"不退出游戏。程序运行结果如图 4-11 所示。

表 4.4　　　　　　　　　　　　　　　　　　对象属性设置

控 件 名 称	属性（属性值）	控 件 名 称	属性（属性值）
Form1	Caption（猜数游戏）、MaxButton（False）	Command1	Caption（开始游戏）
Label1	Caption（请输入一个整数（0-100）:）	Command2	Caption（让我猜）、Default（True）
Label2	Caption()、AutoSize（True）、ForeColor（红色）	Command3	Caption（退出游戏）、Cancel（True）
Text1	Text()		

程序代码如下:

```
Private Sub Command1_Click()
    Dim n As Integer
    Randomize
    n = Int(Rnd * 101)
    Form1.Tag = n
    Command1.Enabled = False
    Text1.SetFocus        '文本框获得焦点
End Sub
```

```
Private Sub Command2_Click()
    Dim m As Integer
    m = Val(Text1.Text)
    If m > Form1.Tag Then
        Label2.Caption = "你猜的数太大了！"
        '下面两条语句实现选中文本框内容
        Text1.SelStart = 0
        Text1.SelLength = Len(Text1.Text)
    ElseIf m < Form1.Tag Then
        Label2.Caption = "你猜的数太小了！"
         '下面两条语句实现选中文本框内容
        Text1.SelStart = 0
        Text1.SelLength = Len(Text1.Text)
    Else
        Label2.Caption = "恭喜你！猜对了！"
        Command1.Enabled = True
    End If
End Sub

Private Sub Command3_Click()
    Unload Me
End Sub

Private Sub Form_Unload(Cancel As Integer)
    Dim n As Integer
    '当用户退出系统时，提示用户是否退出
    n = MsgBox("确实要退出游戏吗？", vbYesNo + vbInformation, "游戏提示")
    If n = vbNo Then      '如果用户选择了"否"按钮，取消退出
        Cancel = True
    End If
End Sub
```

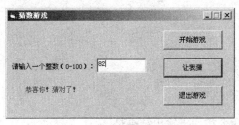

图 4-11　猜数游戏程序运行界面

本章小结

　　本章介绍了 Visual Basic 程序设计的 3 种基本结构，即顺序结构、选择结构和循环结构。顺序结构很简单，是按语句的先后顺序执行，对于简单问题可以解决，但是对于复杂一些的问题就需要使用选择结构和循环结构。

　　在顺序结构中，要求读者掌握几条最基本的语句，包括赋值语句、注释语句、结束语句、卸载语句，以及交互对话框的使用。

　　在选择结构中，Visual Basic 提供了 If 语句和 Select Case 语句。If 语句包含 3 种语法格式，即 If…Then、If…Then…Else 和 If…Then…ElseIf。在选择结构中 If 语句的嵌套要注意 If 和 Else 的搭

配问题。

　　循环结构是 3 种程序结构中比较复杂的一种结构，Visual Basic 提供了 For 循环和 Do 循环两种最常用的循环格式。For 循环一般适用于确定次数的循环，Do 循环不仅适用于确定次数的循环，而且适用于不确定次数的循环。在利用循环解决问题时，首先要分析出问题的规律，然后根据规律编写循环语句。

　　通过对本章的学习，要求读者能够掌握选择结构和循环结构的基本语法规则，并能利用选择结构和循环结构解决一般问题。

习　　题

一、选择题

1. 设 a=6，则执行 x=IIf(a>5，−1,0)后，x 的值为＿＿＿＿＿。
   A）5　　　　　　　B）6　　　　　　　C）0　　　　　　D）−1

2. 执行下面的程序段后，x 的值为＿＿＿＿＿。
```
x=5
For i=1 To 20 Step 2
x=x+i\5
Next i
```
   A）21　　　　　　B）22　　　　　　C）23　　　　　D）24

3. 在窗体上画一个命令按钮，然后编写如下事件过程：
```
Private Sub Command1_Click()
For i=1 To 4
x=4
 For j =1 To 3
   x=3
   For k=1 To 2
     x=x+6
   Next k
 Next j
Next i
Print x
End Sub
```
   程序运行后，单击命令按钮，输出结果是＿＿＿＿＿。
   A）7　　　　　　　B）15　　　　　　C）157　　　　D）538

4. 在窗体上画一个命令按钮，然后编写如下事件过程：
```
Private Sub Command1_Click()
    x=0
    Do Until x=-1
        a = InputBox("请输入 A 的值")
        a = Val(a)
        b = InputBox("请输入 B 的值")
        b = Val(b)
        x = InputBox("请输入 x 的值")
        x = Val(x)
        a = a+b+x
    Loop
    Print a
End Sub
```

程序运行后，单击命令按钮，依次在输入对话框中输入 5、4、3、2、1、–1，则输出结果为_____。

　　A）2　　　　　　　B）3　　　　　　　C）14　　　　　　　D）15

5. 阅读下面的程序段：

```
For i=1 To 3
  For j=1 To i
    For k=j To 3
      a=a+1
    Next k
  Next j
Next i
```

执行上面的三重循环后，a 的值为_____。

　　A）3　　　　　　　B）9　　　　　　　C）14　　　　　　　D）21

6. 在窗体上画一个文本框（其中 Name 属性为 Text1），然后编写如下事件过程：

```
Private Sub Form_Load()
  Text1.Text=""
  Text1.SetFocus
  For i=1 To 10
    Sum=Sum+i
  Next i
  Text1.Text=Sum
End Sub
```

上述程序的运行结果是_____。

　　A）在文本框 Text1 中输出 55　　　　　　B）在文本框 Text1 中输出 0

　　C）出错　　　　　　　　　　　　　　　　D）在文本框 Text1 中输出不定值

7. 在窗体上画两个文本框（其 Name 属性分别为 Text1 和 Text2）和一个命令按钮（其 Name 属性为 Command1），然后编写如下事件过程：

```
Private Sub Command1_Click()
  x=0
  Do While x<50
    x=(x+2)*(x+3)
    n=n+1
  Loop
  Text1.Text=Str(n)
  Text2.Text=Str(x)
  End Sub
```

程序运行后，单击命令按钮，在两个文本框中显示的值分别为_____。

　　A）1 和 0　　　　　　B）2 和 72　　　　　　C）3 和 50　　　　　　D）4 和 168

8. 在窗体上画一个命令按钮，名称为 Command1，然后编写如下程序：

```
Private Sub Command1_Click()
  For I=1 To 4
    For J=0 To 1
      Print Chr$(65+I);
    Next J
    Print
  Next I
End Sub
```

程序运行后，如果单击命令按钮，则在窗体上显示的内容是_____。

　　A）BB　　　　　　　B）A　　　　　　　C）B　　　　　　　D）AA
　　　　CC　　　　　　　　　BB　　　　　　　　CC　　　　　　　　BBB

| DDDD | CCC | DDD | CCCC |
| EEEEE | DDDD | EEEE | DDDDD |

9. 在窗体上画一个名称为 Text1 的文本框和一个名称为 Command1 的命令按钮，然后编写如下事件过程：

```
Private Sub Command1_Click()
  Dim i As Integer,n As Integer
  For I=0 To 50
     i=i+3
     n=n+1
   If i>10 Then Exit for
  Next
  Text1.Text=Str(n)
End Sub
```

程序运行后，单击命令按钮，在文本框中显示的值是_____。

A）2　　　　　　　　B）3　　　　　　　　C）4　　　　　　　　D）5

10. 在窗体上画一个名称为 Command1 的命令按钮，然后编写如下事件过程：

```
Private Sub Command1_Click()
    x=0
    n=InputBox("")
    For i=1 To n
      For j=1 Toi
        x=x+1
      Next j
    Next i
  Print x
  End Sub
```

程序运行后，单击命令按钮，如果输入3，则在窗体上显示的内容是_____。

A）3　　　　　　　　B）4　　　　　　　　C）5　　　　　　　　D）6

二、编程题

1. 编写程序，要求用户输入 3 个整数，输出这 3 个整数中最大的数。

2. 输入一个年号，判断该年份是否为闰年。判断方法为：年份能被 4 整除但不能被 100 整除，或者能被 400 整除即为闰年。

3. 要求用户输入一个日期，输出这个日期是星期几。提示：使用 WeekDay 函数返回该日期在当前周的天数，然后使用 Select Case 语句，输出"星期一"、"星期二"等。

4. 编写程序，输出 1+2+3+…+100 的结果。

5. 编写程序，输出英文字母表。提示：使用 Chr 函数将 ASCII 转换为相应的字符。

6. 编写程序，输出 100 以内所有能被 3 整除的数的和。

第5章
数组

本章要点：

- 了解数组的概念；
- 熟悉并掌握一维数组、二位数组的定义和基本应用；
- 熟悉动态数组的定义方法和基本应用；
- 掌握与数组相关的几个函数的应用。

数组是计算机程序设计语言中一个很重要的概念，用于成批相同性质数据的处理。在 Visual Basic 中，一个数组元素可以是基本数据类型、用户自定义类型、对象类型，也可以是变体类型。此外，一个数组的长度可以是定长的，也可以是可变的。

5.1 概 述

在前面所介绍的程序中，所涉及的数据不太多，使用简单的变量就可以存取和处理。但在实际问题中往往需要处理大批数据，如果仍使用简单的变量进行处理，就需要定义大量的变量，从而增加程序的复杂性，有些问题甚至不可能实现的。例如，需要保存一个班级 120 个学生的计算机成绩，如果使用简单的变量就需要定义 120 个变量来保存这些数据，这几乎是不可能实现的。Visual Basic 中的数组可以轻松解决上面的问题。数组利用下标值和循环语句结合，可以解决成批数据的处理问题。

1. 数组的概念

数组是一组具有相同类型和名称的变量的集合。这些变量称为数组的元素，每个数组元素都有一个编号，这个编号叫做下标，我们可以通过下标来区别这些元素。例如，上面介绍的学生成绩的保存问题，可以使用 S(1)，S(2)，…，S(n) 等保存 n 个学生的计算机成绩。

由于有了数组，可以用相同名字引用一系列变量，并用数字下标来识别它们。在许多场合，使用数组可以缩短和简化程序，因为可以利用数组的数字下标设计一个循环，高效处理多种情况。数组有上界和下界，数组的元素在上下界内是连续的。因为 Visual Basic 对每一个索引值都分配空间，所以不要不切实际声明一个太大的数组。

2. 数组元素的数据类型

一般情况下，数组元素的数据类型必须相同，可以是前面讲过的各种基本数据类型（字符串型、整型、实型等）。但当数组类型被指定为变体型时，它的各个元素就可以是不同的类型。

3. 数组的维数

数组可以是一维数组，也可以是多维数组。"维数"或"秩"对应于用来识别每个数组元素的下标个数。维数可以多达 32 维，但一般三维以上就很少见了。例如：数组 S(3,5)的维数是 2，因此称之为二维数组。

4. 数组的大小

数组的每一维都有一个非零的长度。在数组的每一维中，数组元素按下标 0 到该维最高下标值连续排列，这个序列的个数就是该数组在该维数上的大小。例如：二维数组 S(3,4)的第 1 维大小为 4，第 2 维大小为 5。

由于 Visual Basic 为对应于每个索引号的数组元素分配空间，因此，应避免声明大于需要的数组维数。

5. 数组的分类

在 Visual Basic 中，数组分为静态数组和动态数组两种类型。

静态数组也叫做固定数组，数组在定义时，就固定了大小，在程序运行时，数组的大小不可以改变。

动态数组也叫做可变长数组，数组在定义时，不定义长度，在程序运行时，数组的大小可以根据需要随时改变。

5.2　一　维　数　组

一维数组经常用于表示一系列的线性数据。

5.2.1　一维数组的声明

Visual Basic 中数组不能像普通变量一样，可以不定义直接使用，数组必须先声明再使用。一维数组的声明格式如下：

```
Dim 数组名([<下界> to ]<上界>)[As <数据类型>]
```

或

```
Dim 数组名[<数据类型符>]([<下界> to ]<上界>)
```

例如：

```
Dim a(10) As Integer
Dim b(1 to 10) As Integer
Dim c%(10)
Dim d(10)
```

说明：

（1）数组的名称必须符合变量的命名规则，同时，数组的名称不能与其他变量重名。

（2）数组必须先定义后使用，否则，系统将会出现"子程序或函数未定义"错误。

（3）数组默认下界为 0，若希望数组下标从 1 开始，可在模块的声明部分使用 Option Base 语句。语句的格式为

```
Option Base 0|1
```

例如：Option Base 1 　　将所有的数组的下界设置为 1

一旦使用 Option Base 语句，该模块所有数组的默认下界都将变为设置的值。

（4）声明数组时，上界和下界不能使用变量，必须使用常量。例如：

```
n=5
Dim a(n) As Integer
```

数组声明是错误的。

（5）如果省略数据类型或类型说明符，则数组的类型为变体类型，可以存放任何类型的数据。

（6）要注意区分元素个数和可以使用的最大下标的区别。例如：

```
Dim a(10) As Integer
```

数组 a 有 11 个元素，分别是 a(0)，a(1)，…，a(10)，数组 a 的最大下标元素为 a(10)。

5.2.2 一维数组元素的引用

数组在使用时，非常灵活，既可以引用单个元素，也可以通过循环遍历数组的所有元素，一维数组的引用格式为

数组名（<下标>）

说明：

（1）在引用数组元素时，数组必须已经声明，否则系统会报错。

（2）在引用数组元素时，下标可以是常量，也可以是变量。例如：

```
Dim a(10) as Integer
n=1
a(n)=5
for i=0 to 10
    a(i)=i
Next i
```

（3）在引用数组元素时，数组元素的下标必须位于数组的下界和上界之间，否则系统将出现"数组越界错误"。例如：

```
Dim a(10) as Integer
a(11)=5
```

上面语句运行后，由于 a(11)超出了数组 a 的上界范围，因此系统将会报错。

（4）不能通过数组名称引用数组的所有元素，如果需要引用数组的所有元素，必须通过循环遍历的方式来实现。例如：

```
Dim a(10) as Integer
a=1
```

上面的语句无法实现将数组的所有元素赋值为 1 的功能，系统执行时，会出现错误，应将上面的语句改为：

```
Dim a(10) as Integer
Dim i as Integer
For i=0 to 10
    a(i) = 1
Next i
```

5.2.3 一维数组的应用

【例 5.1】数组的输入输出。定义一个 10 个元素的数组，要求每个数组元素都是一个 0 ~ 100 的随机整数，并将数组的内容输出到标签上。程序运行结果如图 5-1 所示。

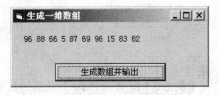

图 5-1 数组元素赋值程序运行界面

程序代码：

```
Private Sub Command1_Click()
```

```
    Dim a(9) As Integer
    Dim i As Integer
    Dim S As String
    For i = 0 To 9
        Randomize
        a(i) = Int(Rnd * 101)       '随机生成 0~100 的整数,并赋值给数组元素
    Next
    For i = 0 To 9
        S = S & a(i) & " "
    Next
    Label1.Caption = S
End Sub
```

【例 5.2】定义一个 10 个元素的数组,要求每个数组元素都是一个 0 ~ 100 的随机整数,并输出该数组中最大值和最小值。

程序分析:首先将第 1 个元素假定为最大值,然后用这个最大值和每个元素进行比较,如果某个元素的值比假定的最大值大,然后就将这个元素的值假定为最大值……最后得到的就是整个数组里所有元素的最大值。最小值与此类似。程序运行结果如图 5-2 所示。

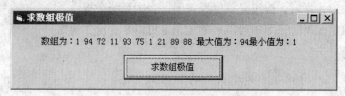

图 5-2　求数组极值程序运行界面

程序代码如下:

```
Private Sub Command1_Click()
    Dim a(9) As Integer
    Dim i As Integer
    Dim max As Integer
    Dim min As Integer
    Dim S As String

    '随机生成 0~100 的整数,并赋值给数组元素
    For i = 0 To 9
        Randomize
        a(i) = Int(Rnd * 101)
        S = S & a(i) & " "
    Next i

    max = a(0)  '假定第 1 个元素为最大值
    min = a(0)  '假定第 1 个元素为最小值
    For i = 0 To 9
        If a(i) > max Then
            max = a(i)
        End If
        If a(i) < min Then
            min = a(i)
        End If
    Next i
    Label1.Caption = "数组为: " & S & "最大值为: " & max & "最小值为: " & min
End Sub
```

【例 5.3】定义一个 10 个元素的数组,要求每个数组元素都是一个 0 ~ 100 的随机整数,并将该数组的内容进行首尾对调,即 a(0)的值和 a(9)对调,a(1)的值和 a(8)对调……

程序分析：根据分析可以得出该数组首尾对调的规律，即 a(i)的值和 a(9-i)对调，由于每次完成两个元素的值的对调，因此，本数组共需 5 次对调即可，也就是说，如果 *n* 个元素需要首尾对调的话，只需要对调 Int(*n*/2) 次即可。程序运行结果如图 5-3 所示。

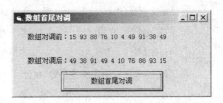

图 5-3　数组首尾对调程序运行界面

程序代码如下：

```
Private Sub Command1_Click()
    Dim a(9) As Integer
    Dim i As Integer
    Dim t As Integer
    Dim S As String

    '随机生成 0~100 的整数，并赋值给数组元素
    For i = 0 To 9
        Randomize
        a(i) = Int(Rnd * 101)
        S = S & a(i) & " "
    Next i
    Label1.Caption = "数组对调前: " & S

    '完成数组元素的对调
    For i = 0 To 4
        t = a(i)
        a(i) = a(9 - i)
        a(9 - i) = t
    Next i

    '在标签 2 中输出对调后的结果
    S = ""
    For i = 0 To 9
        S = S & a(i) & " "
    Next
    Label2.Caption = "数组对调后: " & S
End Sub
```

【例 5.4】定义一个 10 个元素的数组，数组下标范围为 1~10，要求每个数组元素都是一个 0~100 的随机整数，用冒泡法将该数组的内容按由小到大的顺序排序。

程序分析：冒泡法排序的特点是，每经过一轮排序，都将值最小的元素排到顶端，下一轮排序时，从下一个元素开始再次选出次小的元素……一直到最后将所有的元素都排序。例如：

10 4 5 7 3 2 8　6 9 1

第 1 轮比较过程如下。

第 1 次比较：1 和 9 比较，1 比 9 小，两个元素对调，对调结果为

10 4 5 7 3 2 8　6 1 9

第 2 次比较：1 和 6 比较，1 比 6 小，两个元素对调，对调结果为

10 4 5 7 3 2 8　1 6 9

……

第 9 次比较：1 和 10 比较，1 比 10 小，两个元素对调，对调结果为

1 10 4 5 7 3 2 8　6 9

第 2 轮比较在 10　4　5　7　3　2　8　　6　9 内进行，过程如下。

第 1 次比较：9 和 6 比较，6 比 9 小，不进行对调，结果为

1　10　4　5　7　3　2　8　6　9

第 2 次比较：6 和 8 比较，6 比 8 小，两个元素对调，对调结果为

1　10　4　5　7　3　2　6　8　9

……

第 8 次比较：2 和 10 比较，2 比 10 小，两个元素对调，对调结果为

1　2　10　4　5　7　3　6　8　9

……

1　2　3　4　5　6　7　8　10　9

第 9 轮比较在 10 和 9 之间进行，过程如下。

第 1 次比较：9 比 10 小，两个元素对调，对调结果为

1　2　3　4　5　6　7　8　9　10

由上分析，排序共需 9 轮比较，每一轮需要 10-i 次比较，每一轮参与排序的元素分别为 a(10)，a(9)，…，a(i)。推而广之，如果 n 个元素参与排序，共需要 n-1 轮比较，每一轮需要比较的次数为 n-i，每一轮参与比较的元素分别为 a(n)，a(n-1)，…，a(i)。

程序运行结果如图 5-4 所示。

程序代码如下：

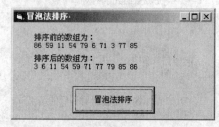

图 5-4　冒泡法排序程序运行界面

```vb
Private Sub Command1_Click()
    Dim a(1 To 10) As Integer
    Dim t As Integer
    Dim i As Integer
    Dim j As Integer
    Dim S As String

    '生成下标从 1 到 10 的数组
    For i = 1 To 10
        Randomize
        a(i) = Int(Rnd * 101)
        S = S & a(i) & " "
    Next i
    '输出排序前的数组，vbCrLf 为系统常量表示回车换行
    Label1.Caption = "排序前的数组为: " & vbCrLf & S

    '对数组进行排序
    For i = 1 To 9     '10 个元素共需要 9 轮比较
        '每一轮比较都是从 a(10) 开始，共比较 10-i 次，因此循环次数为 10 到 i+1
        For j = 10 To i + 1 Step -1
            If a(j) < a(j - 1) Then     '如果 a(j) 比 a(j-1) 小，对调两个元素
                t = a(j)
                a(j) = a(j - 1)
                a(j - 1) = t
            End If
        Next j
    Next i

    '将排序后的元素连接成字符串并输出
    S = ""
    For i = 1 To 10
```

```
      S = S & a(i) & " "
    Next i
    Label2.Caption = "排序后的数组为: " & vbCrLf & S
End Sub
```

5.3　二维数组及多维数组

二维数组经常用于二维的表结构、矩阵结构等。每个元素通过两个下标来定位，其中第 1 个下标表示行，第 2 个下标表示列，如 a(3,4)表示矩阵或表的第 3 行第 4 列元素。

5.3.1　二维数组的声明

二维数组的声明和一维数组相似，只是包含了两个下标说明，声明格式如下：
```
Dim 数组名([<下界> to ]<上界>, [<下界> to ]<上界>)[As <数据类型>]
```
或
```
Dim 数组名[<数据类型符>]([<下界> to ]<上界>, [<下界> to ]<上界>)
```
例如：
```
Dim a(3,4) As Integer
Dim b(1 to 3,1 to 4) As Integer
Dim c%(3,4)
Dim d(3,4)
```
说明：

（1）二维数组必须先声明后使用。

（2）二维数组的变量名与一维数组一样要符合变量的命名规则。

（3）二维数组的两个下标不允许使用变量，必须是常量。

（4）二维数组的两个纬度默认下界都是 0。

（5）数组的第 1 个纬度为行，第 2 个纬度为列，如 a(3,4)表示第 3 行、第 4 列。

（6）数组元素的个数为：（上界 1−下界 1+1）*（上界 2−下界 2+1）。

（7）二维数组元素在内存的存放顺序为"先行后列"。例如：
```
Dim a(2,3) As Integer
```
上面的数组在内存的存放顺序为：a(0,0)→a(0,1)→a(0,2)→a(0,3)→a(1,0)→a(1,1)→a(1,2)→a(1,3)→a(2,0)→a(2,1)→a(2,2)→a(2,3)。

5.3.2　二维数组元的引用

二维数组的引用格式为
数组名(下标 1, 下标 2)
例如：
```
Dim a(1 to 3,1 to 3)  As Integer
a(1,1)=10
a(1,2)=5
a(1,3)=a(1,1)+a(1,2)
```
在程序中经常采用二重循环对二维数组进行操作。

5.3.3 多维数组的声明及引用

多维数组的声明和二维数组相似，只是包含了多个下标说明，声明格式如下：

Dim 数组名([<下界> to]<上界>, [<下界> to]<上界>, ……) [As <数据类型>]

或

Dim 数组名[<数据类型符>]([<下界> to]<上界>, [<下界> to]<上界>, ……)

例如：

```
Dim a(3,4,5) As Integer
Dim a%(3,4,5,6)
```

多维数组的引用和二维数组的引用类似。在编写程序时，很少会用到多维数组。

5.3.4 二维数组的应用

【例 5.5】求矩阵的最大值和最小值。求一个 3×3 矩阵的最大值和最小值，矩阵元素的值为两位的随机整数。

程序分析：和一维数组求最大值类似，先将第 1 个元素设置为最大值，然后遍历矩阵的每个元素，将每个元素和假定最大值比较，如果比假定最大值大，将这个元素的值设置为假定最大值，最后求出的就是矩阵所有元素的最大值。求最小值的方法与此类似。程序运行结果如图 5-5 所示。

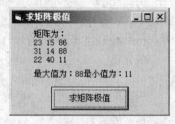

图 5-5 矩阵极值程序运行界面

程序代码如下：

```
Private Sub Command1_Click()
    Dim a(1 To 3, 1 To 3) As Integer
    Dim i As Integer, j As Integer
    Dim max As Integer
    Dim min As Integer
    Dim s As String

    '生成随机数并赋值给数组
    For i = 1 To 3
        For j = 1 To 3
            Randomize
            a(i, j) = Int(Rnd * 90) + 10
            s = s & a(i, j) & " "
        Next j
        s = s & vbCrLf   '连接完一行内容后，再连接一个回车换行符
    Next i
    '输出矩阵的内容
    Label1.Caption = "矩阵为: " & vbCrLf & s

    '求矩阵的最大值和最小值
    max = a(1, 1)
    min = a(1, 1)
    For i = 1 To 3
        For j = 1 To 3
            If a(i, j) > max Then
                max = a(i, j)
            End If
            If a(i, j) < min Then
                min = a(i, j)
            End If
```

```
        Next j
    Next i

    '输出最大值和最小值
    Label2.Caption = "最大值为: " & max & "最小值为: " & min

End Sub
```

【例 5.6】求矩阵的转置。将一个 3×4 矩阵进行转置，矩阵元素的值为随机的 2 位整数。

程序分析：将一个矩阵行列对调即为矩阵的转置，如将 a(1,3)和 a(1,1)对调。程序运行结果如图 5-6 所示。

程序代码如下：

```
Private Sub Command1_Click()
    Dim a(1 To 3, 1 To 4) As Integer
    Dim b(1 To 4, 1 To 3) As Integer
    Dim i As Integer, j As Integer
    Dim t As Integer
    Dim s As String

    '生成二维数组
    For i = 1 To 3
        For j = 1 To 4
            Randomize
            a(i, j) = 10 + Int(Rnd * 90)
            s = s & a(i, j) & " "
        Next j
        s = s & vbCrLf    '连接完一行元素后,再连接一个换行符
    Next i
    '显示转置前的二维数组
    Label1.Caption = "转置前的矩阵为: " & vbCrLf & s

    '将矩阵转置
    For i = 1 To 3
        For j = 1 To 4
            b(j, i) = a(i, j)
        Next j
    Next i

    '输出转置的结果
    s = ""
    For i = 1 To 4
        For j = 1 To 3
            s = s & b(i, j) & " "
        Next j
        s = s & vbCrLf
    Next i
    Label2.Caption = "转置后的矩阵为: " & vbCrLf & s

End Sub
```

图 5-6　矩阵转置程序运行界面

【例 5.7】设有 3 位同学的英语、计算机、政治和数学 4 门成绩，编写程序实现用户输入 5 位同学的学号、姓名和各科成绩，求出各科的平均成绩。

程序分析：由于既要保存学生的学号、姓名，还要保存学生的各科成绩，因此使用的二维数组应该为变体类型。求平均成绩时，将(a1+a2+a3)/3 分解为 a1/3+a2/3+a3/3 可以更加方便地求出平均值。程序运行结果如图 5-7 所示。

程序代码如下:

```
Private Sub Command1_Click()
    Const COUNT = 3
    Dim Stu(1 To COUNT, 1 To 6)            '保存学号姓名及成绩信息
    Dim avgScore(1 To 4) As Single          '保存各科的平均成绩
    Dim i As Integer, j As Integer
    Dim s As String

    For i = 1 To COUNT
        Stu(i, 1) = InputBox("请输入第" & i & "个同学的学号", "输入学号")
        Stu(i, 2) = InputBox("请输入第" & i & "个同学的姓名", "输入姓名")
        For j = 1 To 4
            Stu(i, 2 + j) = Val(InputBox("请输入第" & i & "个同学的第" & j & "门成绩",
"输入成绩"))
            avgScore(j) = avgScore(j) + Stu(i, 2 + j) / COUNT
        Next j
    Next i

    '输出学生信息, Format 函数将表达式格式化为10位字符, 不够补空格
    For i = 1 To COUNT
        For j = 1 To 6
            s = s & Format(Stu(i, j), "@@@@@@@@@@")
        Next
        s = s & vbCrLf
    Next
    Label1.Caption = "以下为学生的成绩信息: " & vbCrLf & s

    '输出各科平均成绩
    s = ""
    For j = 1 To 4
        s = s & "第" & j & "门课程的平均成绩为: " & avgScore(j) & vbCrLf
    Next
    Label2.Caption = s

End Sub
```

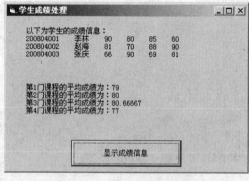

图 5-7　学生成绩处理程序运行界面

5.4　动态数组

前面讲的数组都是在声明时已经确定了数组的大小,在声明时,必须使用常量下标,这种数

组称之为静态数组。在许多情况下，并不能事先知道数组的大小，即数组中的元素的个数可以根据用户的输入而动态改变，或在定义数组时，需要使用变量。这种在声明时无法给出大小的数组称之为动态数组。静态数组是在程序编译时分配存储空间，而动态数组是在程序执行时分配存储空间。

5.4.1 动态数组的声明

动态数组的声明需要经过两步。动态数组的声明格式如下。

1. 声明数组

Dim 数组名()[As 数据类型]

2. 指定数组大小

ReDim [Preserve] 数组名（下标 1[, 下标 2···]）

例如：

```
Dim a() As Integer
ReDim a(5)
n=9
ReDim a(n)
```

说明：

（1）在动态数组 ReDim 语句中的下标可以是常量，也可以是有了确定值的变量。

（2）在过程中可以多次使用 ReDim 来改变数组的大小，也可改变数组的维数。

（3）每次使用 ReDim 语句都会使原来数组中的值丢失，可以在 ReDim 语句后加 Preserve 关键字来保留数组中的原有数据，但使用 Preserve 只能改变最后一维的大小，前面几维大小不能改变。

5.4.2 与数组相关的函数

在使用数组时，经常会使用一些与数组有关的函数来对数组进行操作，如 Array、LBound、UBound、Split 和 Join 函数。

1. Array 函数

Array 函数可以方便地对数组整体赋值，但它只能给声明为变体类型的变量或仅有括号括起来的动态数组赋值。赋值后的数组的大小由赋值个数决定。Array 函数的语法格式为

Array(参数列表)

例如：

```
Dim a
a=Array(1,3,5,7,9)
Dim b()
b=Array(2,4,6,8,10)
```

说明：

（1）参数列表中的数据以逗号分隔，逗号分割的数据的数据类型可以相同，也可以不同。

（2）使用 Array 函数给动态数组赋值后，该数组被确定为一维数组，数组的下界由 Option Base 语句决定，默认为 0。元素的个数由参数值决定。

（3）只能为变体类型的变量或仅有括号括起来的动态数组赋值。

2. Lbound 和 Ubound 函数

在使用数组时，经常需要获得数组的下界和上界，以避免出现数组下标越界的问题。在 Visual Basic 中，提供了 LBound 函数和 UBound 函数可以获取一个数组的下界和上界。LBound 和 UBound 函数的语法格式为

```
LBound(<数组名>[,<N>])
UBound(<数组名>[,<N>])
```

例如：

```
Dim a
a=array(1,3,5,7)
b=LBound(a)          'b 的值为 0
c=UBound(a)          'c 的值为 3
For i=LBound(a) to UBound(a)
    Print a(i)
Next i
```

说明：

（1）<数组名>是必须的。数组名必须是已经声明的静态或动态数组，否则，系统会报错。

（2）<N>是可选的。一般为整型常量，指定返回哪一维的上界或下界，1 表示第一维，2 表示第二维，如果省略，默认为 1。

3. Split 函数

Split 函数的功能是以某个固定的分隔符将一个字符串进行切分，并将切分的结果放到一个下界为 0 的数组中。Split 函数的语法格式为

```
<数组名>=Split(<字符串表达式>[,<分隔符>])
```

例如：

```
Dim a() As String
a=Split("hello how are you")
Print a(0)     '输出结果为 hello
Dim b
b=Split("2009-2-10","-")
Print b(0)     '输出结果为 2009
```

说明：

（1）<数组名>必须是动态数组或变体类型变量，不能是静态数组。

（2）经过切割后，数组元素的数据类型为字符串型，因此除了变体类型和字符串类型，不能将数组声明成其他类型。例如：

```
Dim a() As Integer
a=Split("123 456 789")
```

执行上面语句后，系统会出现"类型不匹配"错误。

（3）如果<分隔符>省略，系统默认分隔符为空格。

4. Join 函数

Join 函数的功能是将一个数组的各个元素的值通过分隔符连接成一个字符串。Join 函数的语法格式为

```
Join(<数组名>[,<分隔符>])
```

例如：

```
Dim a()
a=Array(2009,2,10)
b = Join(a, "-")
c=Join(a)
Print b
Print c
```

执行上面的语句后，输出 b 的值为"2009-2-10"，输出 c 的值为"2009 2 10"。

说明：

（1）Join 函数返回的数据类型为字符串类型。

（2）<数组名>必须是已经定义的静态或动态数组，且数组的类型为字符串型或变体类型。

（3）<分隔符>如果省略，系统默认的分隔符为空格字符。

5.4.3　动态数组的应用

【例 5.8】用户输入一个整数 n，生成一个具有 n 个元素的 0～100 的随机整数数组，并将结果输出。

程序分析：由于数组的大小是由用户输入的，即数组的大小为一变量，因此，数组需要声明成动态数组。程序运行结果如图 5-8 所示。

图 5-8　动态生成数组程序运行界面

程序代码如下：

```
Private Sub Command1_Click()
    Dim a()
    Dim i As Integer
    Dim n As Integer

    n = Val(Text1.Text)
    If n > 0 Then
        ReDim a(n - 1)
        For i = 0 To n - 1
            Randomize
            a(i) = Int(Rnd * 101)
        Next
        Label2.Caption = "生成的数组为：" & Join(a)
    Else
        MsgBox "数组的大小不正确"
    End If
End Sub
```

5.5　控 件 数 组

5.5.1　控件数组的概念

在编写应用程序时，经常会遇到需要使用多个功能类似的同类控件，如果使用单独的控件，需要为每个控件编写事件程序，而这些程序往往十分相似，需要浪费大量的精力。利用 Visual Basic 中的控件数组可以轻松解决上面的问题。

控件数组是具有相同名称的同类控件。像数组一样，这些同名控件通过索引值（Index 属性）来区分不同的控件，同时，这些控件具有相同的事件，在事件中将会多出一个 Index 参数，里面存放激发事件的控件的索引值。例如：

一个名称为 cmdNum 的控件数组的 Click 事件

```
Private Sub cmdNum_Click(Index As Integer)
    MsgBox cmdNum(Index).Caption
End Sub
```

在 Visual Basic 中，一个控件数组至少要有一个元素，其他控件元素可以在设计时直接绘制，也可以通过代码动态生成。

5.5.2 控件数组的建立

在 Visual Basic 中，可以通过复制控件、为多个控件定义相同名称以及用 Load 语句生成 3 种方法建立控件数组。

1．通过复制控件的方法

通过复制控件的方法可以很方便地建立控件数组，具体的建立步骤如下。

（1）在窗体上绘制一个控件，并设置好控件的名称。

（2）选中刚才绘制的控件，在工具栏上选择"复制"图标。

（3）单击窗体的空白处，并选择工具栏上的"粘贴"图标，弹出如图 5-9 所示的对话框，在对话框中单击"是"按钮即可。

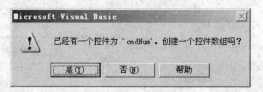

图 5-9　粘贴控件对话框

（4）如果还需要建立一个控件数组元素，只需要直接选择工具栏上的"粘贴"图标，系统不会再弹出对话框，而是直接建立控件数组元素。

建立完成后，可以通过控制数组属性窗口看到具有相同名称的多个控件，它们的区别在于控件的 Index 属性的值不同，就像数组一样，可以直接通过控件名称和相应的下标来识别不同的控件，如图 5-10 所示。

2．通过控件相同名称的方法

通过给控件起一个相同的名称的方法，同样可以建立一个控件数组，具体的步骤如下。

（1）在窗体上绘制一个基本的控件，并为该控件定义一个名称。

（2）在窗体上再绘制一个同类的控件，并为该控件定义一个和刚才控件相同的名称，系统会弹出如图 5-9 所示的对话框，单击"是"按钮，系统会建立一个控件数组元素。

（3）当再次绘制相同控件并定义相同名称时，系统不会弹出对话框，而是直接建立另一个控件数组元素。

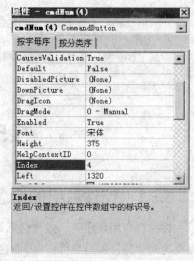

图 5-10　控件数组属性窗口

3．通过 Load 语句生成控件数组元素

通过 Load 语句可以通过代码生成控件数组元素，也可以通过 Unload 语句删除一个控件数组元素。Load 和 Unload 语句的语法格式为

```
Load 控件数组名(索引值)
Unload 控件数组名(索引值)
```

例如：

```
Load cmdNum(2)
Unload cmdNum(2)
```

说明：

（1）在使用 Load 语句时，至少要有一个控件数组元素。如果需要将一个控件变为数组元素，将该控件的 Index 属性设置为 0 即可。

（2）当使用 Load 语句生成控件数组元素后，控件数组元素不可见，需要使用 Visible 属性来显示该控件数组元素。

（3）新生成的控件数组元素需要通过 left 和 top 属性确定一个新的位置。

（4）Unload 语句只能删除用 Load 语句生成的控件数组元素，不能删除用户在设计时定义的控件数组元素。

5.5.3 控件数组的应用

【例 5.9】编写程序实现单击"生成按钮"按钮生成一个新的命令按钮，并将标题设置为 1、2、3……最多不超过 9；单击"删除按钮"按钮删除最新生成的按钮；单击"清空文本框"按钮将文本框内容清除；单击生成的命令按钮，将按钮的标题与文本框内容连接起来。具体控件的属性如表 5.1 所示，程序运行结果如图 5-11 所示。

表 5.1 对象属性及取值

对 象 名	属性（属性值）	对 象 名	属性（属性值）
Coomand1	Caption（生成按钮）	cmdNum	Caption（0）、Index（0）
Command2	Caption(删除按钮)	Text1	Text()、Enabled(False)
Command3	Caption(清除文本框)	Form1	Caption(命令按钮控件数组)

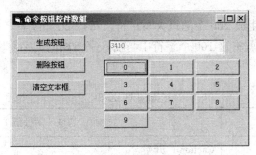

图 5-11 命令按钮控件数组程序运行界面

程序代码如下：

```
Private Sub cmdNum_Click(Index As Integer)
    '得到单击按钮的标题，并将其与文本框原有内容连接
    Text1.Text = Text1.Text & cmdNum(Index).Caption
End Sub

Private Sub Command1_Click()
    Dim m As Integer
    Dim i As Integer
    '通过控件数组的 UBound 属性获得当前控件数组的上界，并将新生成的数组元素的索引值改为上界+1
    m = cmdNum.UBound + 1
    If m <= 9 Then
        Load cmdNum(m)

        '显示新生成的控件数组元素
        cmdNum(m).Visible = True
```

```
        '重新设定新的控件数组元素的位置
        If m Mod 3 = 0 Then
            cmdNum(m).Left = cmdNum(0).Left
            cmdNum(m).Top = cmdNum(m - 1).Top + cmdNum(m - 1).Height + 50
        Else
            cmdNum(m).Left = cmdNum(m - 1).Left + cmdNum(m - 1).Width + 50
            cmdNum(m).Top = cmdNum(m - 1).Top
        End If

        '设置新的控件数组元素的标题
        cmdNum(m).Caption = m
    End If
End Sub

Private Sub Command2_Click()
    Dim m As Integer
    '删除最后一个控件数组元素
    m = cmdNum.UBound
    If m > 0 Then
        Unload cmdNum(m)
    End If
End Sub

Private Sub Command3_Click()
    Text1.Text = ""
End Sub
```

读者可以将上面的例子进行适当的修改并添加适当的代码，将上例制作成一个简易的计算器程序。

【例 5.10】在窗体上生成 200 个随机大写字符，每行 20 个字符，每个字符一个随机颜色，当用户输入一个字符时，就将这 100 个字符中与输入字符相同的字符删除。控件的属性如表 5.2 所示。

表 5.2　　　　　　　　　　对象属性及取值

对　象　名	属性（属性值）
Coomand1	Caption（"开始"）
Command2	Caption("删除")、Default(True)
lblChar	Caption（""）、Index（0）、BackStyle(1)、Font(伍号粗体)
Label2	Caption（"输入一个字符："）、BackStyle(1)
Text1	Text("")、TabIndex(0)
Form1	Caption("标签控件数组")、BackColor(白色)

程序分析：由于这 100 个字符颜色不完全相同，不可能通过一个标签实现，因此需要使用一个标签控件数组，每个标签放置一个字符。另外，随机字符可以通过随机生成一个在要求范围内的 ASCII 码，然后在使用 chr 函数转换为字符的形式实现。删除字符可以通过将符合要求的控件数组元素的 Visible 属性设置为 False 实现，即隐藏符合要求的控件数组元素。程序运行结果如图 5-12 所示。

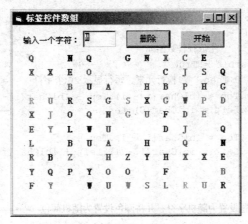

图 5-12　标签控件数组程序运行界面

程序代码如下：

```
Private Sub Command1_Click()
    Dim ch As String * 1    '存放随机字符
    Dim i As Integer
    Dim m As Integer
    Dim Col As Long    '存放随机颜色

    '将控件数组元素的标题设置为随机字符，并将颜色设置为随机颜色
    For i = 0 To 199
        '生成一个随机字符
        Randomize
        m = Int(Rnd * 26)
        ch = Chr(Asc("A") + m)
        '生成一个随机颜色
        Col = Int(Rnd * 100000)
        lblChar(i).Caption = ch
        lblChar(i).ForeColor = Col

        lblChar(i).Visible = True
    Next
End Sub

Private Sub Command2_Click()
    For i = 0 To 199
        If lblChar(i).Caption = UCase(Text1.Text) Then
            lblChar(i).Visible = False
        End If
    Next
    '使文本框获得焦点，并选中文本框的内容
    Text1.SetFocus
    Text1.SelStart = 0
    Text1.SelLength = Len(Text1.Text)
End Sub

Private Sub Form_Load()
    Dim ch As String * 1    '存放随机字符
    Dim i As Integer
    Dim m As Integer
    Dim Col As Long    '存放随机颜色
```

```
'生成 100 个随机标签
For i = 1 To 199
    Load lblChar(i)    '生成控件数组元素
    lblChar(i).Visible = True
    If i Mod 20 = 0 Then      '换行元素，每行显示 20 个字符
        lblChar(i).Top = lblChar(i - 1).Top + lblChar(i - 1).Height + 50
        lblChar(i).Left = lblChar(0).Left
    Else
        lblChar(i).Top = lblChar(i - 1).Top
        lblChar(i).Left = lblChar(i - 1).Left + lblChar(i - 1).Width + 50
    End If
Next

'将控件数组元素的标题设置为随机字符，并将颜色设置为随机颜色
For i = 0 To 199
    '生成一个随机字符
    Randomize
    m = Int(Rnd * 26)
    ch = Chr(Asc("A") + m)
    '生成一个随机颜色
    Col = Int(Rnd * 100000)
    lblChar(i).Caption = ch
    lblChar(i).ForeColor = Col

    lblChar(i).Visible = True
Next
End Sub
```

本章小结

本章介绍了数组的概念、一维数组和二维数组的声明与引用、动态数组的声明与引用以及控件数组的建立与使用方法。

数组是所有程序设计语言中很重要的一个概念，数组是一个具有相同特征的一个序列的集合。其中，一维数组可以用来表示一个线性结构，二维数组用来表示二维表结构或矩阵结构。在使用数组时，一定要注意先声明后使用，同时，要注意静态数组在声明时，上界和下界必须为常数。此外，在处理数组操作时，一般都会使用到 For 循环。

动态数组是一种长度可以临时改变的数组，声明动态数组时，需要通过两步来实现，其中在声明数组的大小时，数组的大小既可以使用常量，也可以使用变量。在使用动态数组时，如果再次 ReDim 语句时，数组的大小和原有内容将被清除，如果需要保留原有内容，需要使用 Preserve 关键字。另外，也要注意一些常见的和数组相关的函数，如 Array、LBound、UBound、Split 和 Join 函数。

控件数组是一系列功能相似的同类控件。可以通过复制粘贴控件、将同类控件修改为相同的名称和程序动态生成 3 种方法生成控件数组元素。

通过对本章的学习，要求读者能够掌握一维数组、二维数组的使用方法和与数组相关的函数的使用，并能够声明和使用动态数组，同时要求读者能够建立控件数组，并能够掌握基本的控件数组程序设计。

习 题

一、选择题

1. 用下面语句定义的数组的元素个数是_____。

```
Dim A (-3 To 5) As Integer
```

   A）6   B）7   C）8   D）9

2. 在窗体上画一个命令按钮，名称为 Command1，然后编写如下事件过程：

```
Option Base 0
Private Sub Command1_Click()
  Dim city As Variant
  City=Array("北京", "上海", "天津", "重庆")
  Print city(1)
End Sub
```

程序运行后，如果单击命令按钮，则在窗体上显示的内容是_____。

   A）空白   B）错误提示   C）北京   D）上海

3. 在窗体上画一个名称为 Command1 的命令按钮，然后编写如下事件过程：

```
Option Base 1
Private Sub Command1_Click()
  Dim a
  a= Array(1,2,3,4,5)
  For i=1 To UBound(a)
  a(i) = a(i)+i-1
  Next
  Print a(3)
 End Sub
```

程序运行后，单击命令按钮，则在窗体上显示的内容是_____。

   A）4   B）5   C）6   D）7

4. 在窗体上画一个命令按钮，然后编写如下事件过程：

```
Private sub Command1_click()
  Dim a(5) as string
  For I=1 to 5
   a(i)=chr(asc("A")+(i-1))
  next I
  for i=1 to 5
   print b
  next
```

程序运行后，单击命令按钮，输出结果是_____。

   A）ABCDE   B）12345   C）abcde   D）出错信息

5. 以下程序的输出结果是_____。

```
Option Base 1
Private Sub Command1_Click()
  Dim a(10),p(3) As Integer
k=5
For i=1 To 10
  a(i)=i
Next i
For i=1 To 3
  p(i)=a(i*i)
Next i
```

```
For i=1 To 3
    k=k+p(i)*2
Next i
Print k
End sub
```
A）33   B）28   C）35   D）37

6. 在窗体上画一个命令按钮，然后编写如下事件过程：
```
Option Base 1
Private Sub Command1_Click()
    Dim a
    a = Array(1,2,3,4)
    j = 1
    For i = 4 To Step -1
        s = s + a(i)^j
        j =j*10
    Next i
    Print s
End Sub
```
运行上面的程序，单击命令按钮，其输出结果是_____。

A）4321   B）12   C）34   D）1234

7. 在窗体上面画一个名称为 text1 的文本框和一个名称为 Command1 的命令按钮，然后编写如下事件过程：
```
Private sub Command1_Click()
    Dim array1(10,10) as integer
    Dim I as integer,j as integer
    For I=1 to 3
        For j=2 to4
            Array1(I,j)=I+j
        Next j
    Next I
    Text1.text=array(2,3)+array1(3,4)
End sub
```
程序运行后，单击命令按钮，在文本框中显示的值是_____。

A）12   B）13   C）14   D）15

二、编程题

1. 编写程序，生成一个 10 个元素的随机整数数组，数组元素的范围为 0～100，要求将这个数组的最大值和最小值的位置进行对调。

2. 生成一个随机整数数组，要求用户输入一个数字 n，在这个数组中查找 n，如果找到，则显示查找到第 1 个位置（数组中可能有多个用户输入的值）；如果没有找到，则显示"数组中没有要查找的数据"。

3. 编写程序，生成一个随机两位整数的 3×3 矩阵，将该矩阵的内容输出。

4. 编写程序求上一题矩阵的对角线元素的和。

5. 有 10 个同学的英语和计算机成绩，编写程序求出英语最高分和计算机最高分的学生的姓名。

6. 在一个升序排列的数组中，插入一个用户输入的数字后，仍然升序排列。提示：使用动态数组并使用 Preserve 关键字。

第6章
过程

本章要点：

- 了解过程的作用；
- 熟悉掌握 Sub 过程和 Function 过程的定义和调用方法；
- 熟悉过程的参数传递的方法和特点；
- 掌握递归函数的定义方法；
- 熟悉变量和过程的作用域。

Visual Basic 应用程序是由过程组成的。在 Visual Basic 中设计应用程序时，除了定义常量和变量，全部的工作就是编写过程，如在前面各章中编写的各个事件过程。在 Visual Basic 中除了系统函数、事件过程外，也允许读者自己定义过程和函数，这样不仅能够提高代码的利用率，也能够使程序更为清晰、简洁，便于程序的调试与维护。

在 Visual Basic 中，过程分为 Sub 过程和 Function 过程。

6.1 过 程 概 述

在编写程序时，有些代码经常会被重复执行，而如果采用代码的复制粘贴方法则会出现修改上的问题，即如果某一处代码出现错误，所有粘贴的代码都要修改，从而浪费程序员的大量精力。而有时也会出现部分代码除了个别数据不同外，在功能上完全相同。在 Visual Basic 中，函数和过程可以解决以上两个问题。

1. 过程的概念及优点

过程是完成一定任务的一个 Visual Basic 语句块。Visual Basic 中的所有可执行语句均必须位于某个过程内。如果将大过程细分为更小的过程，应用程序的可读性将更强。过程对执行重复或共享的任务很有用，如常用的计算、文本和控件的操作以及数据库操作。用过程构造代码具有以下优点。

（1）过程允许将程序分为不连续的逻辑单元。调试单独的单元与调试不包含过程的整个程序相比要容易。

（2）开发了用在一个程序中的过程后，通常经过轻微修改或无须修改这些过程即可将它们用在其他程序中，避免了代码重复问题。

2. 过程的调用

从代码中的其他某处调用过程，称为过程调用。当过程执行结束时，它将控制权返回给调用它的代码（此代码称为调用代码）。调用代码是一个语句或语句内的表达式，它通过名称指定过程并将控制转让给它。

3. 参数

在大多数情况下，每次调用过程时，过程都需要处理不同的数据。可以将这些信息作为过程调用的一部分传递给过程，这些信息就称之为参数。过程可以定义零个或多个参数，而每个参数都代表过程希望传递给它的一个值。

4. 过程的类型

Visual Basic 中的过程类型主要有如下几种。

（1）Sub 过程。执行操作但并不将值返回给调用代码。

（2）事件处理过程。为响应由用户操作或程序中的事情引发的事件而执行的 Sub 过程。

（3）Function 过程。将值返回给调用代码。它们可以在返回值之前执行其他操作。

（4）Property 过程。返回和分配对象或模块上的属性值。

6.2　Sub 过程

Sub 过程的特点是执行操作但并不将值返回给调用代码，Sub 过程分为事件过程和自定义 Sub 过程两类。

6.2.1　事件过程

事件过程为响应由用户操作或程序中的事情引发的事件而执行的 Sub 过程。事件过程是一种特殊的 Sub 过程，它附加在窗体和控件上。一个控件的事件过程由控件的实际名字（Name 属性）、下划线和事件名组成。窗体事件过程由 "Form"、下划线和事件名组成。

控件事件过程的格式为

```
[Private|public] Sub 控件名_事件名(参数表)
    <语句组>
End Sub
```

窗体事件过程的格式为

```
[Private|public] Sub Form_事件名(参数表)
    <语句组>
End Sub
```

例如：

```
Private Sub Command1_Click()
    Print "Hello"
End Sub

Private Sub Form_Load()
    Command1.Caption = "Hello"
End Sub
```

说明：

（1）事件过程只能放在窗体模块中。

（2）<语句组>为处理事件而编写的程序代码。

（3）可以通过双击对象，然后再在代码视图下选择相应事件的方法来自动生成事件过程。

6.2.2 自定义 Sub 过程

在编写程序时，经常会遇到不同的过程需要编写相同的重复代码，在 Visual Basic 中可以通过将这些具有相同或相似功能的代码定义成一个过程，从而避免代码的重复编写，同时也有利于代码的整体维护。

在 Visual Basic 中，自定义过程可以定义在标准模块中，也可以定义在窗体模块中。自定义 Sub 过程的定义格式如下：

```
[Public|Private] Sub 过程名([形式参数])
    <语句块>
    Exit Sub
    <语句块>
End Sub
```

例如：

```
Public Sub Max(x As Integer,y As Integer)
    Dim c As Integer
    If x>y Then
        c=x
    Else
        c=y
    End If
    Print c
End Sub
```

说明：

（1）Public 和 Private 表明 Sub 过程的有效范围，Public 的有效范围为整个工程，Private 的有效范围为当前模块，默认为 Public。

（2）过程名必须符合变量的命名规则。

（3）过程必须以 End Sub 结束。

（4）可以根据实际情况选择形式参数的类型和个数，当过程无形式参数时，括号不能省略。

（5）使用 Exit Sub 语句可以强制退出过程。

（6）在 Visual Basic 中所有的过程都是并列关系，不允许在一个子过程内部再定义一个子过程。

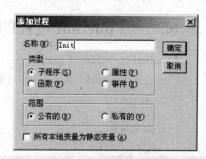

图 6-1 添加过程对话框

除了在代码窗口直接定义过程，也可以在代码视图下通过"工具"菜单的"添加过程"选项来实现，如图 6-1 所示。在对话框中可以输入自定义过程的名称，选择过程的类型（子程序、属性、函数、事件）以及选择过程的有效范围，单击"确定"按钮，系统会自动添加一个自定义过程，如果该自定义过程需要参数，可以在括号中直接填写形参的定义。例如：

```
Public Sub Init()
……
End Sub
```

6.2.3 过程的调用

定义好一个过程后，需用通过调用过程来执行这个过程。Sub 过程有如下两种调用方式：

```
Call 过程名([实际参数列表])
过程名 [实际参数列表]
```

例如:

```
Sub Area(r As Single)
    Dim s As Single
    s = 3.14 * r * r
    MsgBox "area=" & s
End Sub
Private Sub Form_Click()
    Dim a As Single
    a = Val(InputBox("输入一个半径"))
    Call Area(a)
End Sub
```

说明:

(1)在调用过程时,一定要注意形式参数和实际参数两个概念的理解。形式参数是在定义过程时所使用的参数;实际参数是在调用过程时所使用的参数。在调用过程时,实际参数一定要和形式参数在类型和个数上匹配,例如,上例中的 Area 子过程有一个形式参数 r,类型为 Single,在调用 Area 过程时,必须也有一个实际参数 a 与之对应,而且类型也必须是 Single 类型。

(2)在使用 Call 调用过程时,一定要用括号将实际参括起来,除非没有参数。

(3)通过过程名直接调用过程时,一定要去掉参数两边的括号,通过空格字符将过程名与参数分隔开。

(4)实际参数可以是变量、常量、表达式或数组。

(5)在调用过程时,一定要注意不要形成循环调用,即避免定义 A 过程时,调用了 B 过程,而定义 B 过程时,又调用了 A 过程。

6.3 Function 过程

前面介绍了 Sub 过程,它不能直接返回值,可以作为独立的基本语句。而 Function 过程可以返回一个值,可以像系统函数一样直接用在表达式中。

6.3.1 Function 过程的定义

Function 过程的定义格式如下:

```
[Public|Private] Function 过程名([形式参数]) [As <类型>]
    <语句块>
    Exit Function
    <语句块>
    过程名=返回值
End Function
```

例如:

```
Public Function Max(a As Integer, b As Integer) As Integer
    Dim c As Integer
    If a > b Then
        c = a
    Else
        c = b
    End If
    Max = c        '将最大值返回
End Function
```

说明:

(1)过程名必须符合变量的命名规则,同时不能与系统函数或其他过程同名。

(2)"As <类型>"表示 Function 过程的返回值类型,如果省略表示返回值类型为变体类型(Variant)。

(3)可以通过 Exit Function 强制退出 Function 过程。

(4)Function 过程通过过程名称将返回值返回,如上例中的"Max=c"语句。

(5)Function 过程的实际返回值的类型应该与定义的返回值类型一致,如上例中的定义返回值类型为 Integer,实际返回值为 c 也是 Integer 类型。

6.3.2 Function 过程的调用

Function 过程的调用和系统内部函数调用方法相同,可以出现在单独的赋值语句中,也可以出现在表达式中。Function 过程的调用格式如下:

过程名([实际参数列表])

在调用 Function 过程时,和 Sub 过程一样,也要注意实际参数与形式参数的匹配问题。

【例 6.1】编写程序计算 1! +2! +3! +…+m!,其中 m 由用户通过文本框输入。

程序分析:首先必须求出每个数的阶乘,然后再通过循环将这些数的阶乘的结果相加,因此,需要编写一个求一个数的阶乘的 Function 过程,然后通过循环调用这个过程即可计算上式,程序运行结果如图 6-2 所示。

程序代码如下:

```
'计算 n 的阶乘的 Function 过程
Function Factor(n As Integer) As Double
    Dim r As Double
    Dim i As Integer
    r = 1
    For i = 1 To n
        r = r * i
    Next
    Factor = r
End Function

Private Sub Command1_Click()
    Dim m As Integer
    Dim sum As Double
    Dim i As Integer
    sum = 0
    m = Val(Text1.Text)
    For i = 1 To m
        sum = sum + Factor(i)
    Next
    Label2.Caption = "1! +2! +…+" & m & "!=" & sum

End Sub
```

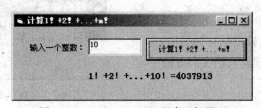

图 6-2 1! +2! +…+m! 程序运行界面

6.4 参 数 传 递

在调用一个过程时，必须把实际参数传递给过程，完成过程的调用。在 Visual Basic 中，过程的参数可以定义为普通参数，也可以定义为数组参数，同时还可以像系统函数一样将一些参数定义为可选参数。

6.4.1 参数传递

在 Visual Basic 中，实际参数可以通过值传递和地址传递两种方式传递给被调用的过程。

1. 值传递

在形式参数前面加上 ByVal 关键字，参数的传递方式即被定义为按值传递。值传递是一种单向传递，即只把实际参数的值传递给过程，如果过程内对参数的值进行了修改，调用完成后将不会影响到实际参数的值，也是说，实际参数的值在过程调用后不会改变。

2. 地址传递

Visual Basic 过程参数的默认传递方式为地址传递，如果不在形式参数前加上 ByVal 关键字或者加上 ByRef 关键字，参数的传递方式即被定义为按地址传递。地址传递是一种双向传递，当实际参数被传递给过程时，如果过程内对参数进行了修改，调用完成后，将会影响实际参数的值，也就是说，实际参数的值在过程调用后可能会被改变。

 如果实际参数是常量或表达式时，无论形式参数定义为值传递还是地址传递，此时，都将按值传递将常量或表达式的值传递给被调用的过程。

【例 6.2】编写程序，试验参数的值传递和地址传递。

程序代码如下：

```
'形式参数 m 定义为地址传递，形式参数定义为值传递
Sub Add(m As Integer, ByVal n As Integer)
    m = m + 10
    n = n + 10
End Sub

Private Sub Form_Click()
    Dim a As Integer
    Dim b As Integer
    a = 10
    b = 10
    Print "调用前 a="; a, "b="; b
    Add a, b
    Print "调用后 a="; a, "b="; b
End Sub
```

程序运行后单击窗体，输出结果如图 6-3 所示。注意分析调用前后实际参数 a 和 b 的值的变化情况。

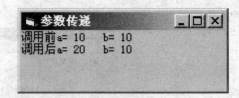

图 6-3 参数传递程序运行界面

6.4.2 数组参数

在 Visual Basic 中允许把数组作为实际参数并按地址传递的方式传送到过程中，在传送时，除了传送参数的一般规则外，还要注意以下几点。

（1）为了把一个数组的全部元素传递给一个过程，应将数组名分别写入形式参数和实际参数列表中，并掠去数组的上下界，但括号不能省略。例如：

```
Sub Sort(a() As Integer)
    ……
End Sub
```

其中，a()表示数组作为形式参数。

（2）实际参数也应该是数组，且类型应该与形式参数的数组类型一致。

（3）数组作为参数时，按地址传递的方式将数组传递给过程，也就是说，数组在过程内被修改后，将会直接影响到实际数组的内容。

（4）数组作为参数时，数组的上下界可以通过 UBound 和 LBound 函数获取。

（5）在使用数组参数调用过程时，作为实际参数的数组的大小可以任意定义。

【例 6.3】编写过程实现数组的生成、首尾对调和输出功能。

程序代码如下：

```
Private Sub Form_Click()
    Dim a(10) As Integer
    GetData a
    Print "对调前的数组元素："
    printData a
    ConvertData a
    Print "对调后的数组元素："
    printData a

End Sub
'生成数组过程
Sub GetData(a() As Integer)
    Dim i As Integer
    Dim m As Integer, n As Integer
    m = LBound(a)
    n = UBound(a)
    For i = m To n
        Randomize
        a(i) = Int(Rnd * 100)
    Next
End Sub
'数组首尾对调过程
Sub ConvertData(a() As Integer)
    Dim i As Integer
    Dim m As Integer, n As Integer   'm保存数组的下界，n保存数组的上界
    Dim c As Integer   'c保存循环对调的次数
    Dim t As Integer

    m = LBound(a)
    n = UBound(a)
    c = Int((n - m + 1) / 2)
    For i = m To m + c - 1  '循环对调c次
        t = a(i)
        a(i) = a(m + n - i)
```

```
        a(m + n - i) = t
    Next
End Sub
'输出数组内容过程
Sub printData(a() As Integer)
    Dim i As Integer
    Dim m As Integer, n As Integer
    m = LBound(a)
    n = UBound(a)
    For i = m To n
        Print a(i); " ";
    Next
    Print
End Sub
```

程序运行后单击窗体，输出结果如图 6-4 所示。

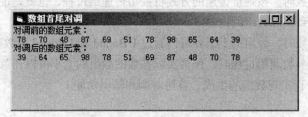

图 6-4　数组首尾对调程序运行界面

在上面的例子中，读者可以将数组 a 的大小修改为 20，其他程序不需要修改，再次运行程序会发现，可以直接生成 21 个整数并且首尾对调。由此，通过定义过程可以在很大程度上提高代码的复用率，同时使得程序的结构更加清晰，便于程序的快速修改。

6.4.3　可选参数

可选参数是指某个参数可以省略不写，如 mid 函数的第 3 个参数就是可选参数。在 Visual Basic 中，用户也可以将自己定义的过程中的某些参数指定为可选参数。

如果需要将某个参数设置为可选参数，必须在该参数前加上 Optional 关键字。例如，既能求 2 个数也能求 3 个数中的最大数的 Function 过程代码如下：

```
Function Max(a As Integer, b As Integer, Optional c As Integer)
    Dim m As Integer
    If a > b Then
        m = a
    Else
        m = b
    End If
    If Not IsMissing(c) Then
        If m < c Then
            m = c
        End If
    End If
    Max = m
End Function
```

说明：

（1）一个过程允许定义多个可选参数，所有可选参数必须位于所有参数的最后。

（2）可以通过 IsMissing 函数检测可选参数是否被省略，如果省略 IsMissing 函数的结果为 True，否则为 False。

（3）如果需要为可选参数加上默认值，需要在定义参数时在后面直接加上"=值"的方式即可。例如，将上例的可选参数 c 的默认值设置为 0 的代码如下：

```
Function Max(a As Integer, b As Integer, Optional c As Integer=0)
    Dim m As Integer
    If a > b Then
        m = a
    Else
        m = b
    End If
    If Not IsMissing(c) Then
        If m < c Then
            m = c
        End If
    End If
    Max = m
End Function
```

（4）具有可选参数的过程在被调用时，可选参数可以根据情况选择是否输入，如上例中的 Max 过程通过 d=Max(5,9)调用，也可以通过 d=Max(5,9,11)调用。

6.5　过程的递归

递归就是过程直接调用自己或通过一系列调用语句间接调用自己，是一种描述问题和解决问题的基本方法。例如：求 n!，n!=n*(n-1)!，而(n-1)!=(n-1)*(n-2)!……最后知道 1!=1，所以可以根据上面的一系列推导计算出 n!。

在编写递归过程时，必须给定结束递归的条件和结束递归的值，否则，过程可能会陷入无休止的递归，同时必须找出过程参数为 n 和过程参数为 n-1 之间的规律。

【例 6.4】利用递归过程，计算 n!。

程序代码如下：

```
Function Factor(n As Integer) As Double
    If n = 1 Then
        Factor = 1
    Else
        Factor = n * Factor(n - 1)
    End If
End Function


Private Sub Form_Click()
    Dim m As Integer
    m = Val(InputBox("请输入一个整数"))
    MsgBox m & "!=" & Factor(m)
End Sub
```

【例 6.5】猴子吃桃问题：猴子第一天摘下若干个桃子，当即吃了一半，还不过瘾，又多吃了一个 第二天早上又将剩下的桃子吃掉一半，又多吃了一个。以后每天早上都吃了前一天剩下的一半零一个。到第 10 天早上想再吃时，见只剩下一个桃子了。求第一天共摘了多少。

程序分析：假定第一天前有 n 个桃子，第二天有 m 个桃子，则猴子第一天吃了 n/2+1 个桃子，剩下的就是第二天的桃子数，即 m=n- (n/2+1)，n=2*m+2，也就是说前一天桃子的数目等于后一天的 2 倍加 2。

程序代码如下：

```
Function Peach(n As Integer)
    If n = 1 Then
        Peach = 1
    Else
        Peach = 2 * Peach(n - 1) + 2
    End If
End Function

Private Sub Form_Click()
    MsgBox "第一天共有桃子的个数为" & Peach(10)
End Sub
```

6.6　变量的作用域

在 Visual Basic 中，变量可以定义在过程内部，也可以定义在一个模块的声明部分（模块的顶端），使用不同的关键词（Dim、Private、Static、Public），在不同位置定义变量，变量的有效访问范围也不同。变量的有效访问范围被称为变量的作用域。在 Visual Basic 中，变量按照作用域的不同分为全局变量、模块级变量和过程变量（局部变量）。

6.6.1　过程变量

过程变量也被称之为局部变量，是 Visual Basic 中使用最为广泛的一种变量，过程变量在过程内部使用 Dim 或 Static 关键字声明。过程变量的定义格式为

```
Dim|Static 变量名 [As <类型>]
```

例如：

```
Dim a As Integer
```

过程变量的有效范围为当前过程，因此，一个过程变量的值无法被另外一个过程访问。另外，在 Visual Basic 中，由于过程变量的有效范围只局限于各自的过程，因此，在不同的过程内可以使用相同的过程变量名，而且不会产生任何冲突。例如：

```
Sub t1()
  Dim a As Integer
  a=5
End Sub
Sub t2()
    Print a
End Sub
```

在调用 t2 过程时，并不会输出 5，因为 t1 过程中的变量 a 的有效范围就是过程 t1，过程 t2 中的 a 表示 t2 中的一个变体类型的过程变量，不同于过程 t1 中的变量 a。在程序设计时，如果某个变量既需要在过程 t1 中使用又需要在过程 t2 中使用，就需要将该变量定义为模块级变量或全局变量。

6.6.2　模块级变量

通过 Dim 关键字或 Private 关键字在窗体模块或标准模块的声明部分（模块的顶部）定义的变量称之为模块级变量。模块级变量的定义格式为

```
Private|Dim 变量名 [As <类型>]
```

例如：

```
Private b As String
Dim c As Integer
```

模块级变量的有效范围为当前模块，因此，模块级变量的值可以被当前模块的任何过程访问，但是不能被其他模块的过程访问。

通过代码窗口可以直接在模块的声明部分定义模块级变量，在模块的不同过程可以访问这些模块级变量，如图6-5 所示。

在程序设计时，如果需要某个变量的值能被当前工程的所有的模块访问，就需要将变量定义为全局变量。

图 6-5　模块级变量的声明与访问

6.6.3　全局变量

全局变量也被称为公有变量，是在窗体或标准模块的顶部的声明部分用 Public 关键字声明的变量。全局变量的定义格式为

```
Public 变量名 [As <类型>]
```

例如：

```
Public n As Integer
```

全局变量的有效范围为当前的整个工程，因此，全局变量的值可以被任何模块访问。

在标准模块声明的全局变量，在其他模块可以直接通过变量名访问；在窗体模块中声明的全局变量，在其他模块中需要通过"窗体名.全局变量名"的方式访问。例如：在 Form1 窗体中有一个 Max 的全局变量，在窗体 Form2 中，需要通过 Form1.Max 的方式访问 Form1 窗体中 Max 全局变量。

虽然将变量定义成全局变量在访问时很方便，但是由于全局变量能被任何模块的过程访问和修改，在一定程度上会造成程序的混乱，因此，除非必要，尽量不要将变量定义为全局变量。

6.6.4　变量的同名问题

在 Visual Basic 中，不同过程内的过程变量可以同名，不会产生任何冲突，但是当模块级变量与过程变量同名、全局变量与模块级变量同名、全局变量与过程变量同名以及两个模块的全局变量同名都会给我们造成理解上的混乱。

1．作用域不同的变量同名

如果两个同名的变量的作用域不同，在变量访问时，优先访问作用域较小的变量。例如：一个模块级变量 a 和一个过程变量 a，在当前过程内访问 a 时，访问的是过程变量 a，而不是模块级变量 a。同样，全局变量与模块级变量同名，全局变量与过程变量同名也是一样的问题。

如果全局变量与模块级变量或是过程变量同名，需要访问全局变量时，可以通过"模块名.全局变量名"的方式访问。如果模块级变量与过程变量同名，则无法访问模块级变量。

```
Private s As String          '定义模块级变量 s
Public c As String           '定义全局变量 c
Private Sub Form_Click()
    Dim s As String          '定义过程变量 s
    Dim c As String          '定程过程变量 c
    s = "欢迎进入 VB 世界"      '为过程变量 s 赋值
```

```
    c = "中华人民共和国"           '为过程变量 c 赋值
    MsgBox s                    '显示过程变量 s 的值
    MsgBox c                    '显示过程变量 c 的值
    MsgBox Form1.c              '显示全局变量 c 的值

    '在本过程内，由于过程变量 s 与模块级变量 s 同名，无法显示模块级变量 s 的值
End Sub

Private Sub Form_Load()
    s = "Welcom to VB World"     '为全局变量 s 赋值
    c = "China"                  '为全局变量 c 赋值
End Sub
```

程序执行后单击窗体，输出的结果分别为"欢迎进入 VB 世界"，"中华人民共和国"和"China"。

2. 全局变量同名

如果不同模块的两个全局变量同名，可以通过"模块名.全局变量名"的方式访问这两个全局变量。例如在窗体模块 Form1 中定义一个全局变量 Max，在标准模块 Module1 中也定一个全局变量 Max，在窗体 Form1 中需要通过"Module1.Max"的方式访问 Module1 中的全局变量 Max。

6.6.5 静态变量

静态变量是指程序运行进入该变量所在的过程，修改变量的值后，退出该过程，其值仍被保留，即变量所占的内存单元没有被释放。当以后再次进入该过程时，原来变量的值可以继续使用。

静态变量通过 Static 关键字在过程内部声明，静态变量的定义格式为

```
Static 变量名 [As <类型>]
```

例如：

```
Private Sub Form_Click()
    Static a As Integer         '定义静态过程变量 a
    Dim b As Integer            '定义普通过程变量 b
    a = a + 10
    b = b + 10
    Print "a="; a, "b="; b
End Sub
```

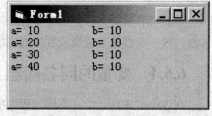

图 6-6　静态变量程序运行界面

运行程序后，多次单击窗体，输出的结果如图 6-6 所示。

说明：普通过程变量 b，无法保留上一次的运行结果，每次进入过程都会自动地重新初始化，即每次进入 Form_Click 过程时，都会自动将 b 的值初始化为 0；而静态变量 a 能够保留上一次的运行结果，因此，每执行一次该过程，静态变量 a 的值都会在原来值的基础上改变。

6.7　过程的作用域

过程也有作用范围，在 Visual Basic 中，过程的作用范围分为模块级过程（私有过程）和全局级过程（公有过程）。

1. 模块级过程

模块级过程只能被当前模块的过程调用，不能被其他模块的过程调用。在过程前面使用 Private 关键字，即可将一个过程定义为模块级过程。下面的代码定义了一个计算两个数中最大值的

Function 过程，该过程只能被当前模块的过程调用，不能被其他模块的过程调用。

```
Private Function Max(a As Integer, b As Integer) As Integer
    Dim c As Integer
    If a > b Then
        c = a
    Else
        c = b
    End If
    Max = c
End Function
```

2. 全局过程

全局过程能被所有模块的过程调用。过程前不使用 Private 关键字或在过程前面使用 Public 关键字均表示该过程为全局过程。将上面代码中的 Private 关键字去掉或者将 Private 关键字替换为 Public 关键字，就可以将上面的过程变换为全局过程。

如果全局过程被定义在标准模块，在其他模块中可以直接通过过程名调用。如果全局过程被定义在窗体模块中，在其他模块中需要通过"窗体名.全局过程名"的方式调用。

本章小结

本章介绍了 Sub 过程和 Function 过程的定义和调用方法，同时介绍了过程参数的传递方法、递归过程的定义、变量和过程的作用域。

Sub 过程的特点是执行操作但并不将值返回给调用代码，Sub 过程分为事件过程和自定义 Sub 过程两类。Sub 过程的调用格式为

```
Call 过程名([实际参数列表])
过程名 [实际参数列表]
```

Function 过程可以返回一个值，可以像系统函数一样直接用在表达式中。Function 过程的调用格式为

```
过程名([实际参数列表])
```

过程的参数传递分为值传递和地址传递，过程默认的传递方式为地址传递。值传递是一种单向传递，过程内即使修改了参数的值，也不会影响实际参数的值。地址传递是一种双向传递，过程内修改参数的值，会影响实际参数的值。数组作为过程参数时，传递方式为地址传递，常量或者表达式作为过程的参数时为值传递。同时在 Visual Basic 中还支持可选参数的定义。

过程的递归就是过程直接调用自己或通过一系列调用语句间接调用自己，是一种描述问题和解决问题的基本方法。

变量按作用域分为过程变量、模块级变量和全局变量。过程变量的有效范围为当前过程，通过 Dim 关键字声明。模块级变量的有效范围为当前模块，通过 Private 或 Dim 关键字声明。全局变量的有效范围为整个工程，通过 Public 关键字声明。

过程按作用域分为模块级过程和全局过程。模块级过程的有效范围为当前模块，通过 Private 关键字定义。全局过程的有效范围为整个工程，通过 Public 关键字定义，系统默认为全局过程。

通过对本章的学习，要求大家能够掌握 Sub 过程和 Function 过程的定义和调用、递归过程的定义、具有数组参数的过程的定义和调用，并能理解参数的值传递和地址传递的区别以及变量和过程的作用域。

习　　题

一、选择题

1. 假定有如下的 Sub 过程：

```
Sub S ( x As Single, y As Single )
 t = x
 x =t/y
 y =t Mod y
End Sub
```

在窗体上画一个命令按钮，然后编写如下事件过程：

```
Private Sub Commandl_Click ( )
 Dim a As Single
 Dim b As Single
 a =5
 b =4
 S a,b
 Print a,b
End Sub
```

程序运行后，单击命令按钮，输出结果为_____。

A）5 4　　　　　　B）1 1　　　　C）1.25 4　　　　D）1.25 1

2. 阅读程序：

```
Function F(a As Integer)
 b = 0
 Static c
 b = b+1
 c = c+1
 F = a+b+c
End Function
Private Sub Commandl_Click ()
 Dim a As Integer
 a =2
 For i =1 To 3
 Print F(a)
 Next i
End Sub
```

运行上面的程序，单击命令按钮，输出结果为_____。

A）4　　　　　　B）4　　　　　C）4　　　D）4
　　4　　　　　　　5　　　　　6　　　7
　　4　　　　　　　6　　　　　8　　　9

3. 在窗体上画一个命令按钮，名称为 Command1。程序运行后，如果单击命令按钮，则显示一个输入对话框，在该对话框中输入一个整数，并用这个整数作为实参调用函数过程 F1。在 F1 中判断所输入的整数是否是奇数，如果是奇数，过程 F1 返回 1，否则返回 0。能够正确实现上述功能的代码是_____。

```
A）Private Sub Command1_Click()
     x=InputBox("请输入整数")
     a=F1(Val(x))
     Print a
   End Sub
```

```
        Function F1(ByRef b As Integer)
          If b Mod 2=0 Then
              Return 0
          Else
              Return 1
          End If
        End Function
B）Private Sub Command1_Click()
        x=InputBox("请输入整数")
        a=F1(Val(x))
        Print a
      End Sub

        Function F1(ByRef b As Integer)
          If b Mod 2=0 Then
              F1=0
          Else
              F1=1
          End If
        End Function
C）Private Sub Command1_Click()
        x=InputBox("请输入整数")
        F1(Val(x))
        Print a
      End Sub

        Function F1(ByRef b As Integer)
          If b Mod 2=0 Then
              F1=1
          Else
              F1=0
          End If
        End Function
D）Private Sub Command1_Click()
        x=InputBox("请输入整数")
        F1(Val(x))
        Print a
      End Sub

        Function F1(ByRef b As Integer)
          If b Mod 2=0 Then
              Return 0
          Else
              Return 1
          End If
        End Function
```

4. 在窗体上画一个名称为 Command1 的命令按钮和一个名称为 Text1 的文本框，然后编写如下程序：

```
Private Sub Command1_Click()
  Dim x,y,z As Integer
  x=5
  y=7
  z=0
  Text1.text=""
  Call P1(x,y,z)
  Text1.Text=Str(x)
```

```
End Sub
Sub P1(ByVal a As Integer,ByVal b As Integer,c As Integer)
  c=a+b
End Sub
```

程序运行后，如果单击命令按钮，则在文本框中显示的内容是＿＿＿＿＿。

A）0　　　　　　　B）12　　　　　　　C）Str(z)　　　　　D）没有显示

5. 设有如下通用过程：

```
Public Function f(x As Integer)
  Dim y As Integer
  x=20
  y=2
  f=x*y
End Function
```

在窗体上画一个名称为 Command1 的命令按钮，然后编写如下事件过程：

```
Private Sub Command1_Click()
  Static x As Integer
  x=10
  y=5
  y=f(x)
  Print x;y
End Sub
```

程序运行后，如果单击命令按钮，则在窗体上显示的内容是＿＿＿＿＿。

A）10　　5　　　　B）20　　5　　　　C）20　　40　　　　D）10　　40

6. 设有如下通用过程：

```
Public Sub Fun (a(),ByVal x As Integer)
  For i =1 To 5
      x=x+a(i)
  Next
End Sub
```

在窗体上画一个名称为 Text1 的文本框和一个名称为 Command1 的命令按钮，然后编写如下的事件过程：

```
Private Sub Command1_ Click()
  Dim arr(5) As Variant
  For i=1 To 5
      arr(i)=i
  Next
  n=10.
    Call Fun(arr(),n)
    Text1.Text=n
End Sub
```

程序运行后，单击命令按钮，则在文本框中显示的内容是＿＿＿＿＿。

A）10　　　　　　　B）15　　　　　　　C）25　　　　　　　D）24

7. 在窗体上画一个名称为 Text1 的文本框，一个名称为 Command1 的命令按钮，然后编写如下事件过程和通用过程：

```
Private Sub Command1_Click()
  n = Val(Text1.Text)
  If n\2 = n/2 Then
      f = f1(n)
  Else
      f = f2(n)
  End If
  Print f; n
End Sub
```

```
Public Function f1(ByRef x)
    x=x*x
    f1=x+x
End Function
Public Function f2(ByVal x)
    x=x*x
    f2=x+x+x
End Function
```

程序运行后，在文本框中输入 6，然后单击命令按钮，窗体上显示的是_____。

A）72 36　　　　　　B）108 36　　　　　　C）72 6　　　　　　D）108 6

二、编程题

1. 编写程序，使用 Function 过程计算 S=a!+b!+c!，其中 a,b,c 由用户通过文本框输入。

2. 编写一个过程，以整型作为参数。当该参数为奇数时，输出 False，当该参数为偶数时，输出 True。

3. 编写一个使用冒泡法对数组排序的过程。过程的参数为一个数组。

4. 编写一个递归过程，计算 S=1+2+3+…+100。

第**7**章
常用控件

本章要点：

- 掌握单选按钮、框架和复选框的基本属性、事件和方法；
- 掌握组合框、列表框和图形控件的基本属性、事件和方法；
- 掌握滚动条和计时器的基本属性、事件和方法。

Windows 应用程序是由窗体和各种控件组合构成，因此可以说窗体和控件是构造 Windows 应用程序的基础。本章重点介绍 Visual Basic 中各种常用控件的属性、方法和事件。

7.1 单选按钮、框架和复选框

大多数应用程序需要向用户提供选择，如简单的"Yes/No"选项、或者从包含成百个可能性的列表中进行选择。Visual Basic 包含几种用于提供选择的标准控件，如单选按钮、复选框、组合框和列表框。Visual Basic 6.0 工具箱中的常用控件如图 7-1 所示。

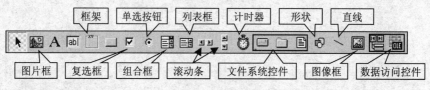

图 7-1 工具箱

7.1.1 单选按钮

单选按钮（OptionButton），又称选项按钮，表示提供给用户多个选择。但是，不同于 CheckBox，单选按钮总是分组使用，在同一组中只能选择一个单选按钮，选择一个单选按钮就会自动清除该组中的其他按钮的选中状态。

1. 属性

单选按钮控件的部分属性与窗体及其他控件相同，如 Name、Caption、BackColor、ForeColor、Enabled、FontBold、FontItalic、FontName、FontSize、FontUnderLine、FontStrikeThru、Height、Width、Left、Top、ToolTipText、Visible 等。

除了上述基本属性，单选按钮控件还包括以下常用属性。

（1）Value 属性

该属性的值为 Boolean 型，其值为 TRUE 或 FALSE，用于获取或设置单选按钮的状态：选中（TRUE）或未选中（FALSE）。

（2）Style 属性、Picture 属性、DownPicture 属性和 DisablePicture 属性

与命令按钮控件相同，Style 属性用于返回或设置单选按钮控件的外观，是标准的（标准Windows 风格），还是图形的（带有自定义图片）。其值为：0（标准）和 1（图形）。当值为 1 时，Picture 属性、DownPicture 属性和 DisablePicture 属性有效。

Picture 属性设置单选按钮未选中时显示的图片。

DownPicture 属性设置单选按钮选中时显示的图片。

DisablePicture 属性设置单选按钮无效时显示的图片。

2. 方法

单选按钮控件的方法有 Drag、Move、Refresh 和 SetFocus 等方法。

这里只对 SetFocus 方法做一简单介绍。

格式：**<对象名>.SetFocus**

使用该方法时，焦点移至单选按钮控件上，并设置该控件的 Value 属性值为 TRUE，相当于单击该单选按钮。与命令按钮一样，当该控件的 Enabled 属性或 Visible 属性为 FALSE 时，SetFocus 方法不可用。

3. 事件

单选按钮控件的事件主要是 Click 事件。当单击单选按钮控件时触发该事件，并自动设置该控件的 Value 值为 TURE，并置同组中其他单选按钮的 Value 值为 FALSE。

同组的含义指几个单选按钮控件处于同一个容器（窗体、框架或图片框）中，则这几个单选按钮控件为同组。

【例 7.1】在窗体中添加两个单选按钮控件和一个标签控件，名称分别为 Option1、Option2 和 Label1。在窗体加载事件中设置单选按钮标题分别是：隶书和楷体；标签控件的标题是：我是一名大学生；字体大小：20；自动调整大小。当单击两个单选按钮时，将标签的标题字体改为隶书或楷体，如图 7-2 所示。

程序代码如下：

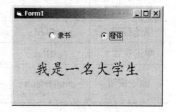

图 7-2 运行效果

```
Private Sub Form_Load()
    Option1.Caption = "隶书"
    Option2.Caption = "楷体"
    Label1.AutoSize = True
    Label1.Caption = "我是一名大学生"
    Label1.FontSize = 20
End Sub

Private Sub Option1_Click()
    Label1.FontName = "隶书"
End Sub

Private Sub Option2_Click()
    Label1.FontName = "楷体_GB2312"
```

```
End Sub
```

7.1.2   框架

框架（Frame）控件可为控件提供可标识的分组。它作为容器，可以在功能上进一步分割一个窗体，如把单选按钮控件进行分组。当用框架分组窗体上的控件时，需要先在窗体中添加框架，然后再在框架中添加其他控件。如果想将窗体中已经存在的控件放入框架中，则需要剪切这些控件，然后粘贴到框架中。

通过框架可以统一控制分组控件，如设置框架无效，则框架中所有控件都将不再接受键盘和鼠标操作。

框架控件一般只使用 Name、Caption、Enabled 和 Visible 属性。

【例 7.2】设计一个改变标签字体格式的程序，如图 7-3 所示。要求：单击单选按钮后改变标签相应字体格式，当单击命令按钮后恢复到初始状态。

在程序中添加的控件及其属性，如表 7.1 所示。

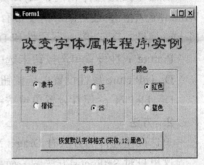

图 7-3   运行效果

表 7.1   实例中的对象设置

控件	Name 属性	Caption 属性	其 他 属 性	容 器
标签	Label1	改变字体属性程序实例	AutoSize(True)	窗体
框架 1	fraFont	字体		窗体
框架 2	fraSize	字号		窗体
框架 3	fraColor	颜色		窗体
单选按钮 1	optLi	隶书		框架 1
单选按钮 2	optKai	楷体		框架 1
单选按钮 3	opt15	15		框架 2
单选按钮 4	opt25	25		框架 2
单选按钮 5	optRed	红色		框架 3
单选按钮 6	optBlue	蓝色		框架 3
命令按钮	cmdDefault	恢复默认字体格式（宋体，12，黑色）		窗体

程序代码如下：
```
Private Sub cmdDefault_Click()
    Label1.FontName ="宋体"
    Label1.FontSize = 9
    Label1.ForeColor = 0
    optLi.Value = False
    optKai.Value = False
    opt15.Value = False
    opt25.Value = False
    optRed.Value = False
    optBlue.Value = False
End Sub

Private Sub optLi_Click()
```

```
    Label1.FontName = "隶书"
End Sub

Private Sub optKai_Click()
    Label1.FontName = "楷体_GB2312"
End Sub

Private Sub opt15_Click()
    Label1.FontSize = 15
End Sub

Private Sub opt25_Click()
    Label1.FontSize = 25
End Sub

Private Sub optRed_Click()
    Label1.ForeColor = 255
End Sub

Private Sub optBlue_Click()
    Label1.ForeColor = RGB(0, 0, 255)
End Sub
```

7.1.3　复选框

复选框（CheckBox），又称检查框或选择框。因为复选框彼此独立工作，所以用户可以同时选择任意多个复选框。当复选框控件被选中后，将在方框中显示"√"；如果清除该选项，则"√"标记消失。复选框控件往往用于有多个不定项选择的地方，例如，设置公司职员的爱好属性时，可以从众多选项中选择该职员的多个爱好。

1. 属性

与单选按钮相同，复选框控件也有许多基本属性，其用法也和其他控件类似。

在这里只介绍 Value 属性。Value 属性的值为数值型，有 3 种取值：0（Unchecked）、1（Checked）和 2（Grayed）。括号中的单词为常量，在使用时可以用常量，也可以直接用数字表示。Value 属性的默认值为 0，当值为 2 时，复选框为灰色状态（方框中有"√"标记）。

2. 方法

与单选按钮控件一样，复选框也有 Drag、Move、Refresh、SetFocus 等方法。但是在使用 SetFocus 方法时，只是用于复选框控件获得焦点，而不会改变复选框控件的 Value 属性。同样，当该控件的 Enabled 属性或 Visible 属性为 FALSE 时，SetFocus 方法不可用。

3. 事件

复选框控件的事件主要也是 Click 事件。当单击复选框控件时触发该事件，并遵循以下规则：

当单击 Value=0 的复选框控件时，Value 值设置为 1；

当单击 Value=1 的复选框控件时，Value 值设置为 0；

当单击 Value=2 的复选框控件时，Value 值设置为 0。

【例 7.3】设计一个职员信息输入窗。要求：可以输入职员的姓名、性别、出生日期，家庭所在地、爱好等。其中，性别用单选按钮组，爱好用复选框，如图 7-4（a）所示。当单击"确定"命令按钮时弹出一个窗口，显示输入的信息，如图 7-4（b）所示。当单击"退出"命令按钮时，关闭程序。

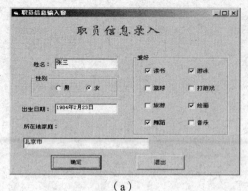
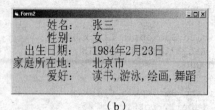

（a）　　　　　　　　　　　　　　（b）

图 7-1　职员信息输入窗

程序中部分控件的属性如表 7.2 所示。

表 7.2　　　　　　　　　　　　　实例中的对象设置

控　件	Name 属性	Caption 属性	注　释
文本框 1	txtname		姓名
文本框 2	txtdate		出生日期
文本框 3	txtaddr		家庭所在地
单选按钮 1	optNan	男	
单选按钮 2	optNv	女	
复选框 1-8	Check1- check8	读书、游泳等	8 个复选框
命令按钮 1	cmdOk	确定	
命令按钮 2	cmdQuit	退出	

部分代码如下。

Form1 中的代码：

```
Private Sub cmdOk_Click()
    Form2.Show 1
End Sub

Private Sub cmdQuit_Click()
    End
End Sub
```

Form2 中的代码：

```
Private Sub Form_Load()
    Form2.AutoRedraw = True
    Form2.FontSize = 20
    Form2.ForeColor = RGB(0, 0, 255)
    Print "    姓名: ", Form1.txtname
    Print "    性别: ", IIf(Form1.optNan, "男", "女")   '使用 IIF 函数判断性别
    Print "  出生日期: ", Form1.txtdate
    Print "家庭所在地: ", Form1.txtaddr
    Print "    爱好: ",

    Dim i As Integer, str As String
    For i = 1 To 8
```

```
'遍历复选框，如果复选框为选中状态，则将该复选框的标题添加到字符串 str 中
        If Form1.Controls("check" & i).Value = 1 Then
            str = str & Form1.Controls("check" & i).Caption & ","
            j = j + 1
        End If
    Next
    If Len(str) > 0 Then
        str = Left(str, Len(str) - 1)    '用字符串截取函数 left 去掉尾部 "," 号
    End If
    Print str
End Sub
```

该实例中使用了窗体中的 Controls 属性。Controls 是一个集合，枚举窗体中装入的控件，可用于对这些控件的遍历。

在此例中复选框控件也可以使用控件数组的方式。

7.2 列表框和组合框

如果需要从少量的选项中选择，且只选择一项则用单选按钮；若选择多个，则用复选框。如果需要从许多选项中选择，而且不能输入新值则用列表框；若可以输入新值，则用组合框。

7.2.1 列表框

列表框（ListBox）控件用于那些只能够从现有表项中进行选择，而不允许添加或修改的应用中。如果列表中的表项超过了列表框大小时，列表框会自动添加滚动条。

1. 属性

列表框控件同样具有某些与其他控件相同的属性（可参照前面章节），除此之外，还有一些属性与其他控件不同。

（1）Columns 属性

Columns 属性的值为数值型，设置列表框是在一列中垂直滚动显示（值为 0）还是在多列中水平滚动显示（值大于 0）。Columns 属性是只读属性，只能在设计模式下在属性窗口中设置。

（2）List 属性、ListCount 属性和 ListIndex 属性

① List 属性用于返回或设置列表中包含的表项。

例如：在窗体 Form1 中输出列表框 List1 第 3 个表项中的值：

```
Form1.Print List1(2)
```

括号中的数值是列表框控件 List1 中表项的索引，从 0 开始。如果列表框中的有 5 个表项，其索引从 0 到 4。

List 属性可以在设计模式下从属性窗口中设置；也可以通过编写代码，在程序运行时添加。从属性窗口中添加时，单击 List 属性右边的下拉式列表按钮，然后输入列表中各个表项。每输入一个选项，按 Ctrl+Enter 组合键，光标移到下一行行首，然后输入下一个表项。按 Enter 键结束表项的输入。

ListCount 属性和 ListIndex 属性只能通过编写代码，在程序运行时设置。

② ListCount 属性：整型数值。用于返回列表框控件中表项的个数。

③ ListIndex 属性：整型数值。用于返回或设置列表框控件中当前选中表项的索引。当 MultiSelect 属性为 1 或 2 时，并且选中了多个表项后，ListIndex 属性中的值表示最后鼠标单击的表项的索引值（不管该表项在鼠标单击后是选中状态还是非选中状态）。

例如：

在窗体 Form1 中输出列表框 List1 中当前选中表项的值：

```
Form1.Print List1.List(List1.ListIndex)
```

在窗体 Form1 中输出列表框 List1 中最后一个表项的值：

```
Form1.Print List1.List(List1.ListCount-1)
```

（3）MultiSelect 属性

MultiSelect 属性返回或设置一个值，决定是否可以进行复选以及如何进行复选。该属性为只读属性，只能在设计模式下在属性窗口中设置。其取值与含义如表 7.3 所示。

表 7.3 MultiSelect 属性取值

设 置 值	含 义
0	（默认值）不允许复选
1	简单复选。鼠标单击或按下 SPACEBAR（空格键）在列表中选中或取消选中项（用上下箭头按键移动焦点）
2	扩展复选。按下 Shift 键并单击鼠标或按下 Shift 键以及一个箭头键将在以前选中项的基础上扩展选择到当前选中项。按下 Ctrl 键并单击鼠标在列表中选中或取消选中项

（4）NewIndex 属性和 TopIndex 属性

① NewIndex 属性是指最近加入 ListBox 控件的表项的索引。如果该表项已经被删除，则 NewIndex 属性值为-1。

② TopIndex 属性指定哪个表项被显示在列表框顶部的位置。

NewIndex 属性和 TopIndex 属性都只在运行时有效。

（5）Selected 属性

Selected 属性是一个布尔值数组，记载列表框控件中各个表项的选择状态（TRUE 或 FALSE）。一般用于列表框控件的表项可以复选的情况下，即 MultiSelect 属性为 1 或 2 时。通过遍历列表框控件的 Selected 属性值，判断哪些表项是被选中的。

例如：遍历列表框控件 List1，判断用户选择了哪些表项，并将选择表项的值在窗体 Form1 中输出。

```
Dim intItem As Integer
For intItem = 0 To List1.ListCount - 1       '列表框中表项的索引从 0~ List1.ListCount - 1
    If List1.Selected(intItem) Then
        Form1.Print List1.List(intItem)      '输出该表项的值
    End If
Next
```

Selected 属性只在程序运行时有效。

（6）Sorted 属性

Sorted 属性的值为布尔值，指定列表框控件中的表项是否自动按字母表顺序排序。它也是只读属性，只能在属性窗口中设置。

（7）Style 属性

Style 属性用来指示列表框控件的显示类型和行为。它也是只读属性，只能在属性窗口中设置。

表 7.4　　　　　　　　　　　　　　　　Style 属性取值

常　　数	值	描　　述
VbListBoxStandard	0	（默认值）标准列表样式
VbListBoxCheckbox	1	复选框样式。在 ListBox 控件中，每一个表项的左边都有一个复选框。在 ListBox 中可以选择多项

当 Style 属性的值为 1 时，MultiSelect 属性只能设置为 0。

（8）Text 属性

Text 属性返回列表框中选择表项的文本，该属性值与表达式 List(ListIndex) 的值相同。

2. 方法

列表框控件有 AddItem、RemoveItem、Clear 等方法。

（1）AddItem 方法

AddItem 方法用于将项目添加到列表框控件。

格式：<对象名>.**AddItem** *item, index*

item：必选参数。字符串表达式，用来指定添加到该对象的项目。

Index：可选参数。表项的索引值，它用来指定新项目在该对象中的位置。

首项：Index 为 0。Index 取值范围：Index≥0 且 Index≤ListCount−1。

（2）RemoveItem 方法

AddItem 方法用于将项目添加到列表框控件。

格式：<对象名>.**RemoveItem** *index*

Index：必选参数。表项的索引值，它用来从控件对象中删除一项。

Index 取值范围：Index≥0 且 Index≤ListCount−1。

例如：删除 List1 中当前选择的表项。

　　　List1.RemoveItem List1.ListIndex

（3）Clear 方法

Clear 方法用于清除列表框控件中的所有表项。

格式：<对象名>.**Clear**

3. 事件

列表框控件的事件主要是 Click 事件和 DblClick 事件。当单击列表框中的表项时触发 Click 事件；当双击列表框中的表项时先触发 Click 事件，再触发 DblClick 事件。

例如：在列表框 List1 中添加下列事件代码：

```
Private Sub List1_Click()
    Form1.Print List1.Text
End Sub
```

```
Private Sub List1_DblClick()
    List1.RemoveItem List1.ListIndex
End Sub
```
程序运行后，在窗体中先输出当前双击的表项文本，然后再删除该表项。

7.2.2 组合框

组合框（ComboBox）可以看成是列表框与文本框的组合。在组合框中，既可以从列表中选择，也可以输入新值。

组合框中有一种样式，只能从下拉式列表中进行选择，而不允许输入新值。

1. 属性

组合框控件的部分属性与列表框控件相同，如 List、ListCount、ListIndex、NewIndex、TopIndex、Sorted 等。但是组合框控件没有 Columns 属性、MultiSelect 属性和 Selected 属性，而且 Style 属性和 Text 属性也与列表框控件不同。

（1）Style 属性

该属性的值为布尔值：TRUE 或 FALSE，用于获取或设置组合框控件的样式，如表 7.5 所示。该属性是只读属性，只能在设计模式下在属性窗口中设置。

表 7.5 Style 属性取值

常　　数	值	描　　述
vbComboDropdown	0	（默认值）下拉式组合框。包括一个下拉列表和一个文本框。可以从列表中选择或在文本框中输入
vbComboSimple	1	简单组合框。包括一个文本框和一个不能下拉的列表框。可以从列表框中选择或在文本框中输入
vbComboDropdownList	2	下拉式列表。这种样式只允许从下拉式列表中选择

（2）Text 属性

当 Style 属性设置为 0 或 1 时返回或设置组合框控件文本框中的文本。

当 Style 属性设置为 2 时返回下拉列表框中选择的项目；返回值与表达式 List(ListIndex)的返回值相同。

2. 方法

组合框控件有 AddItem、RemoveItem、Clear 等方法，用法与列表框控件相同。

3. 事件

组合框控件的事件有 Click 事件、DblClick 事件和 Change 事件。

（1）Click 事件和 DblClick 事件

Click 事件与列表框控件相同；DblClick 事件只有当 Style 属性为 1 时的简单组合框才有。

（2）Change 事件

Change 事件改变组合框控件文本框部分的正文。该事件仅在 Style 属性设置为 0 或 1 时，并且正文被改变或者通过代码改变了 Text 属性的值时才会触发。

【例 7.4】设计一个兴趣爱好选择窗。要求：从列表框中选择表项添加到组合框中，可以双击表项添加，也可以复选后一起添加；还可以从组合框中输入新项目，按回车键后添加到组合框中；双击组合框中表项时删除该表项。如图 7-5 所示。

图 7-5 运行效果

程序中部分控件的属性如表 7.6 所示。

表 7.6 实例中的对象设置

控 件	Name 属性	其 他 属 性
组合框	Combo1	text 属性：请输入
列表框	List1	MultiSelect 属性：2
命令按钮	Command1	Caption 属性：>

程序代码如下：

```
Private Sub Combo1_KeyUp(KeyCode As Integer, Shift As Integer)
    If KeyCode = 13 Then Combo1.AddItem Trim(Combo1.Text)
End Sub
'KeyCode = 13 指按下了回车键；Trim(Combo1.Text)指去掉 Combo1.Text 中文本的首尾空格

Private Sub Command1_Click()
    Dim i As Integer
    For i = 0 To List1.ListCount - 1
        If List1.Selected(i) Then Combo1.AddItem List1.List(i)
    Next
End Sub

Private Sub List1_DblClick()
    Combo1.AddItem List1.Text
End Sub

Private Sub Combo1_DblClick()
    Combo1.RemoveItem Combo1.ListIndex
End Sub
```

7.3 图形控件

7.3.1 图片框控件

图片框控件(PictureBox)可以显示来自位图、图标或者元文件，以及来自增强的元文件、JPEG 文件或 GIF 文件的图形。如果控件不足以显示整幅图像，则裁剪图像以适应控件的大小。

1. 属性

（1）Align 属性

Align 属性：整型数值，确定图片框是否可在窗体上以任意大小、在任意位置上显示，或是显示在窗体的顶端、底端、左边或右边，而且自动改变大小以适合窗体的宽度。

表 7.7   Align 属性取值

常　数	值	描　述
vbAlignNone	0	（非 MDI 窗体的默认值）无：可以在设计时或在程序中确定大小和位置。如果对象在 MDI 窗体上，则忽略该设置值
vbAlignTop	1	（MDI 窗体的默认值）顶部：对象显示在窗体的顶部，其宽度等于窗体的 ScaleWidth 属性值
vbAlignBottom	2	底部：对象显示在窗体的底部，其宽度等于窗体的 ScaleWidth 属性值
vbAlignLeft	3	左边：对象在窗体的左面，其高度等于窗体的 ScaleHeight 属性值
vbAlignRight	4	右边：对象在窗体的右面，其高度为窗体的 ScaleHeight 属性值

（2）AutoRedraw 属性

AutoRedraw 属性：布尔型值，设置或返回图片框是否进行自动重绘。

（3）AutoSize 属性

AutoSize 属性：布尔型值，决定图片框控件是否自动调整大小以显示整幅图形。默认值为 False，如果图片超出控件大小，则超出部分将被裁剪掉；如果该属性设置为 True，则控件的大小将根据图片大小自动改变。

（4）Picture 属性

Picture 属性返回或设置控件中要显示的图片。在设计时设置 Picture 属性，图片被保存起来并与窗体同时加载。如果创建可执行文件，则文件中包含该图片。如果在运行时加载图片，该图片不和应用程序一起保存。用 SavePicture 语句可以将窗体或图片框中 Picture 属性加载的图片存储到文件中。

① 设计模式下加载图片：在属性窗口中单击 Picture 属性右边的 **...** 按钮，弹出"加载图片"对话框，从中选择需要的图片即可。当保存窗体时，自动生成一个二进制文件，其主文件名与窗体文件相同，扩展名为"**.frx**"。

② 运行模式下加载图片：用 LoadPicture 函数将图片载入到图片框控件中。其格式如下：

LoadPicture ([*filename*], [*size*], [*colordepth*],[*x,y*])

其参数如表 7.8 所示。

表 7.8   LoadPicture 语句中的参数

参　数	描　述
filename	可选。字符串表达式，指定一个图片文件名。可以包括文件夹和驱动器。如果未指定文件名，LoadPicture 将清除 PictureBox 控件中的图片
size	可选。如果 filename 是光标或图标文件，指定想要的图像大小
colordepth	可选。如果 filename 是光标或图标文件，指定想要的颜色深度
x	可选。如果使用 y，则必须使用。如果 filename 是光标或图标文件，指定想要的宽度
y	可选。如果使用 x，则必须使用。如果 filename 是光标或图标文件，指定想要的高度

例如：在图片框 Picture1 中加载图片 c:\2009.jpg（C 盘根目录下的 2009.jpg）。

```
Picture1.Picture = LoadPicture ("c:\2009.jpg")
```

如果在 LoadPicture 函数中没有任何参数，则清除控件中的图片。

③ 在运行模式下保存控件中加载的图片：用 SavePicture 命令，其格式如下：

SavePicture *picture, filename*

其中：Picture 参数：要保存图片的控件名称；

filename 参数：将图片以 filename 文件名（含路径）保存。

例如：保存图片框 Picture1 中的图片，以文件名为 t01.jpg 保存到 D 盘 images 文件夹下。

```
SavePicture Picture1.Picture, " D:\images\t01.jpg"
```

2．方法

图片框控件有 Circle、Line、Point、PSet 等方法，可以使用这些方法在图片框中画图。用法请参考 11.3 节。

图片框控件还可以使用 Print 方法，其用法与窗体相同。

7.3.2　图像框控件

图像框控件（Image）与图片框控件类似，可以显示来自位图、图标或元文件的图片，也可以显示增强的元文件、JPEG 文件或 GIF 文件。但是它只能用于显示图片，而不能作为其他控件的容器，也不支持绘图方法和 Print 方法。

常用的图像框控件的属性有 Picture 属性和 Stretch 属性。

（1）Picture 属性。图片加载于图像框控件的方法和它们加载于图片框中的方法一样。设计时，为 Picture 属性设置图片文件名和路径，运行时，用 LoadPicture 函数载入图片；用 SavePicture 保存图像框中的图片。

（2）Stretch 属性。图像框控件在调整大小时与 Stretch 属性相关，如果 Stretch 被设置为 True，表示图片要调整大小以与控件相适合。当 Stretch 被设置为 False（默认值）时，表示控件要调整大小以与图片相适合。

7.3.3　形状控件

形状控件（Shape）可以在窗体、框架或图片框中创建矩形、正方形、椭圆、圆形、圆角矩形或者圆角正方形等图形。形状控件显示为哪种图形是由 Shape 属性确定的。Shape 属性的取值情况如表 7.9 所示。

表 7.9　Shape 属性

常　　量	值	描　　述
vbShapeRectangle	0	（默认值）矩形
vbShapeSquare	1	正方形
vbShapeOval	2	椭圆形
vbShapeOval	3	圆形
vbShapeRoundedRectangle	4	圆角矩形
vbShapeRoundedSquare	5	圆角正方形

例如：在窗体中添加 6 个形状控件分别显示 6 种形状。在设计模式下设置 6 个形状控件的 Shape 属性值分别为 0 ~ 5，如图 7-6 所示。

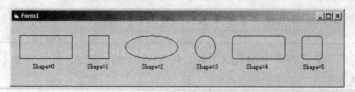

图 7-6　形状控件的 6 种形状

7.4　滚　动　条

滚动条控件分为水平滚动条（HscrollBar）和垂直滚动条（VscrollBar）。当项目列表很长或者信息量很大时，可以使用滚动条来提供简便的定位；还可以模拟当前所在的位置。滚动条可以作为输入设备，或者速度、数量的指示器来使用。例如，可以用它来控制计算机游戏的音量，或者查看定时处理中已用的时间。

列表框或组合框等控件中的滚动条是该控件的一部分，而滚动条控件是一个独立的控件。

1. 属性

（1）Value 属性

Value 属性（默认值为 0）是一个整数，它对应于滚动框在滚动条中的位置。当滚动框位置在最小值时，它将移动到滚动条的最左端位置（水平滚动条）或顶端位置（垂直滚动条）。当滚动框在最大值时，它将移动到滚动条的最右端（水平滚动条）或底端位置（垂直滚动条）。同样，滚动框取中间数值时将位于滚动条的中间位置。

除了可用鼠标单击改变滚动条数值外，也可将滚动框沿滚动条拖动到任意位置。结果取决于滚动框的位置，但总是在用户所设置的 Min 和 Max 属性之间。

要设置滚动框在运行时的位置，可将 Value 属性设为 0 ~ 32 767 中的某个数值包括 0 和 32 767）。

（2）Min 属性和 Max 属性

Max 属性：返回或设置当滚动框处于底部或最右位置时，滚动条 Value 属性的最大设置值。

Min 属性：返回或设置当滚动框处于顶部或最左位置时，滚动条 Value 属性的最小设置值。

Min 属性和 Max 属性可指定在 -32 768 和 32 767 范围之间的一个整数，包括 -32 768 和 32 767。

其默认值如下：

```
Max: 32,767
Min: 0
```

如果希望滚动条显示的信息从较大数值向较小数值变化，可将 Min 设置成大于 Max 的值。

（3）LargeChange 属性和 SmallChange 属性

为了指定滚动条中的移动量，可以用 LargeChange 属性设置单击滚动条时滚动框的移动量；可以用 SmallChange 属性设置单击滚动条两端箭头时滚动框的移动量。滚动条的 Value 属性增加或减少的长度是由 LargeChange 和 SmallChange 属性设置的数值决定的。

2. 事件

（1）Change 事件

Change 事件是在进行滚动或通过代码改变 Value 属性值的时候发生。Change 事件过程可协调在各控件间显示的数据或使它们同步。例如，可用一个滚动条的 Change 事件过程更新一个文本框控件中滚动条的 Value 属性值。

 注意 应避免对水平滚动条控件和垂直滚动条控件在 Change 事件中使用 MsgBox 函数或语句。

（2）Scroll 事件

当用鼠标拖动滚动条控件上的滚动框时将触发该事件，其他的改变滚动框位置的操作只触发 Change 事件而不会触发 Scroll 事件。在用鼠标拖动滚动框时只会触发 Scroll 事件，并且 Scroll 事件在拖动的过程中一直发生；如果拖动结束后 Value 属性值发生了改变，则会触发 Change 事件。

【例 7.5】设计一个颜色变换的程序。要求：通过移动 3 个滚动条改变标签的背景色，如图 7-7 所示。在窗体中添加两个垂直滚动条和一个水平滚动条：VScroll1，VScroll2 和 HScroll1。其 Max 属性为 255。添加一个标签：Label1。使用 RGB 函数来改变标签背景色。

图 7-7　用滚动条改变颜色

程序代码如下：

```
Private Sub HScroll1_Change()
    Label1.BackColor  =  RGB(VScroll1,
VScroll2, HScroll1)
End Sub

Private Sub VScroll1_Change()
    Label1.BackColor = RGB(VScroll1, VScroll2, HScroll1)
End Sub

Private Sub VScroll2_Change()
    Label1.BackColor = RGB(VScroll1, VScroll2, HScroll1)
End Sub
```

7.5　计时器

计时器（Timer）控件，又称定时器，它响应时间的流逝，编程后可用来在一定的时间间隔重复执行操作。计时器控件一般用于检查系统时钟，判断是否该执行某项任务。对于其他后台处理，计时器控件也非常有用。计时器控件在程序运行时不显示。

1. 属性

（1）InterVal 属性

InterVal 属性（默认值为 0）是一个整数，返回或设置计时器控件两次调用 Timer 事件的时间间隔，以毫秒数为单位。当值为 0 时计时器控件无效，当设置为 1 000 时指每间隔 1s 调用一次 Timer 事件，最大值为 65 535ms。

（2）Enabled 属性

Enabled 属性：布尔值，默认为 True。用来设置或返回计时器控件是否有效。当 Enabled 属性为 True 时，计时器控件才会在由 InterVal 属性设置的时间间隔中调用 Timer 事件。

2. 事件

当计时器控件的 Enabled 属性被设置为 True 而且 Interval 属性大于 0 时，Timer 事件就会以 Interval 属性指定的时间间隔发生。可以将需要定时执行的操作代码放在 Timer 事件过程中。

例如：每隔 1s，在标签控件 Label1 中显示系统当前时间。

```
Private Sub Form_Load()
    Timer1. Interval=1000
    Timer1. Enabled=True
End Sub

Private Sub Timer1_Timer()
    Label1.Caption=Time
End Sub
```

【例 7.6】设计一个小红球在窗体中上下直线跳动的程序。在窗体 Form1 中添加两个计时器：Timer1 和 Timer2，并设置其 InterVal 属性为 100；其中 Timer1 的 Enabled 属性为 True，Timer2 的 Enabled 属性为 False。

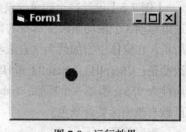

图 7-8　运行效果

其代码如下：

```
Dim x As Integer, y As Integer
Dim invx As Integer, invy As Integer
```

'invx 和 invy 设置小球每次移动的距离，向下和向右移动时为正数，向上和向左移动时为负数。

'x, y 指小球所在的当前位置。

```
Private Sub Form_Load()
    invx = 10: invy = 10
    x = 1000: y = 100
    Form1.FillColor = 255
    '窗体的填充色为红色
    Form1.FillStyle = 0
    '窗体的填充样式为 0，即实线
End Sub

Private Sub Timer1_Timer()
    Form1.Cls
    Form1.Circle (x, y), 100, 255          '在窗体中画一个红色的圆形，代表小球
    y = y + invy
    If y >= Form1.ScaleHeight - 100 Then   '当小球移动到窗体底部时
        invy = -invy
        Timer1.Enabled = False
        Timer2.Enabled = True
    End If
End Sub
```

```
Private Sub Timer2_Timer()
    Form1.Cls
    Form1.Circle (x, y), 100, 255
    y = y + invy
    If y <= 100 Then            '当小球移动到窗体顶部时
        invy = -invy
        Timer2.Enabled = False
        Timer1.Enabled = True
    End If
End Sub
```

本章小结

本章介绍了 Visual Basic 程序设计中的一些常用控件：单选按钮和复选框、框架、组合框和列表框、图形控件、滚动条和计时器的常用属性、事件和方法。

通过本章的学习，要求读者能够掌握各种控件的使用方法，并能利用这些控件设计较为复杂的应用程序。

习　题

一、思考题

1. ListBox 控件和 ComboBox 控件有何区别？

2. PictureBox 控件与 Image 控件有何区别？

3. 具有 Print 方法的对象有哪些？

4. 控件数组能动态创建吗？

二、选择题

1. 在列表框中当前被选中的表项的索引是由_____属性表示的。

　　A）List　　　　　　　B）ListCount　　　　　C）ListIndex　　　　D）Index

2. 将字符串"hello"添加到列表框的最后，可使用_____语句。

　　A）List1.AddItem　　"hello", List1.ListCount-1

　　B）List1.AddItem　　"hello", List1.ListCount

　　C）List1.AddItem　　"hello", List1.ListIndex

　　D）List1.AddItem　　"hello",0

3. 列表框控件中的表项内容是通过_____属性设置的。

　　A）Name　　　　　　B）Caption　　　　　　C）List　　　　　　　D）Text

4. 引用列表框 List1 最后一个数据项应使用_____。

　　A）List1.List(List1. ListCount)　　　　　　B）List1. List(List1. ListCount-1)

　　C）List1. List (ListCount)　　　　　　　　D）List1. List (ListCount-1)

5. 下列关于控件数组的说法中，正确的是_____。

　　A）控件数组的每一个成员的 Caption 属性都不相同

　　B）控件数组的每一个成员都执行相同的事件过程

C）控件数组的每一个成员的 Index 属性都相同

D）对于已经建立的多个相同类型的控件不能组成控件数组

6．在 V 窗体中创建"性别"单选按钮组，具体的做法是_____。

A）先创建"男"和"女"两个单选按钮，然后再创建框架，放在单选按钮上

B）先分别创建单选按钮和框架，然后将单选按钮拖到相应的框架中

C）先创建框架，然后在框架中创建单选按钮

D）以上方法均可

7．在运行状态下，将图片框控件 pic1 中显示的图片改为 C 盘下的 A1.jpg，应用_____语句。

A）pic1.Picture=C:\A1.jpg　　　　　　　　B）pic1.Picture=LoadPicture(A1.jpg)

C）pic1.Picture=LoadPicture("C:\A1.jpg")　　D）以上都不正确

8．当拖动滚动条中的滚动框时，将触发_____事件。

A）Move　　　　　B）Change　　　　　　C）Scroll　　　　　　D）SetFocus

9．用户在组合框中输入文本或选择表项后，则该内容可以从_____属性中获得。

A）List　　　　　B）ListIndex　　　　　C）ListCount　　　　　D）Text

三、编程题

1．写出下列图片框控件 Picture1 的代码。

（1）使其大小正好能容纳所装入的图片。

（2）将所装入的图片替换为 C 盘上文件名为 w12.bmp 的图片。

（3）在图片中输出文本"图片欣赏"，隶书，20 号字，红色字体。

（4）将图片横向纵向各缩小 20%。

2．设计一个窗体，添加一个文本框、一个列表框和一个标签。要求：标签的标题为"改变字体"；文本框中输入各种字体名称，如隶书、宋体、黑体等；按回车键将文本框中输入的文本去掉首尾空格后添加到列表框中（提示：用文本框的 Keyup 事件，当 KeyCode 值为 13 时指按下了回车键），并清空文本框。双击列表框中的表项后，删除该表项。单击列表框中的表项时改变标签的字体。运行结果如图 7-9 所示。

3．设计倒计时程序。要求：根据文本框中输入的数值（秒），开始倒计时。用标签显示倒计时（初始隐藏，计时开始后显示）；命令按钮可以开始计时，也可以终止计时。计时结束后用图像框控件显示笑脸图片。

4．如图 7-10 所示，编写一个程序进行进制转换。要求：当在十进制文本框中输入数时，在下面的文本框中分别显示其二进制与十六进制。十六进制转换用 Hex 函数，二进制转换要求用自定义函数完成。

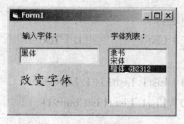

图 7-9　运行效果

图 7-10　运行效果

第8章
鼠标和键盘事件

本章要点:

- 掌握 MouseMove、MouseDown 和 MouseUp 事件的使用方法;
- 了解拖动操作方法;
- 掌握 KeyPress、KeyDown 和 KeyUp 事件的使用方法。

当用户使用 Windows 应用程序时,往往通过鼠标和键盘与应用程序进行交互,此时,实际上是触发了窗体或控件的鼠标和键盘事件。本章重点介绍 Visual Basic 中窗体和控件的鼠标和键盘事件。

8.1 鼠 标 事 件

大多数控件都能够识别 MouseDown、MouseUp 和 MouseMove 事件,通过这些事件使应用程序对鼠标位置及状态的变化做出响应。当鼠标指针位于无控件的窗体上方时,窗体将识别鼠标事件。当鼠标指针在控件上方时,控件将识别鼠标事件。如果按下鼠标按钮不放,则对象将继续识别所有鼠标事件,直到用户释放按钮。即使此时指针已移离对象,情况也是如此。

8.1.1 常用鼠标事件

常用鼠标事件是指 MouseDown、MouseUp、MouseMove 事件。

MouseDown 事件:按下任意鼠标按钮时发生。

MouseUp 事件:释放任意鼠标按钮时发生。

MouseMove 事件:每当鼠标指针移动到屏幕新位置时发生。

MouseDown、MouseUp、MouseMove 事件过程格式如下:

① `Sub Object_MouseDown (Button As Integer, Shift As Integer, X As Single, Y As Single)`

  ……

 `End Sub`

② `Sub Object_MouseUp (Button As Integer, Shift As Integer, X As Single, Y As Single)`

  ……

 `End Sub`

③ `Sub Object_MouseMove (Button As Integer, Shift As Integer, X As Single, Y As Single)`

  ……

 `End Sub`

鼠标事件被用来识别和响应各种鼠标状态，并把这些状态看做独立的事件，不应将鼠标与 Click 事件和 DblClick 事件混为一谈。在按下鼠标按钮并释放时，Click 事件只能把此过程识别为一个单一的操作——单击操作。鼠标事件不同于 Click 事件和 DblClick 事件之处还在于：鼠标事件能够区分各鼠标按钮与 Shift 键、Ctrl 键和 Alt 键。

【例 8.1】 建立一个画笔程序。要求：在鼠标键按下时画线，鼠标键释放时终止。可以设置线的粗细与颜色。程序中部分控件的属性如表 8.1 所示，运行效果如图 8-1 所示。

表 8.1 实例中的对象设置

控 件	Name 属性	属 性	属 性	注 释
组合框 1	ComBo1	List：1 ~ 6		设置线条粗细
组合框 2	ComBo2	List：红色、蓝色、绿色、黄色、黑色、白色	ItemData：vbRed、vbBlue、vbGreen、vbYellow、vbBlack、vbWhite	设置线条颜色
图片框 1	Picture1	AutoRedraw=True	BackColor= HFFFFFF	
命令按钮 1	cmdcls	Caption=清除		清除 Picture1

图 8-1 运行效果

ItemData 属性是指返回或设置 ComboBox 或 ListBox 控件中每个项目具体的编号。vbRed、vbBlue、vbGreen、vbYellow、vbBlack 和 vbWhite 是常数，表示 List 列表中各表项对应的值。

程序代码如下：

在 Form1 中添加：

```
Dim yesno As Boolean            '定义布尔型变量 yesno，确定是否按下鼠标键。
Private Sub Form_Load()
    Dim i As Integer            'i 为循环变量
    For i = 0 To 5
        Combo1.AddItem i + 1
    Next
    '在 Combo2 中添加颜色及对应值
    Combo2.AddItem "红色"
    Combo2.AddItem "蓝色"
    Combo2.AddItem "绿色"
    Combo2.AddItem "黄色"
    Combo2.AddItem "黑色"
```

```
       Combo2.AddItem "白色"
       Combo2.ItemData(0) = vbRed
       Combo2.ItemData(1) = vbBlue
       Combo2.ItemData(2) = vbGreen
       Combo2.ItemData(3) = vbYellow
       Combo2.ItemData(4) = vbBlack
       Combo2.ItemData(5) = vbWhite
   End Sub

   Private Sub cmdcls_Click()
       Picture1.Cls          '清除 Picture1
   End Sub

   Private Sub Combo1_Click()
       Picture1.DrawWidth = Combo1.ListIndex + 1   '设置 Picture1 的画线粗细
   End Sub

   Private Sub Combo2_Click()
       '设置 Picture1 的画线颜色
       Picture1.ForeColor = Combo2.ItemData(Combo2.ListIndex)
   End Sub

   Private Sub Picture1_MouseDown(Button As Integer, Shift As Integer, X As Single, Y As
Single)
       '当在 Picture1 中按下鼠标键时，置 yesno 为真，并设置画线起点
       yesno = True
       If yesno Then Picture1.Line (X, Y)-(X, Y)
   End Sub

   Private Sub Picture1_MouseMove(Button As Integer, Shift As Integer, X As Single, Y As
Single)
       '若按下鼠标键并在 Picture1 中移动鼠标指针，则从按下鼠标键时鼠标所在位置到目前位置（x,y）画线
       If yesno Then Picture1.Line -(X, Y)
   End Sub

   Private Sub Picture1_MouseUp(Button As Integer, Shift As Integer, X As Single, Y As
Single)
       '设置 yesno 为假，停止画线
       yesno = False
   End Sub
```

8.1.2　鼠标事件参数

1. Object 参数

Object 指拥有鼠标事件的窗体或控件对象。这些控件有标签、文本框、框架、命令按钮、单选按钮、复选框、图片框、图像框、目录框和文件框控件。

2. Button 参数

MouseDown、MouseUp 和 MouseMove 事件用 Button 参数判断按下的是哪个鼠标键或哪些鼠标键。Button 参数是位域参数，其每位代表一个状态或条件。这些值被表示成整数。如图 8-2 所示，3 个最低数位分别表示鼠标的左键、右键和中间键。Button 参数用十进制数值或常数表示。

当按下多个鼠标键时，直接将十进制值相加就可产生某些键值，如同时按下鼠标的左、右键就会产生数值 3 (1+2)。对于三键鼠标，同时按下 3 个键将产生十进制数值 7 (4+2+1)。表 8.2 所示为可能的键组合产生的键值。

图 8-2   Button 参数

表 8.2   Button 值组合

二进制值	十进制值	常　数	意　义
000	0		未按下任何键
001	1	vbLeftButton	按下左键
010	2	vbRightButton	按下右键
011	3	vbLeftButton+vbRightButton	按下左键和右键
100	4	vbMiddleButton	按下中间键
101	5	vbLeftButton+vbMiddleButton	按下左键和中间键
110	6	vbRightButton+vbMiddleButton	按下右键和中间键
111	7	vbRightButton+vbMiddleButton+ vbLeftButton	按下 3 个键

例如：当按下鼠标左键时移动窗体中的命令按钮 Command1 到鼠标指针所在位置。

```
Private Sub Form_MouseDown(Button As Integer, Shift As Integer, X As Single, Y As Single)
    If Button = 1 Then Command1.Move X, Y
End Sub
```

因为鼠标指针是在窗体中移动，所以应在窗体的 MouseDown 事件中移动命令按钮。

3. Shift 参数

鼠标和键盘事件用 Shift 参数判断是否按下了 Shift 键、Ctrl 键和 Alt 键，以及以什么样的组合按下这些键。如果按 Shift 键，则 Shift 为 1；如果按 Ctrl 键，则 Shift 为 2；如果按 Alt 键，则 Shift 为 4。应使用这些键值的总和来判断这些组合。例如，同时按下 Shift 和 Alt 键时 Shift 等于 5 (1 + 4)。

Shift 参数与 Button 参数的情况相同，也有 0 ~ 7 共 8 个值。

【例 8.2】Shift 参数与 Button 参数测试。

在窗体对象 Form1 中按下鼠标键时，触发 MouseDown 事件。

```
Private Sub Form_MouseDown(Button As Integer, Shift As Integer, X As Single, Y As Single)
    Dim str As String          '用 str 变量存储按下某键时的说明文字
    Select Case Button
        Case 1:
            str = "按下鼠标左键"
        Case 2:
            str = "按下鼠标右键"
        Case 3:
            str = "按下鼠标左键和右键"
        Case 4:
            str = "按下鼠标中间键"
        Case 5:
            str = "按下鼠标左键和中间键"
        Case 6:
```

```
                 str = "按下鼠标右键和中间键"
        Case 7:
                 str = "按下鼠标 3 个键"
    End Select
    Select Case Shift
        Case 1:
                 str = str + "并按下 Shift 键"
        Case 2:
                 str = str + "并按下 Ctrl 键"
        Case 3:
                 str = str + "并按下 Shift 键和 Ctrl 键"
        Case 4:
                 str = str + "并按下 Alt 键"
        Case 5:
                 str = str + "并按下 Shift 键和 Alt 键"
        Case 6:
                 str = str + "并按下 Ctrl 键和 Alt 键"
        Case 7:
                 str = str + "并按下 Shift 键、Ctrl 键和 Alt 键"
    End Select
    MsgBox "你" + str        '弹出消息对话框，说明你按下了哪些键
End Sub
```

4．X 和 Y 参数

X 和 Y 参数表明鼠标指针所在的位置。

8.1.3　拖放

所谓"拖放"，就是指将一个对象从一个地方拖动到另外的地方。这在 Windows 文件管理中是一种常见的操作，如将几个文件拖到一个文件夹下。

在运行时拖动控件并不能自动改变控件位置——必须自己编程来放置此控件。通常只用拖动指出应该完成某项操作；释放鼠标按钮后，控件将保持其初始位置。

用表 8.3 所示的拖放属性、事件和方法能够指定拖动操作的意义，而且能指定对于给定控件启动拖动操作的方法。

表 8.3　　　　　　　　　　　　拖放属性、事件和方法

类　别	项　目	描　述
属性	DragMode	启动自动拖动控件或手工拖动控件
	DragIcon	指定拖动控件时显示的图标
事件	DragDrop	识别何时将控件拖动到对象上
	DragOver	识别何时在对象上拖动控件
方法	Drag	启动或停止手工拖动

除 Menu、Timer、Line 和 Shape 外的所有控件均支持 DragMode、DragIcon 属性和 Drag 方法。窗体识别 DragDrop 和 DragOver 事件，但不支持 DragMode、DragIcon 属性或 Drag 方法。

（1）DragOver 事件格式

*object*_**DragOver**([*index* As Integer,]*source* As Control, *x* As Single, *y* As Single, *state* As Integer)

DragOver 事件语法包括如表 8.4 所示的各部分。

表 8.4   DragOver 事件

部　　分	描　　述
object	对象名。除 Menu、Timer、Line 和 Shape 外的控件对象
index	一个整数，用来唯一地标识一个在控件数组中的控件
source	正在被拖动的控件。可用此参数在事件过程中引用各属性和方法，例如：Source.Visible = False
x, y	指定当前鼠标指针在目标窗体或控件中位置
state	是一个整数，表明该控件在相关目标窗体或控件中正在被拖动 0：进入（源控件正被拖动到一个目标范围内） 1：离去（源控件正被拖动到一个目标范围外） 2：跨越（源控件在目标范围内从一个位置移到了另一位置）

为了确定在拖动开始后和控件放在目标上之前发生些什么，应使用 DragOver 事件过程。

（2）DragDrop 事件格式

*object*_**DragDrop**([*index* As Integer,]*source* As Control, *x* As Single, *y* As Single)

其中各部分含义同 DragOver 事件。

DragDrop 事件过程用来控制在一个拖动操作完成时将会发生的情况。

1.　手动拖动模式

手动拖动模式允许指定可以拖动控件的时间以及不可拖动控件的时间。例如，要在响应 MouseDown 和 MouseUp 事件或响应键盘命令或菜单命令时得以进行拖动。通过手动模式，还可在开始拖动前识别 MouseDown 事件，这样就可以记录鼠标的位置。

启动手动拖动模式，应将 DragMode 保持为默认设置(0-Manual)。然后，无论何时开始拖动或停止拖动都要使用 Drag 方法。

Drag 方法的语法如下：

```
[object.]Drag action
```

Drag 方法 action 参数如表 8.5 所示。

表 8.5   Drag 方法 action 参数

常　　数	值	意　　义
VbCancel	0	取消拖动操作
VbBeginDrag	1	开始拖动操作
VbEndDrag	2	结束拖动操作

如果将 action 设置为 1，则由 Drag 方法启动控件的拖动；如果将 action 设置为 2，则放下控件并引发 DragDrop 事件；如果将 action 设置为 0 则取消操作，其效果与设置成 2 的情况类似，不同之处在于不引发 DragDrop 事件。

【例 8.3】编程演示将文件拖动到回收站的操作。添加图像框控件 Image1、Image2 和命令按钮控件 Command1（标题：还原）。分别在属性窗口设置 Image1 和 Image2 的 Picture 属性（配套环境中 8-3 文件夹中的 CRDFLE06.ICO 和 WASTE.ICO），并将 Image1 的 DragMode 属性设置为 0-Manual，然后添加如下过程：

```
Private Sub Command1_Click()
```

```
    Image1.Visible = True
    Image2.Picture = LoadPicture("WASTE.ICO")
End Sub

Private Sub Image1_MouseDown(Button As Integer, Shift As
Integer, X As Single, Y As Single)
    Image1.Drag 1                    '开始拖动
    Image1.Visible = False
    Image1.DragIcon = LoadPicture("Dragfldr.ico")   '当
拖动 Image1 时显示的图片
End Sub

    '将 Image1 拖动到 Image2 上触发 Image2 的 DragOver 事件
Private Sub Image2_DragOver(Source As Control, X As Single, Y As Single, State As
Integer)
    Source.Drag 2
    Image2.Picture = LoadPicture("RECYFULL.ICO")
End Sub
```

图 8-3　拖动

2. 自动拖动模式

将控件 DragMode 属性设置为 1-AutoMatic。

在将拖动模式设置为 1 后，拖动就总是"打开"的。若要进一步控制拖动操作，与手动拖动中的方式相同，但不需要使用 Drag 方法。

如 8.3 例中使用自动拖动模式，则可以如下设置：

```
Private Sub Command1_Click()
    Image1.Visible = True
    Image2.Picture = LoadPicture("WASTE.ICO")
End Sub

Private Sub Form_Load()
    Image1.DragMode = 1
    Image1.DragIcon = LoadPicture("Dragfldr.ico")
End Sub

Private Sub Image2_DragDrop(Source As Control, X As Single, Y As Single)
    Source.Visible = False
    Image2.Picture = LoadPicture("RECYFULL.ICO")
End Sub
```

8.2　键 盘 事 件

键盘事件和鼠标事件都是用户与程序之间交互操作中的主要元素。键盘事件用于处理当按下或释放键盘某个键时所执行的操作。常用键盘事件有：KeyPress 事件、KeyDown 和 KeyUp 事件。

8.2.1　KeyPress 事件

在按下与 ASCII 字符对应的键时将触发 KeyPress 事件。ASCII 字符集不仅代表标准键盘的字母、数字和标点符号，而且也代表大多数控制键。但是 KeyPress 事件只识别 Enter 键、Tab 键和 Backspace 键。KeyDown 和 KeyUp 事件能够检测其他功能键、编辑键和定位键。

KeyPress 事件过程格式如下：

```
object_KeyPress ([Index As Integer,] KeyAscii As Integer)
```
KeyPress 事件语法包含如表 8.6 所示的几部分。

表 8.6   KeyPress 事件

部　分	描　述
object	对象名
index	一个整数,它用来唯一标识一个在控件数组中的控件
KeyAscii	返回对应于 ASCII 字符的整型数值。Keyascii 通过引用传递,对它进行改变可给对象发送一个不同的字符。将 keyascii 改变为 0 时可取消击键,这样一来对象便接收不到字符

只有具有焦点的对象才能接收该事件。一个窗体仅在它没有可视和有效的控件或 KeyPreview 属性被设置为 True 时(此时窗体对象优先激活键盘事件)才能接收该事件。KeyPress 事件过程在截取 TextBox 或 ComboBox 控件所输入的击键时是非常有用的。它可立即测试击键的有效性或在字符输入时对其进行格式处理。改变 keyascii 参数的值会改变所显示的字符。

在处理标准 ASCII 字符时应使用 KeyPress 事件。

我们可将 keyascii 参数转变为一个字符:Chr (KeyAscii)。

例如:将文本框控件 Text1 中的所有字符强制转换为大写字符。

此时可以在输入时使用此事件转换大小写:

```
Private Sub Text1_KeyPress (KeyAscii As Integer)
    KeyAscii = Asc(UCase(Chr(KeyAscii)))
End Sub
```
keyascii 参数返回对应于 ASCII 字符的整型数值。上述过程用 Chr 函数将键值转换成对应的字符,然后用 Ucase 函数将字符转换为大写,并用 Asc 函数将字符再转换回键值。

例如:只允许在文本框 Text1 中输入数字。

```
Private Sub Text1_KeyPress ( KeyAscii As Integer)
    If KeyAscii < 48 Or KeyAscii > 57 Then      '0和9的ASCII 码值为48 和57
       KeyAscii = 0                             '取消击键
    End If
End Sub
```

8.2.2 　KeyDown 和 KeyUp 事件

KeyDown 和 KeyUp 事件报告键盘的物理状态:按下键(KeyDown)及松开键(KeyUp)。与此对照的是,KeyPress 事件并不直接地报告键盘状态,它只提供按键所代表的字符而不识别键的按下或松开状态。

例如:输入大写字母"A"和小写字母"a"时,KeyDown 和 KeyUp 事件获得的 ASCII 码值都是 65。如果需要用 KeyDown 和 KeyUp 事件区别按键字母的大小写,则需结合 Shift 参数。同样的操作,KeyPress 事件将获得两个不同的 ASCII 码值,"A"是 65,"a"是 97。

KeyDown 和 KeyUp 事件可识别标准键盘上的大多数控制键。其中包括功能键(F1～F16)、编辑键(Home、Page Up、Delete 等)、定位键(Right、Left、Up 和 Down arrow)和数字小键盘上的键。

KeyDown 和 KeyUp 事件过程格式如下:

```
Private Sub object_KeyDown ([Index As Integer,]KeyCode As Integer, Shift As Integer)
    ……
End Sub
Private Sub object_KeyUp ([Index As Integer,] KeyCode As Integer, Shift As Integer)
    ……
End Sub
```

KeyDown 和 KeyUp 事件包括表 8.7 所示的几部分。

表 8.7　　　　　　　　　　　　　　　　KeyDown 和 KeyUp 事件

部　　分	描　　述
object	对象名
Index	是一个整数，它用来唯一标识一个在控件数组中的控件
KeyCode	是一个按键的 ASCII，如 vbKeyF1（F1 键）或 vbKeyHome（Home 键）。要指定按键的 ASCII，可使用对象浏览器中的 Visual Basic 对象库中的常数
Shift	是在该事件发生时响应 Shift 键，Ctrl 键和 Alt 键的状态的一个整数，与 MouseDown 事件中的 Shift 参数相同。

说明：

（1）对于 KeyDown 和 KeyUp 事件，带焦点的对象都接收所有击键。一个窗体只有在不具有可视的和有效的控件时才可以获得焦点；或者将窗体的 KeyPreview 属性被设置为 True。

（2）KeyDown 和 KeyUp 事件用两种参数解释每个字符的大写形式和小写形式：KeyCode 显示物理的键（将 A 和 a 作为同一个键返回），Shift 参数显示 Shift + Key 键的状态而且返回 A 或 a 其中之一。

下列情况不会触发 KeyDown 和 KeyUp 事件。
① 窗体有一个命令按钮控件，并且 Default 属性设置为 True 时的 Enter 键。
② 窗体有一个命令按钮控件，并且 Cancel 属性设置为 True 时的 Esc 键。
③ Tab 键。

【例 8.4】编程用字母键和光标键移动图片。要求：当按下按键时改变图片为 1.gif，键弹起时还原图片 0.gif。当图片移动到窗口边界时停止。按下光标键时用 KeyUp 事件，按下字母键时用 KeyPress 事件。

按键操作如表 8.8 所示，程序运行效果如图 8-4 所示。

表 8.8　　　　　　　　　　　　　　　　按键操作

按　　键	常数，键值	描　　述
↑或 w 键	VbKeyUp, 119	上移
↓或 x 键	VbKeyDown, 120	下移
←或 a 键	VbKeyLeft, 97	左移
→或 d 键	VbKeyRight, 100	右移

程序代码如下：

```
Private Sub Picture1_KeyDown(KeyCode As Integer, Shift As Integer)
    Picture1.Picture = LoadPicture("1.gif")
End Sub

Private Sub Picture1_KeyPress (KeyAscii As Integer)
```

```
        Select Case KeyAscii
            Case 119      '当按下 w 键时
                Picture1.Top = Picture1.Top - 100
                If Picture1.Top < 50 Then Picture1.Top = 50
            Case 120      '当按下 x 键时
                Picture1.Top = Picture1.Top + 100
                If Picture1.Top > Form1.Height - 50 Then
                    Picture1.Top = Form1.Height - 50
                End If
            Case 97      '当按下 a 键时
                Picture1.Left = Picture1.Left - 100
                If Picture1.Left < 50 Then Picture1.Left = 50
            Case 100      '当按下 d 键时
                Picture1.Left = Picture1.Left + 100
                If Picture1.Left > Form1.ScaleWidth - 360 Then
                    Picture1.Left = Form1.ScaleWidth - 360
                End If
        End Select
    End Sub

    Private Sub Picture1_KeyUp(KeyCode As Integer, Shift As Integer)
        Picture1.Picture = LoadPicture("0.gif")
        Select Case KeyCode
            Case vbKeyUp      '当按下↑键时
                Picture1.Top = Picture1.Top - 100
                If Picture1.Top < 50 Then Picture1.Top = 50
            Case vbKeyDown      '当按下↓键时
                Picture1.Top = Picture1.Top + 100
                If Picture1.Top > Form1.Height - 50 Then
                    Picture1.Top = Form1.Height - 50
                End If
            Case vbKeyLeft      '当按下←键时
                Picture1.Left = Picture1.Left - 100
                If Picture1.Left < 50 Then Picture1.Left = 50
            Case vbKeyRight      '当按下→键时
                Picture1.Left = Picture1.Left + 100
                If Picture1.Left > Form1.ScaleWidth - 360 Then
                    Picture1.Left = Form1.ScaleWidth-360
                End If
        End Select
    End Sub
```

图 8-4 运行效果

本章小结

本章介绍了 Visual Basic 程序设计中的鼠标和键盘事件。常用鼠标事件有：MouseDown 事件、MouseUp 事件和 MouseMove 事件，常用键盘事件有：KeyPress 事件、KeyDown 事件和 KeyUp 事件。

通过本章的学习，要求读者能够掌握鼠标和键盘事件用法，并能利用事件设计较为复杂的应用程序。

习　题

一、思考题

1. 鼠标事件中 MouseUp 事件、MouseDown 事件和 Click 事件的区别是什么？
2. 键盘事件中 KeyPress 事件和 KeyDown 事件的区别是什么？
3. 当单击鼠标时将依次触发哪些事件？

二、选择题

1. 手动拖放模式下，要启动拖放必须设置_____属性。

    A）DragMode   B）DragIcon   C）Drag   D）DragOver

2. 在 MouseUp 事件中设置当单击鼠标右键时移动命令按钮 Com1 到（2000，1000）的位置，用_____语句。

    A）If Button=1 Then Com1.Move 2000,1000

    B）If Button=2 Then Com1.Move 2000,1000

    C）If Button=4 Then Com1.Move 2000,1000

    D）Com1.Move 2000,1000

3. 如果在文本框中只允许输入数字，则需要在以下_____事件中限制。

    A）KeyPress   B）MouseDown   C）Change   D）Click

4. 在键盘事件中，_____事件的参数可以返回输入字符的 ASCII。

    A）KeyPress   B）KeyDown   C）KeyUp   D）以上都不是

5. 在窗体 Form1 中添加一个命令按钮 Command1 和一个文本框 Text1，设置窗体的 Key Preview 属性为 True，然后编写下列代码：

```
Dim temp As String
Private Sub Command1_Click()
    Text1.Text= Ucase(temp)
End Sub
Private Sub Form_KeyPress(KeyAscii As Integer)
    Temp=temp & Chr(KeyAscii)
End Sub
```

程序运行后，用键盘输入"asdfg"，然后单击 Command1，则文本框中显示的内容为_____。

    A）asdfg   B）没有内容   C）ASDFG   D）出错

6. 如果将上题中的 KeyPreview 属性设置为 False，则文本框中显示_____。

    A）asdfg   B）没有内容   C）ASDFG   D）出错

7. 在窗体 Form1 上添加一个文本框 Text1，然后编写如下事件过程：

```
Private Sub Text1_KeyPress(KeyAscii As Integer)
    If KeyAscii >= Asc("0") and KeyAscii <= Asc("9") Then KeyAscii = 0
End Sub
```

运行程序，在文本框中输入"23asd12"，则文本框中显示为_____。

    A）23asd12   B）2312   C）asd   D）没有内容

8. 以下控件中，_____不能进行拖动操作。

    A）文本框   B）命令按钮   C）计时器   D）标签

三、编程题

1. 编写一个程序，当同时按下 Ctrl 键、Shift 键和 "a" 键时在窗体中显示 "再见!" 并结束程序的运行。

2. 在窗体上添加一个文本框。要求：当程序运行时从键盘上输入大写字母后，文本框中显示该字母的后继第 3 个字母的小写。例如，输入 "A"，则文本框中显示 "d"；如果输入的是大写字母的后 3 个字母 X、Y、Z，则分别应显示 a、b、c。

3. 编写一个程序，在窗体上添加图片框 Picture1 和一个命令按钮 Command1，在设计模式下为图片框添加图片。进行拖动操作时使用自动拖动方式，当拖动命令按钮经过图片框时，图片框改变加载的图片；当命令按钮拖离图片框时，图片框中的图片还原；当松开鼠标左键时将命令按钮放在当前鼠标所在位置。

第9章
菜单与对话框程序设计

本章要点:

● 掌握菜单编辑器的使用方法;

● 掌握下拉式菜单和弹出式菜单的设计方法,以及菜单控件数组的创建方式;

● 掌握4种通用对话框:文件对话框、字体对话框、颜色对话框和打印对话框的使用方法。

在 Windows 系统中一般是将应用程序的功能以菜单的方式排列出来,用户通过菜单控制应用程序的执行。另外,用户与程序进行交互时,程序向用户展示的信息往往通过对话框的方式显示在屏幕上,因此,Visual Babic 提供了通用对话框控件。本章重点介绍 Visual Babic 中菜单与通用对话框的使用方法。

9.1 菜 单 设 计

菜单是一种将命令分组的简便方法。用户可以通过菜单方便快捷的访问这些命令。通常,菜单有下拉式菜单和弹出式菜单两种样式,可以根据需要选择不同的菜单样式。

9.1.1 菜单编辑器

用菜单编辑器可以创建新的菜单和菜单栏,在已有的菜单上增加新命令,用自己的命令来替换已有的菜单命令,以及修改和删除已有的菜单和菜单栏。

Visual Basic 6.0 中没有菜单控件,但提供了菜单编辑器。选择"工具"菜单中的"菜单编辑器"选项,可打开"菜单编辑器"对话框,如图 9-1 所示。

1. "菜单编辑器"对话框中的常用项含义

① 标题:用户自定义菜单显示的文本。可以在标题中添加访问键:在访问键字符前加入"&"符号,如&File,F 为访问键。如图 9-2 中的 "字体(F)" 菜单项,F 是访问键。

访问键允许按下 Alt 键和一个指定字符来打开一个菜单。也可以在菜单打开时,通过按下指定字符(访问键)执行菜单项命令。例如,如图 9-2 所示,按下 Alt+O 快捷键可打开 "格式" 下拉式菜单,再按 F 键选取 "字体" 菜单项,打开 "字体" 对话框。从图中可以看出,设置为访问键后,该访问键下方带有下划线。

② 名称:菜单控件的名称,用于识别菜单控件。其命名规则与变量或控件的命名规则相同。

③ 索引:当建立菜单数组时,用于区别菜单数组中的元素。

④ 快捷键:利用键盘快速执行菜单命令的组合键,如 Ctrl+V 快捷键是粘贴命令。

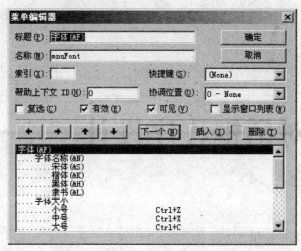

图 9-1　菜单编辑器

　　快捷键按下时会立刻运行一个菜单项。可以为频繁使用的菜单项指定一个快捷键。使用快捷键时只需要键盘操作，也不用在打开菜单的状态下进行。快捷键可以由功能键或与控制键组合构成，如 Ctrl+F1 快捷键或 Ctrl+A 快捷键。它们出现在菜单中相应菜单项的右边，如图 9-3 所示，按 F8 键是逐语句方式调试程序。

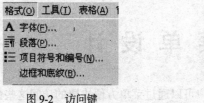

图 9-2　访问键

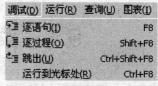

图 9-3　快捷键

　　⑤ 复选：设置下拉式菜单项的 Checked 属性。允许在菜单项的左边设置复选标记，通常用它来指出切换选项的开关状态。但是当单击菜单项时菜单项的 Checked 属性不会自动改变，需要在其单击事件中设置。例如，在菜单项 mnuBold 的单击事件中添加语句：

```
Private Sub mnuBold_Click()
    mnuBold.Checked = Not (mnuBold.Checked)
End Sub
```

　　⑥ 有效：设置菜单项的 Enabled 属性，默认值为 True。

　　⑦ 可见：设置菜单项的 Visible 属性，默认值为 True。

　　⑧ 移动按钮：左移和右移按钮用于菜单项的级别调整，左移：提高菜单项的级别；右移：降低菜单项的级别。注意：Visual Basic 允许菜单最多有 6 个级别。上移和下移按钮用于调整菜单项的排列顺序。

　　⑨ "下一个" 按钮：单击该按钮时使光标从当前菜单项移到下一个菜单项上；若当前菜单项为最后一项，则添加新菜单项。

　　⑩ "插入" 按钮和 "删除" 按钮："插入" 按钮在当前菜单项的前面插入一个新的菜单项。"删除" 按钮用于删除当前菜单项。

2. 分隔菜单项

　　分隔符表现为菜单项间的一条水平线。当菜单项比较多的时候，可以用分隔符将菜单项划分成不同的逻辑组。例如：Visual Basic 6.0 中的"工具"菜单，使用分隔符将菜单项分成 4 组，分别表示不同类型的操作，如图 9-4 所示。

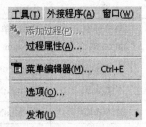

图 9-4　分隔符

在菜单编辑器中创建分隔符，其操作步骤如下。

① 如果是在现有菜单中添加一个分隔符，单击"插入"按钮，在想要分隔开来的菜单项之间插入一个菜单控件。

② 如有必要，单击右箭头按钮使新菜单项缩进到与它要隔开的菜单项同级。

③ 在"标题"文本框中键入一个连字符"-"。

④ 设置"名称"属性。

⑤ 单击"确定"按钮，关闭菜单编辑器。

注意　虽然分隔符是当作菜单控件来创建的，但它们不能响应 Click 事件，而且也不能被选取。

9.1.2　下拉式菜单

当用菜单编辑器创建菜单时，产生的多级菜单就是下拉式菜单，其操作步骤如下。

① 选取要创建菜单的窗体。

② 在"工具"菜单中，选择"菜单编辑器"命令。或者在"工具栏"上单击"菜单编辑器"按钮。

③ 在"标题"文本框中，输入菜单项标题。如果希望其中某一字符成为该菜单项的访问键，可以在该字符前面加上一个　"&"　字符。在菜单项中，这一字符会自动加上一条下划线。菜单项标题文本显示在菜单控件列表框中。

④ 在"名称"文本框中，输入在代码中引用该菜单控件对象的名字。

⑤ 单击向左或向右箭头按钮，可以改变该菜单控件的级别。

⑥ 如果需要的话，还可以设置菜单控件的其他属性（也可以在"属性"窗口中设置）。

⑦ 单击"下一个"按钮就可以再建一个菜单控件。或者单击"插入"按钮可以在当前菜单控件之前添加一个菜单控件。也可以单击向上与向下的箭头按钮，在现有菜单控件之中移动控件。

⑧ 如果窗体所有的菜单控件都已创建，单击"确定"按钮关闭菜单编辑器。

创建的菜单将显示在窗体上。在设计时，单击一个菜单标题可下拉显示其相应的菜单项。

【例 9.1】设计一个改变标签字体格式的菜单，如图 9-5 所示。要求：单击菜单项后改变标签 Label1（标题：字体格式设置程序）相应字体格式。图 9-1 所示的菜单编辑器中的菜单设置就是本例。

按照表 9.1 所示各项设置菜单，其中字体名称和字体样式的子菜单项为菜单数组。注意使用菜单数组和不使用菜单数组的区别。

表 9.1　　　　　　　　　　　　　　　菜单中各项的设置

菜单标题 （Caption 属性）	菜单名称 （Name 属性）	索引	复选	访问键	快捷键	说　　明
字体(&F)	mnuFont			F		一级菜单 1

续表

菜单标题 （Caption 属性）	菜单名称 （Name 属性）	索引	复选	访问键	快捷键	说　明
字体名称(&N)	mnuFontName			N		二级菜单 11
宋体(&B)	mnuName	1		B		三级菜单 111
楷体(&K)	mnuName	2		K		三级菜单 112
黑体(&H)	mnuName	3		H		三级菜单 113
隶书(&L)	mnuName	4		L		三级菜单 114
字体大小	mnuFontSize					二级菜单 12
小号	mnuSize10				Ctrl+Z	三级菜单 121
中号	MnuSize20				Ctrl+X	三级菜单 122
大号	MnuSize30				Ctrl+C	三级菜单 123
字体样式	mnuStyle					二级菜单 13
粗体(&O)	mnuFontStyle	1	True	O	Ctrl+O	三级菜单 131
斜体(&I)	mnuFontStyle	2	True	I	Ctrl+I	三级菜单 132
删除线(&T)	mnuFontStyle	3	True	T	Ctrl+T	三级菜单 133
下划线(&U)	mnuFontStyle	4	True	U	Ctrl+U	三级菜单 134
对齐	mnuAlign					一级菜单 2
左对齐	mnuLeft					二级菜单 21
右对齐	mnuRight					二级菜单 21
居中	mnuCenter					二级菜单 21

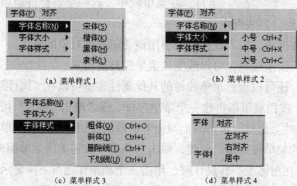

（a）菜单样式 1　　（b）菜单样式 2

（c）菜单样式 3　　（d）菜单样式 4

图 9-5　菜单样式

程序代码如下：

```
Private Sub mnuCenter_Click()  '设置标签居中对齐
    Label1.Alignment = 2
End Sub

Private Sub mnuFontStyle_Click(Index As Integer)
'设置标签字体样式，mnuFontStyle 为控件数组，由 Index 区分控件数组中的每一个元素
    mnuFontStyle(Index).Checked = Not mnuFontStyle(Index).Checked
    If mnuFontStyle(Index).Checked Then
        Select Case Index
```

```
                Case 1:
                    Label1.FontBold = True
                Case 2:
                    Label1.FontItalic = True
                Case 3:
                    Label1.FontStrikethru = True
                Case 4:
                    Label1.FontUnderline = True
            End Select
        Else
            Select Case Index
                Case 1:
                    Label1.FontBold = False
                Case 2:
                    Label1.FontItalic = False
                Case 3:
                    Label1.FontStrikethru = False
                Case 4:
                    Label1.FontUnderline = False
            End Select
        End If
End Sub

Private Sub mnuLeft_Click()     '设置标签左对齐
    Label1.Alignment = 0
End Sub

Private Sub mnuName_Click(Index As Integer)
'设置标签字体名称, mnuName 为控件数组, 由 Index 区分控件数组中的每一个元素
    Select Case Index
        Case 1:
            Label1.FontName = "宋体"
        Case 2:
            Label1.FontName = "楷体_GB2312"
        Case 3:
            Label1.FontName = "黑体"
        Case 4:
            Label1.FontName = "隶书"
    End Select
End Sub

Private Sub mnuRight_Click()      '设置标签右对齐
    Label1.Alignment = 1
End Sub

'以下设置标签文本的大小
Private Sub mnuSize10_Click()
    Label1.FontSize = 10
End Sub

Private Sub mnuSize20_Click()
    Label1.FontSize = 20
End Sub

Private Sub mnuSize30_Click()
    Label1.FontSize = 30
End Sub
```

9.1.3　弹出式菜单

弹出式菜单是独立于菜单栏而显示在窗体上的浮动菜单，它与菜单栏无关。通常设置单击鼠标右键时显示弹出式菜单，弹出式菜单显示的位置取决于单击鼠标键时鼠标指针所在的位置。弹出式菜单又称为上下文菜单。

弹出式菜单的创建方法与下拉式菜单相同，但是弹出式菜单必须至少包含一个子菜单。例 9-1 中所有的一级菜单和二级菜单都可以用于弹出式菜单。

例如：当在窗体 Form1 中单击鼠标右键时弹出菜单 mnuFontSize（标题：字体大小）。

```
Private Sub Form_MouseDown(Button As Integer, Shift As Integer, X As Single, Y As Single)
    If Button = 2 Then Form1.PopupMenu mnuFontSize
End Sub
```

 如果不明白鼠标事件的含义，请参阅第 8 章的内容。

如果不想将弹出式菜单显示在菜单栏上，则需要设置该菜单编辑窗口中的"可见"复选框为非选中状态，即其 Visible 属性设置为 False。

从上例中可以看出，弹出式菜单需要使用 PopupMenu 方法。其格式为

[*object.*]**PopupMenu** *menuname* [, *flags* [,*x* [, *y* [,*DefaultMenu*]]]]

MopupMenu 语句参数如图 9.2 所示。

表 9.2　　　　　　　　　　　　　　　PopupMenu 语句参数

部　　分	描　　述
object	可选的。一般指带有焦点的 Form 对象
menuname	必需的。要显示的弹出式菜单名，指定的菜单必须含有至少一个子菜单
flags	可选的。一个数值或常数，按照表 9.3 中的描述，用以指定弹出式菜单的位置和行为
x	可选的。指定显示弹出式菜单的 x 坐标。如果该参数省略，则使用鼠标的坐标
y	可选的。指定显示弹出式菜单的 y 坐标。如果该参数省略，则使用鼠标的坐标
DefaultMenu	可选的。粗体显示 DefaultMenu 菜单项

其中 Flags 参数取值如表 9.3 所示。

表 9.3　　　　　　　　　　　　　　　Flags 参数

位置或行为	常　　数	值	描　　述
位置	vbPopupMenuLeftAlign	0	默认，弹出式菜单以 x 为左边界
	vbPopupMenuCenterAlign	4	弹出式菜单以 x 为中心
	vbPopupMenuRightAlign	8	弹出式菜单以 x 为右边界
行为	vbPopupMenuLeftButton	0	默认值。仅当使用鼠标左键时，弹出式菜单中的项目才响应鼠标单击
	vbPopupMenuRightButton	2	不论使用鼠标右键还是左键，弹出式菜单中的项目都响应鼠标单击

例如：以窗体中鼠标指针所在的位置弹出菜单 mnuFontSize，以鼠标指针横坐标的位置水平居中对齐，其菜单项可以响应鼠标左键和右键单击，并设置 MnuSize20 菜单项为粗体：

```
Form1.PopupMenu mnuFontSize , 6 , , , , MnuSize20
```
其运行效果如图 9-6 所示。

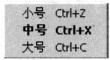

图 9-6　菜单样式

9.1.4　菜单控件数组

与第 7 章中介绍的控件数组类似，菜单控件数组也是一组具有共同名称和类型的菜单控件。每个菜单控件数组元素都由唯一的索引值来标识，该值在菜单编辑器上"索引"属性框中指定（其值可以不连续）。当一个控件数组成员识别一个事件时，Visual Basic 将其索引（Index）属性值作为一个附加的参数传递给事件过程。事件过程必须包含有核对 Index 属性值的代码，因而可以判断出正在使用的是哪一个菜单控件。

如例 9-1 中的 mnuName 菜单和 mnuFontStyle 菜单。在编辑时名称相同，索引不同。

其事件过程为：

```
Private Sub mnuName_Click(Index As Integer)
    Select Case Index
        Case 1:
            Label1.FontName = "宋体"
        Case 2:
            Label1.FontName = "楷体_GB2312"
        Case 3:
            Label1.FontName = "黑体"
        Case 4:
            Label1.FontName = "隶书"
    End Select
End Sub
```

由 Index 指定单击了哪个菜单项。

同理，菜单控件数组中的元素也可以用 Load 命令和 UnLoad 命令在运行状态下添加和删除。菜单控件数组常用于在菜单中记载近期内打开的文件，如 Visual Basic 6.0 中"文件"菜单中的最近打开的工程。

【例 9.2】设计一个打开文件的菜单，如图 9-7 所示。要求：打开文件后，将文件名添加到菜单中。菜单中最多显示最近打开的 4 个文件。程序中的控件如表 9.4 所示。

图 9-7　运行效果

表 9.4　　　　　　　　　　　　　　程序中的控件

控 件 名 称	类　别	属　性
mnufile（标题：文件）	一级菜单	可见
mnuopen（标题：打开文件）	二级菜单	可见
mnunewfile（标题：最近打开文件）	二级菜单，菜单数组	不可见
Text1	文本框	多行显示，有垂直滚动条
CommonDialog1	文件对话框	只显示*.txt 和*.htm、*.html 文件

文件对话框控件是 Visual Basic 6.0 中的通用对话框，需要从"工程"菜单中单击"部件"菜单项，在打开的对话框中选择"控件"选项卡，选中其中的 Microsoft Common Dialog Control 6.0 复选项。具体操作参见 9.2 节。

程序代码如下：

```
Dim i As Integer
Private Sub mnunewfile_Click(Index As Integer)    '单击菜单 mnunewfile 时
    Dim strtmp As String
    Open mnunewfile(Index).Caption For Input As #1
    'Open 语句指以输入方式打开以菜单标题为名称的文件
    Text1.Text = ""
    While Not EOF(1)    '将文件中的所有内容在文本框 Text1 中显示
        Input #1, strtmp
        Text1.Text = Text1.Text + strtmp
    Wend
    Close #1
End Sub

Private Sub mnuopen_Click()        '单击菜单 mnuopen 时
    Dim strtmp As String
    CommonDialog1.Filter = "文本文件|*.txt|HTML 文件|*.htm;*.html"
    'Filter 属性设置文件对话框中文件过滤
    CommonDialog1.ShowOpen    '打开文件对话框
    If CommonDialog1.FileName <> "" Then
        Open CommonDialog1.FileName For Input As #1
        Text1.Text = ""
        While Not EOF(1)
            Input #1, strtmp
            Text1.Text = Text1.Text + strtmp
        Wend
        Close #1
'以下代码将在菜单中添加菜单项，以打开的文件名称为菜单标题（含路径），菜单项不超过 4 个
        If i > 3 Then
            mnunewfile(i Mod 4).Caption = CommonDialog1.FileName
            '打开文件对话框的 FileName 属性值指选取文件的文件名（含路径）
        Else
            Load mnunewfile(i)
            mnunewfile(i).Caption = CommonDialog1.FileName
            mnunewfile(i).Visible = True
        End If
        i = i + 1
        If i = 8 Then i = 4
    End If
End Sub
```

在本例中用到的文件操作，参见第 10 章的内容。

9.2　通用对话框

Visual Basic 中可以用 MsgBox 函数和 InputBox 函数建立消息对话框和输入对话框，也可以

使用标准窗体或自定义已存在的对话框创建自定义对话框，或者使用 CommonDialog 控件创建通用对话框，如"打印"和"打开"对话框。

要使用 CommonDialog 控件，应从"工程"菜单中单击"部件"菜单项，在打开的对话框中选择"控件"选项卡，选取其中的 Microsoft Common Dialog Control 6.0 复选项，然后单击"确定"按钮。此时工具箱中出现 CommonDialog 控件图标 ▣。

单击工具箱中的 CommonDialog 控件图标并在窗体上绘制该控件对象。在窗体上绘制 CommonDialog 控件时，控件将自动调整大小。与 Timer 控件一样，CommonDialog 控件在运行时不可见。

运行时，使用表 9.5 中所列方法或 Action 属性显示需要的对话框。

表9.5　　　　　　　　　　　　　　CommonDialog 控件方法

方　　法	Action	显示的对话框
ShowOpen	1	打开
ShowSave	2	另存为
ShowColor	3	颜色
ShowFont	4	字体
ShowPrinter	5	打印
ShowHelp	6	调用 Windows "帮助"

例如，在前例中的打开文件对话框：

```
CommonDialog1.ShowOpen
```
或使用
```
CommonDialog1. Action = 1
```

9.2.1　"文件"对话框

与文件有关的对话框是打开文件的对话框和保存文件的对话框。通过使用 CommonDialog 控件的 ShowOpen 方法和 ShowSave 方法可显示"打开"和"另存为"对话框。

两个对话框均可用以指定驱动器、目录、文件扩展名和文件名。除对话框的标题不同外，另存为对话框外观上与"打开"对话框相似。

其相关属性如下所示。

（1）Filter 属性和 FilterIndex 属性

① Filter 属性为 String 类型，返回或设置"打开"（"另存为"）对话框中文件类型（保存类型）列表框中所显示的过滤器。

其语法格式为

object.**Filter** [= *Description1* |Filter1 |*Description2* |Filter2...]

Description 是指描述文件类型的字符串表达式。FilterN：指定显示哪种类型文件的字符串表达式。

使用管道"|"符号将 Filter 与 Description 的值隔开，也用于多个过滤器之间的间隔。管道符号的前后都不要加空格，因为这些空格会与 Filter 与 Description 的值一起显示。

如果在同一过滤器中需要设置多个文件类型，则类型之间用分号间隔。

例 1：在文件对话框控件 CommonDialog1 中只允许显示文本文件、写字板文件和 word 文件。

```
CommonDialog1. Filter = "可用文件|*.txt;*.rtf;*.doc"
```

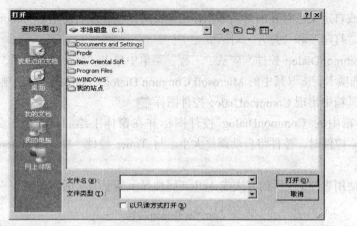

图 9-8 "打开"对话框

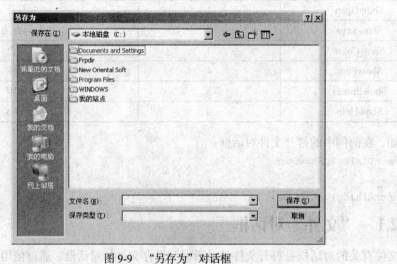

图 9-9 "另存为"对话框

例 2：在文件对话框控件 CommonDialog1 中只允许显示 Excel 工作簿文件。

```
CommonDialog1. Filter = "Excel 工作簿|*.xls"
```

例 3：在文件对话框控件 CommonDialog1 中只允许显示 GIF 图和 JPG 图或含有位图和图标的图形文件。

```
CommonDialog1. Filter = "图形文件|*.gif; *.jpg |位图或图标文件|*.bmp;*.ico"
```

② FilterIndex 属性。该属性返回或设置"打开"或"另存为"对话框中一个默认的过滤器，如上述语句过滤设置中将"位图或图标文件"设置为当前过滤器。

```
CommonDialog1.FilterIndex = 2
```

（2）DialogTitle 属性

DialogTitle 属性返回或设置对话框标题栏所显示的字符串。

 当显示"颜色"、"字体"或"打印"对话框时，CommonDialog 控件忽略 DialogTitle 属性的设置。

（3）FileName 属性

FileName 属性，String 类型，返回或设置所选文件的路径和文件名。设计时不可用。如例 9-2

中若选择了一个文件，则该属性不为空，此时可以打开该文件。

```
CommonDialog1.ShowOpen    '打开文件对话框
If CommonDialog1.FileName <> "" Then
    Open CommonDialog1.FileName For Input As #1
    ......
End If
```

（4）DefaultExt 属性

DefaultExt 属性返回或设置对话框默认的文件扩展名。

例如：设置保存文件的默认文件扩展名为 TXT。

```
CommonDialog1.DefaultExt = "txt"
```

执行此语句后，如果在保存文件时只输入主文件名而不输入扩展名，则该文件默认为文本文件。

注意　　如果设置了过滤器，并选择了保存类型，则此时 DefaultExt 属性无效。

例如，编辑代码：

```
CommonDialog1.Filter = "图形文件|*.gif; *.jpg |位图或图标文件|*.bmp;*.ico"
CommonDialog1.FilterIndex = 2
CommonDialog1.DefaultExt = "txt"
CommonDialog1.ShowSave
```

在程序运行后选择保存位置为 C 盘根文件夹下，并在文件名文本框中输入"中国"，然后单击"确定"按钮，则此时 CommonDialog1.FileName 中的值为：C:\中国.bmp。

（5）FileTitle 属性

FileTitle 属性返回要打开或保存的文件名称（不含路径）。

例如：打开 C 盘 Test 文件夹下的 winter.jpg 文件。

```
CommonDialog1.FileName 的值是：C:\Test\winter.jpg
CommonDialog1.FileTitle 的值是：winter.jpg
```

（6）InitDir 属性

InitDir 属性返回或设置初始文件目录。

例如：设置打开文件的初始文件夹为 C 盘 Windows。

```
CommonDialog1.InitDir = "c:\ Windows"
```

此时，"打开"对话框中的当前文件夹为 c:\ Windows。

（7）Flags 属性

Flags 属性为"打开"和"另存为"对话框返回或设置选项，以控制对话框外观，如表 9.6 所示。

表 9.6　　　　　　　　　　　　　　　　Flags 属性

常　数	十进制	十六进制值	描　述
cdlOFNAllowMultiselect	512	&H200	它指定文件名列表框允许多重选择。运行时，通过按 Shift 键以及使用 Up Arrow 和 Down Arrow 键可选择多个文件。完成此操作后，FileName 属性就返回一个包含全部所选文件名的字符串。串中各文件名用空格隔开
cdlOFNCreatePrompt	8192	&H2000	当文件不存在时对话框要提示创建文件。该标志自动设置 cdlOFNPathMustExist 和 cdlOFNFileMustExist 标志

续表

常 数	十进制	十六进制值	描 述
cdlOFNExplorer	32768	&H80000	它使用类似资源管理器的打开一个文件的对话框模板。适用于 Windows 95 和 Windows NT 4.0
cdlOFNExtensionDifferent	1024	&H400	它指示返回的文件扩展名与 DefaultExt 属性指定的扩展名不一致。如果 DefaultExt 属性是 Null，或者扩展相匹配，或者没有扩展时，此标志不设置。当关闭对话框时，可以检查这个标志的值
cdlOFNFileMustExist	4096	&H1000	它指定只能输入文件名文本框已经存在的文件名。如果该标志被设置，则当用户输入非法的文件名时，要显示一个警告。该标志自动设置 cdlOFNPathMustExist 标志
cdlOFNHelpButton	16	&H10	使对话框显示帮助按钮
cdlOFNHideReadOnly	4	&H4	隐藏只读复选框
cdlOFNNoChangeDir	8	&H8	强制对话框将对话框打开时的目录置成当前目录
cdlOFNNoReadOnlyReturn	32768	&H8000	它指定返回的文件不能具有只读属性，也不能在写保护目录下面
cdlOFNNoValidate	256	&H100	它指定公共对话框允许返回的文件名中含有非法字符
cdlOFNOverwritePrompt	2	&H2	使"另存为"对话框当选择的文件已经存在时应产生一个信息框，用户必须确认是否覆盖该文件
cdlOFNPathMustExist	2048	&H800	它指定只能输入有效路径。如果设置该标志，输入非法路径时，应显示一个警告信息
cdlOFNReadOnly	1	&H1	建立对话框时，只读复选框初始化为选定。该标志也指示对话框关闭时只读复选框的状态
cdlOFNShareAware	16384	&H4000	它指定忽略共享冲突错误

例如：在"打开"对话框中添加"帮助"按钮。

```
CommonDialog1.Flags = cdlOFNHelpButton
CommonDialog1.Action = 1
```

9.2.2 "字体"对话框

使用 CommonDialog 控件的 ShowFont 方法（或 Action 属性值设置为 4）可显示"字体"对话框。"字体"对话框用以指定字体、大小、颜色、样式等，如图 9-10 所示。

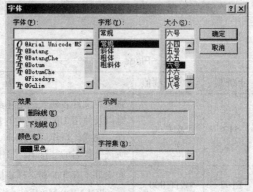

图 9-10 "字体"对话框

"字体"对话框中的属性如下。

① Color：选定的颜色。如要使用这个属性，要求 Flags=256。

② FontBold：是否选定了粗体。

③ FontItalic：是否选定了斜体。

④ FontStrikethru：是否选定删除线。如要使用这个属性，要求 Flags=256。

⑤ FontUnderline：是否选定下划线。如要使用这个属性，要求 Flags=256。

⑥ FontName：选定字体的名称。

⑦ FontSize：选定字体的大小。

⑧ Max 和 Min：指定字体大小的范围，默认为 1~2 048。要求 Flags=8192。

⑨ Flags 属性：如表 9.7 所示。

表 9.7　　　　　　　　　　　　　　　　　　Flags 属性

常　数	十进制值	十六进制值	描　述
cdlCFANSIOnly	1024	&H400	它指定对话框只允许选择 Windows 字符集的字体。如果该标志被设置，就不能选择仅含符号的字体
cdlCFApply	512	&H200	它使对话框中的"应用"按钮有效
cdlCFBoth	3	&H3	使对话框列出可用的打印机和屏幕字体
cdlCFEffects	256	&H100	它指定对话框允许删除线、下划线，以及颜色效果
cdlCFFixedPitchOnly	16384	&H4000	它指定对话框只能选择固定间距的字体
cdlCFForceFontExist	65536	&H10000	它指定如果用户试图选择一个并不存在的字体或样式，显示错误信息框
cdlCFHelpButton	4	&H4	使对话框显示帮助按钮
cdlCFLimitSize	8192	&H2000	它指定对话框只能在由 Min 和 Max 属性规定的范围内选择字体大小
cdlCFNoFaceSel	524288	&H80000	没有选择字体名称
cdlCFNoSimulations	4096	&H1000	它指定对话框不允许图形设备接口（GDI）字体模拟
cdlCFNoSizeSel	2097152	&H200000	没有选择字体大小
cdlCFNoStyleSel	1048576	&H100000	没有选择样式
cdlCFNoVectorFonts	2048	&H800	它指定对话框不允许矢量字体选择
cdlCFPrinterFonts	2	&H2	使对话框只列出由 hDC 属性指定的打印机支持的字体
cdlCFScalableOnly	131072	&H20000	它指定对话框只允许选择可缩放的字体
cdlCFScreenFonts	1	&H1	使对话框只列出系统支持的屏幕字体
cdlCFTTOnly	262144	&H40000	它指定对话框只允许选择 TrueType 型字体
cdlCFWYSIWYG	32768	&H8000	它指定对话框只允许选择在打印机和屏幕上均可用的字体。如果该标志被设置，则 cdlCFBoth 和 cdlCFScalableOnly 标志也应该设置

【**例 9.3**】单击命令按钮 Command1（标题：字体格式设置），用"字体"对话框设置文本框中文本的字体样式。窗口布局如图 9-11 所示。

程序代码如下：

```
Private Sub Command1_Click()
    CommonDialog1.Flags = 259
    '256+3：列出字体（3）并允许设置删除线、下划线和颜色效果（256）
    CommonDialog1.ShowFont
    Text1.FontName = CommonDialog1.FontName
    Text1.FontSize = CommonDialog1.FontSize
    Text1.FontBold = CommonDialog1.FontBold
    Text1.FontItalic = CommonDialog1.FontItalic
    Text1.FontStrikethru = CommonDialog1.FontStrikethru
    Text1.FontUnderline = CommonDialog1.FontUnderline
    Text1.ForeColor = CommonDialog1.Color
End Sub
```

图 9-11　窗口布局

9.2.3　"颜色"对话框

通过使用 CommonDialog 控件的 ShowColor 方法(或 Action=3)可显示"颜色"对话框。"颜色"对话框用以从调色板选择颜色，或是生成或选择自定义颜色，如图 9-12 所示。颜色对话框中的属性主要是 Flags 属性和 Color 属性。

Flags 属性的取值如表 9.8 所示。

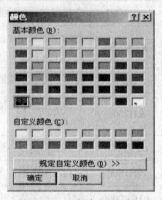

图 9-12　"颜色"对话框

表 9.8　　　　　　　　　　　　　　　　Flags 属性取值

常　　数	十六进制值	十进制值	描　　述
cdlCCRGBInit	&H1	1	为对话框设置初始颜色值
cdlCCFullOpen	&H2	2	显示全部的对话框，包括定义自定义颜色部分
cdlCCPreventFullOpen	&H4	4	使定义自定义颜色命令按钮无效，并防止定义自定义颜色
cdlCCShowHelpButton	&H8	8	使对话框显示帮助按钮

例如：打开"颜色"对话框，为文本框控件 Text1 设置字体颜色。

```
CommonDialog1.Action = 3
Text1.ForeColor = CommonDialog1.Color
```

9.2.4 "打印"对话框

通过使用 CommonDialog 控件的 ShowPrinter 方法（或 Action=5）可显示"打印"对话框。"打印"对话框可用以指定打印输出方式，可以指定被打印页的范围、打印质量、打印的份数等。这个对话框还包含当前安装的打印机信息，并允许配置或重新安装默认打印机，如图 9-13 所示。

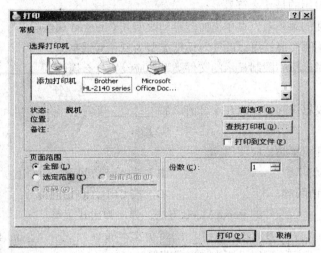

图 9-13 "打印"对话框

  "打印"对话框并不向打印机传送数据，只是指定希望打印数据的情况。如果 PrinterDefault 属性为 True，可以使用 Printer 对象按选定的格式打印数据。

在运行时，一旦"打印"对话框中作出选择，下列属性即包括与该选择有关的信息。

① Copies：打印的份数。

② FromPage：开始打印页。

③ ToPage：结束打印页。

④ hDC：所选打印机的设备描述体。

⑤ Max 和 Min：用于限制 FromPage 和 ToPage 的范围。

⑥ PrinterDefault：布尔值，用于返回或设置在"打印"对话框中是否改变系统默认的打印机设置。

本章小结

本章介绍了 Visual Basic 程序设计中的菜单，包括下拉式菜单、弹出式菜单，以及菜单数组的用法；介绍了通用对话框，即"打开"对话框、"保存"对话框、"字体"对话框、"颜色"对话框和"打印"对话框的使用方法。

通过本章的学习，要求读者能够掌握菜单和标准对话框的使用方法，并能利用它们设计较为复杂的应用程序。

习　　题

一、思考题

1. 下拉式菜单和弹出式菜单都需要用菜单编辑器编辑吗？

2. 分隔菜单项时用的是什么符号？

3. 具有复选属性的菜单项，在单击时能自动改变其 Checked 属性吗？

4. 通用对话框用哪个属性可以改变对话框类型为颜色对话框？

5. 在"打开"对话框中限制显示的文件类型，应设置什么属性？

二、选择题

1. 在菜单项中设置访问键，应在字母前添加_____字符。

    A）#　　　　　　　　　B）&　　　　　　　　C）@　　　　　　　　　　　　D）_

2. 用访问键打开菜单时，应使用_____。

    A）按 Ctrl+访问键　　　　　　　　　B）按 Alt+访问键

    C）按 Shift+访问键　　　　　　　　 D）按 Ctrl+Alt+访问键

3. 一般使用_____控件的 PopupMenu 方法，弹出弹出式菜单。

    A）窗体　　　　　B）命令按钮　　　　C）文本框　　　　　　　D）图像框

4. 以下_____肯定不可以设置为弹出式菜单。

    A）多级菜单中的顶级菜单　　　　　　B）二级菜单

    C）三级菜单　　　　　　　　　　　　D）无子菜单的菜单

5. 弹出"打开"对话框，可以使用_____。

    A）CommonDialog1.ShowOpen　　　　B）CommonDialog1. Action = 2

    C）CommonDialog1.Visible = True　　　D）CommonDialog1.Show

6. 在"打开"和"保存"对话框中，_____属性中只包含文件名。

    A）FileName　　　　B）FileTitle　　　　C）Name　　　　　　　D）Filter

7. 用颜色对话框 cDialog1 设置文本框 Text1 的字体颜色用_____语句。

    A）Text1.Text = cDialog1.Color　　　　B）Text1.BackColor = cDialog1.Color

    C）Text1.ForeColor= cDialog1.Color　　D）以上都不正确

8. 对话框一般是_____类型的窗口。

    A）模态　　　　　B）非模态　　　　C）与窗体对象一样　　D）自定义窗体

三、编程题

1. 设计一个文本编辑程序，要求能够通过菜单改变字体格式，颜色等。

2. 编写程序，建立一个打开对话框，并设置过滤器：只允许显示批处理文件（.bat）和可执行文件（.exe 或.com）。运行时选择某一文件后，自动执行该文件，如选择"记事本"程序后执行该程序。提示：用 Shell 函数，如 Shell（"c:\windows\notepad.exe"）。

第 10 章
文件

本章要点：

- 掌握顺序文件和随机文件的打开与关闭方法；
- 掌握顺序文件和随机文件的读写方法；
- 了解二进制文件的基本含义。

编辑应用程序的目的往往是为了处理数据，因此，数据的存取是学习程序设计中必不可少的部分。数据可以放在数据库中，也可以采用文件的方式存储。本章重点介绍 Visual Basic 中顺序文件、随机文件的打开、关闭和读写方法。

10.1　文　件　概　述

操作系统最初提供的功能是文件系统管理，我们也经常需要对文件进行各种各样的操作。大多数应用程序需要从外部获取数据，或将处理的数据进行存储；此时可以用文件或数据库作为数据来源或存储处理后数据。Visual Basic 提供了顺序文件、随机文件和二进制文件的建立和读写等操作命令，也提供了几个文件系统控件，如驱动器列表框、文件夹列表框和文件列表框控件。通过这些命令和控件，可以建立简单的文件管理应用程序。

10.1.1　文件的概念

文件是一组存储在外部存储介质上（如磁盘、光盘等）的相关数据的集合。它通常包含存储位置、文件名、文件类型或存储方式等内容。Visual Basic 主要提供了 3 种格式文件的访问：顺序文件、随机文件和二进制文件。不同类型的文件有不同的访问方式。

1. 顺序文件

顺序文件是指数据依次连续存储的文本文件。文件中的每一个字符都存储为一个文本字符或者文本格式序列，如换行符。其特点是文件结构简单，易操作；但是在插入数据时需要重写整个文件。

2. 随机文件

随机文件又称为记录文件，是由一组具有相同结构的多类型数据集组成的。每一个数据集称为一条记录，通过具有唯一性的记录号来标识每一条记录。所以在访问随机文件时，只需要知道记录号就可以读写该条记录。其特点是存取速度快，但占用空间较大。

3. 二进制文件

二进制文件是含有编码信息的文件，编码信息需由创建此文件的应用程序解释。二进制文件由字节组成，以字节数来定位数据位置，所以二进制文件可以对各字节数据直接进行访问。

10.1.2 文件系统控件

Visual Basic 提供了 3 个常用的文件系统控件如图 10-1 所示。用户可以用这 3 个控件建立与 Windows 系统中资源管理器功能一样的程序，如图 10-2 所示。

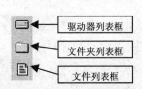

图 10-1 文件系统控件　　　　　　　图 10-2 应用实例

1. 驱动器列表框

驱动器列表框是一个下拉式列表控件。该控件自动将本地计算机中的驱动器添加到列表中，并指向当前驱动器。用户可以通过输入或从列表中选择驱动器名称的方式来改变驱动器。

 通过驱动器列表框控件选择驱动器时，不会改变计算机当前驱动器。此时需要用 ChDrive 语句来改变当前驱动器，如改变当前驱动器为 D 盘：

```
ChDrive "d:"
```

（1）其常用属性是 Drive 属性：用于返回或设置运行时选择的驱动器。默认为当前驱动器。该属性在设计时不可用。

例如：用语句改变驱动器列表框 Drive1 中的选定项为 C 盘：

```
Drive1.Drive = "c:"
```

（2）其常用事件是 Change 事件：当程序运行时（通过鼠标选择或语句）改变驱动器列表框控件中的选择时，会触发 Change 事件。可以用该事件将文件夹列表框控件与驱动器列表框控件联系起来：驱动器改变时相应地显示该驱动器下的文件夹列表。

```
Private Sub Drive1_Change()
    Dir1.Path = Drive1.Drive  'Dir1 为文件夹列表框控件
End Sub
```

2. 文件夹列表框

初始时，文件夹列表框控件显示用户系统中当前驱动器下的文件夹结构。当改变了驱动器时，该控件显示此驱动器的当前文件夹结构。在文件夹列表框中用户可以通过双击某一文件夹选项展开该文件夹，显示其子文件夹列表。

 与驱动器列表框控件相同，双击选择文件夹时，不会改变当前驱动器下的当前文件夹。此时需要用 ChDir 语句来改变当前文件夹，如改变 D 盘下的当前文件夹为 Temp：

```
ChDir "d:\temp"
```

（1）其常用属性是 Path 属性：用于返回或设置运行时选择的文件夹。默认为当前文件夹。该属性在设计时不可用。

例如：用语句改变文件夹列表框 Dir1 中的选定项为 C 盘下的 Windows 文件夹。

```
Dir1.Path = "c:\windows"
```

（2）其常用事件是 Change 事件：当程序运行时（通过鼠标双击或语句）改变文件夹列表框控件中的选择时，会触发 Change 事件。可以用该事件将文件夹列表框控件与文件列表框控件联系起来：文件夹改变时相应显示该文件夹下的文件列表。

```
Private Sub Dir1_Change()
    File1.Path = Dir1.Path    'File1 为文件列表框控件
End Sub
```

3. 文件列表框

文件列表框在运行时显示由 Path 属性指定的包含在文件夹中的文件，如图 10-2 中显示 e:\Program Files\Microsoft Visual Studio\VB98 文件夹中的文件列表。

（1）其常用属性如下。

① Path 属性：用于返回或设置在文件列表框中显示哪一个文件夹中的文件列表，其值含文件夹名称及路径。默认为系统当前文件夹。该属性在设计时不可用。

② FileName 属性：返回或设置所选文件的文件名，不包含路径。该属性设计时不可用。如果需要获得选定文件的路径和名称，则与 Path 属性配合使用：

```
Dim strFileName As String    '用于存储选定的文件名称及路径
If Right(File1.Path, 1) = "\" Then
    strFileName = File1.Path + File1.FileName
Else
    strFileName = File1.Path + "\" + File1.FileName
End If
```

注意　　路径中所用的间隔符是"\"。当选择驱动器根文件夹下的文件时，因为根文件夹就是"\"，此时不用再加间隔符；其他的文件夹名称后没有"\"，所以需要加上间隔符。在程序中用条件语句判断是根文件夹还是其他文件夹，以此来选择是否添加间隔符"\"。

③ List 属性、ListCount 属性和 ListIndex 属性：与列表框控件相似，但在文件列表框中 List 属性是只读的。

④ MultiSelect 属性：设置选择方式，与列表框控件相同。

⑤ Pattern 属性：设置或返回在文件列表框中显示哪些类型的文件。如果需要显示多个类型的文件，则类型名之间用分号间隔。

例 1：在文件列表框 File1 中只显示扩展名为".exe"的文件：

```
File1.Pattern="*.exe"
```

例 2：在文件列表框 File1 中可以显示扩展名为".txt"和".doc"的文件：

```
File1.Pattern="*.txt;*.doc"
```

例 3：在文件列表框 File1 中只显示以"a"开头的文件：

```
File1.Pattern="a*.*"
```

⑥ Archive、Normal、System、Hidden 和 ReadOnly 属性：通过为这些属性赋 True 和 False 值，确定在文件列表框中要显示哪种属性的文件。System 和 Hidden 属性的默认值为 False；Normal、Archive 和 ReadOnly 属性的默认值为 True。

例如，为了在文件列表框 File1 中只显示只读文件，将 ReadOnly 属性设置为 True，并把其他属性设置为 False：

```
File1.ReadOnly = True
File1.Archive = False
File1.Normal = False
File1.System = False
File1.Hidden = False
```

注意　　　如果要改变文件属性，应使用 SetAttr 语句设置文件属性。

SetAttr 格式为：**SetAttr** *pathname,attributes*

其中：

Pathname：文件名称（含路径）。

Attributes：文件属性，如表 10.1 所示。Attributes 的值可以由表中的值组合构成。

表 10.1　　　　　　　　　　　　　　　　Attributes 参数取值

常　　数	值	描　　述
vbNormal	0	常规（默认值）
vbReadOnly	1	只读
vbHidden	2	隐藏
vbSystem	4	系统文件
vbArchive	32	上次备份以后，文件已经改变

例如：设置 C 盘根文件夹下的 a.txt 为隐藏和只读属性：

SetAttr "c:\a.txt", vbHidden + vbReadOnly

或：SetAttr "c:\a.txt", 3

（2）常用事件有 PathChange 事件和 PatternChange 事件。

① PathChange 事件：当 FileName 或 Path 属性的值发生改变时，触发此事件。

② PatternChange 事件：当显示文件的类型，如："*.exe"，通过修改 FileName 或 Path 属性的值发生了变化时，此事件发生。

例如：窗体 Form1 加载时设置文件列表框 File1 的 Pattern 属性为 "*.exe"，单击命令按钮 Command1 时改变 File1 的 FileName 属性值为 "c:\windows*.ini"，则会触发 PatternChange 事件。

```
Private Sub Form_Load()
    File1.Pattern = "*.exe"
End Sub
Private Sub Command1_Click()
    File1.FileName = "c:\windows\*.ini"
End Sub
Private Sub File1_PatternChange()
    MsgBox "当前 File1 的 Pattern 属性值为: "; File1.Pattern
End Sub
```

【例 10.1】设计一个文件系统显示程序，如图 10-2 所示。

程序中控件的属性如表 10.2 所示。

表 10.2　　　　　　　　　　　　　　　　实例中的对象设置

控　　件	Name 属性	Caption 属性	注　　释
框架 1	Frame1	选择驱动器	Drive1 的容器
框架 2	Frame2	选择文件夹	Dir1 的容器

续表

控　　件	Name 属性	Caption 属性	注　　释
框架 3	Frame3	文件夹中的文件列表	File1 的容器
驱动器列表框	Drive1		
文件夹列表框	Dir1		
文件列表框	File1		

程序代码如下：

```
Private Sub Dir1_Change()
    File1.Path = Dir1.Path
End Sub

Private Sub Drive1_Change()
    Dir1.Path = Drive1.Drive
End Sub
```

10.2　文件的打开与关闭

对文件进行操作时需要先打开该文件，然后进行读写操作，编辑结束后要关闭该文件。下面介绍文件的打开和关闭操作。

10.2.1　文件的打开

不论是顺序文件、随机文件，还是二进制文件，其打开文件的操作都是使用 Open 命令。Open 命令的语句格式为

Open *pathname* For *mode* [Access *access*] [*lock*] As [#]*filenumber* [Len=*reclength*]

Open 语句参数如表 10.3 所示。

表 10.3　　　　　　　　　　　　　　　　Open 语句参数

参　　数	描　　　　述
pathname	必选。字符串表达式，指定文件名（包括路径）
mode	必选。关键字，指定文件操作方式，有 Append、Binary、Input、Output 或 Random 方式。如果未指定操作方式，则以 Random 访问方式打开文件
access	可选。关键字，说明打开的文件可以进行的操作，有 Read、Write 或 Read Write 操作
lock	可选。关键字，说明当文件打开后限定其他进程对此文件的操作，有 Shared、Lock Read、Lock Write 和 Lock Read Write 操作
filenumber	必选。一个有效的文件号。使用 FreeFile 函数可得到下一个可用的文件号
reclength	可选。小于或等于 32 767（字节或字符）的一个数。对于用随机访问方式打开的文件，该值就是记录长度，默认为 128 字节。对于顺序文件，该值就是缓冲字符数

当打开文件时，Open 语句分配一个缓冲区供文件进行 I/O 之用，并决定缓冲区所使用的访问方式。

① 如果 pathname 指定的文件不存在，那么在用 Append、Binary、Output 或 Random 方式打开文件时，可以建立这一文件。

② 如果文件已由其他进程打开，而且是指定的不允许访问类型，则 Open 操作失败，而且会有错误发生。

注意

例如：某一进程以下述语句打开了文件 c:\a.txt，而且没有关闭它。

```
Open "c:\a.txt" for output lock read As #1
```

此时，另一个进程需要以读的方式打开此文件，则会产生错误。

③ 如果 mode 是 Binary 方式，则 Len 子句会被忽略掉。

④ 在 Binary、Input 和 Random 方式下可以用不同的文件号打开同一文件，而不必先将该文件关闭。在 Append 和 Output 方式下，如果要用不同的文件号打开同一文件，则必须在打开文件之前先关闭该文件。

例 1：打开顺序文件 c:\a.txt，输入方式，文件号为 3。

```
Open "c:\a.txt" For Input As #3
```

注：运行该语句后可以从文件中读出数据。

例 2：打开顺序文件 c:\a.txt，输出方式，只读锁定，文件号为 1。

```
Open "c:\a.txt" For Output Lock Read As #1
```

注：运行该语句后可以向文件中写入数据，并限制其他进程以读文件的方式打开该文件。

例 3：打开顺序文件 c:\a.txt，追加输出方式，文件号为 1。

```
Open "c:\a.txt" For Append As #1
```

注：运行该语句后可以向文件末尾追加数据。

例 4：打开随机文件 c:\test\b.dat，可读，文件号为 1，记录长度为 64 字节。

```
Open "c:\test\b.dat" For Random Access Read As #1 Len=64
```

注：以读的方式打开随机文件。

例 5：打开二进制文件 c:\test\c.dat，可写，文件号为 1。

```
Open "c:\test\c.dat" For Binary Access Write As #1
```

10.2.2 文件的关闭

当文件编辑结束后，必须使用 Close 命令关闭该文件。其命令格式为

Close [*filenumberlist*]

filenumberlist 参数是可选参数，值为一个或多个文件号，其中文件号之间用逗号间隔。如关闭 1 号和 3 号文件：

```
Close #1,#3
```

注意

① 若省略 filenumberlist，则将关闭 Open 语句打开的所有活动文件。

② 当关闭 Output 或 Append 打开的文件时，将属于此文件的最终输出缓冲区中的内容写入文件中。然后所有与该文件相关联的缓冲区空间都被释放。

③ 在执行 Close 语句时，文件与其文件号之间的关联将终结。

10.3 顺序文件

10.3.1 顺序文件的写操作

如果需要向顺序文件中写数据，则应该先用 Output 或 Append 方式打开文件，然后使用 Print 语句或 Write 语句将数据写入文件。

1. Print 语句

Print 语句的格式为

Print *#filenumber, [outputlist]*

其中，filenumber 为必选项，指文件号；outputlist 为可选项，是表达式或表达式列表（用逗号间隔）。

outputlist 参数的设置如下：

[{Spc(n) | Tab[(n)]}] [expression] [charpos]

outputlist 参数如表 10.4 所示。

表 10.4　　　　　　　　　　　　　　　　outputlist 参数

设　　置	描　　述
Spc(n)	用来在输出数据中插入空白字符，而 n 指的是要插入的空白字符数
Tab(n)	用来将插入点定位在 n 列上。使用无参数的 Tab 将插入点定位在下一个打印区的起始位置
expression	数值表达式或字符串表达式，语句执行时计算表达式，并将结果输出到文件中
charpos	指定下一个字符的插入点。使用分号将插入点定位在上一个显示字符之后。如果省略 charpos，则在下一行输出下一个字符

【例 10.2】编写程序。在 D 盘根文件夹下建立文本文件 Data.txt，并计算 1~N（N 由文本框 Text1 确定，其值不超过 100）的平方输出到文件中，每行输出 10 个数据，最后输出文本 "1~N 数据累加："及累加值。运行结果如图 10-3 所示。程序中需要判断文本框中数值的有效性。

例 10.2 中的控制及属性如表 10.5 所示。

表 10.5　　　　　　　　　　　　　　例 10.2 中的控件及属性

控　　件	属　　性
文本框	名称：Text1；Text：1；ToolTipText：值不超过 100
框架	名称：Frame1；标题：写文件方式
单选按钮组	Option1(0)标题：重写；Option1(1)标题：追加。Option1(0)的 Value 为真
命令按钮	名称：Command1；标题：输出 1~N 的平方到文件 Data.txt 中

图 10-3　运行效果

程序代码如下：

```
Private Sub Command1_Click()
    If Option1(0).Value Then
        '如果没有该文件，则 Open 语句会自动创建此文件
        Open "d:\data.txt" For Output As #1    '重写方式
    Else
        Open "d:\data.txt" For Append As #1    '追加方式
    End If
    Dim i As Integer, sum As Integer        'sum 记载数的累加
    Print #1, "**开始输出数据"
    For i = 1 To Val(Text1.Text)
        Print #1, i * i;      '在当前行输出 i*i 的值
        If i Mod 10 = 0 Then Print #1,      '如果当前行输出了 10 个数，则换行
        sum = sum + i
    Next
    Print #1,      '换行
    Print #1, "1~" & i - 1 & "数据累加："; sum
    Print #1,
    Close #1
    MsgBox "文件写入操作结束！"
End Sub

Private Sub Text1_LostFocus()      '当文本框失去焦点时
    If Val(Text1.Text) = 0 Or Val(Text1.Text) > 100 Then
'如果在文本框中输入的值是以字母开头或数值大于 100
        MsgBox "只能输入数据并且数据不能大于 100！"
'以下语句：焦点仍然留在文本框中，并置文本框文本为选中状态
        Text1.SetFocus
        Text1.SelStart = 0
        Text1.SelLength = Len(Text1.Text)
    End If
End Sub
```

2. Write 语句

Write 语句的格式为

Write #*filenumber*, [*outputlist*]

其中，filenumber 和 outputlist 参数与 Print 语句相同。

与 Print 语句不同的是：当要将数据写入文件时，Write 语句会在数据项和用来标记字符串的引号之间插入逗号。没有必要在列表中键入明确的分界符。Write 语句在将 outputlist 中的最后一个字符写入文件后会插入一个新行字符，即回车换行符(Chr(13) + Chr(10))。

如上例中将所有 Print 语句改为 Write 语句后两者的比较分别如图 10-4、图 10-5 所示。

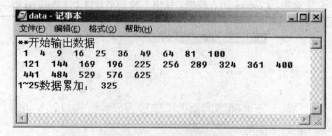

图 10-4 Print 语句输出样式

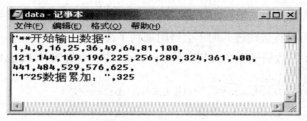

图 10-5 Write 语句输出样式

10.3.2 顺序文件的读操作

Visual Basic 中提供了几个读顺序文件的语句供用户使用：Input 语句、Input()函数和 Line Input 语句。

另外，读各种文件时还可能会用到一些函数：LOF 函数、Loc 函数和 EOF 函数。在这里统一进行介绍。

（1）Input 语句：从已打开的顺序文件中读出数据并将数据指定给变量。

语句格式为：Input #*filenumber, varlist*

其中，filenumber 为文件号，varlist 为变量列表（以逗号间隔）。

Input 语句从文件中依次读出数据，并放到变量中。文件中数据项的顺序必须与 varlist 中变量的顺序相同，而且对应的数据类型应该相互匹配。如果变量为数值类型而数据项不是数值类型，则指定变量的值为零。

例如：将文件号 1 的数据依次读入到变量 inta 中，并在窗体 Form1 中显示。

```
'以读方式打开文件
Dim I As Integer
While not EOF(1)
Input #1,inta
    Form1.print inta;
    I=I+1
    If I Mod 10 =0 Then Form1.Print
Wend
Close #1 '关闭文件
```

为了能够用 Input 语句将文件中的字符数据正确读入到变量中，则在将字符数据写入文件时，要使用 Write 语句而不使用 Print 语句。使用 Write 语句可以确保将各个字符数据正确地分隔开。

（2）Input 函数：返回以 Input 或 Binary 方式打开的文件中的字符。

语句格式为：**Input** (*number*, [#]*filenumber*)

其中，filenumber 为文件号，number 为数值表达式，指定将要返回的字符个数。

通常用 Print 或 Put 将 Input 函数读出的数据写入文件。Input 函数只用于以 Input 或 Binary 方式打开的文件。

与 Input 语句不同，Input 函数返回它所读出的所有字符，包括逗号、回车符、空白列、换行符、引号、前导空格等。

（3）Line Input 语句：从已打开的顺序文件中读出一行并将其赋值予 String 变量。

语句格式为：**Line Input** #*filenumber, varname*

其中，filenumber 为文件号，*varname* 为 String 变量。

Line Input 语句从文件中连续读出字符，直到遇到回车符 Chr(13) 或回车换行符(Chr(13) + Chr(10)为止。回车换行符将被跳过，而不会被附加到字符串上。

例如：将文件号 1 的数据依次读入到变量 TextLine 中，并在窗体 Form1 中显示。

```
Dim TextLine As String
Open "abc.txt" For Input As #1      '以读方式打开 abc.txt 文件
Do While Not EOF(1)      '循环至文件尾
    Line Input #1, TextLine      '从文件中读出一行数据并将其赋予 TextLine 变量
    Form1.Print TextLine      '在 Form1 窗口中显示数据
Loop
Close #1      '关闭文件
```

（4）LOF 函数：返回一个 Long 类型数值，表示用 Open 语句打开的文件的大小，该大小以字节为单位。

语法格式为：LOF(*filenumber*)

例如：返回文件号 1 的文件大小：LOF(1)

用 LOF 函数返回文件大小，必须是已经打开的文件；如果需要返回未打开文件的大小，则使用 FileLen 函数。

（5）Loc 函数：返回一个 Long 类型数值，在已打开的文件中指定当前读/写位置。

语法格式为：**Loc**(*filenumber*)

Loc 函数只用于随机文件和二进制文件中。在随机文件中表示上一次对文件进行读出或写入的记录号；在二进制文件中表示上一次读出或写入的字节位置。

（6）EOF 函数：返回一个文件指针确定是否到达文件末尾。当返回 True 时，表明已经到达随机文件或以 Input 方式打开的顺序文件的结尾。

语法格式为：**EOF**(*filenumber*)

【例 10.3】在窗体中添加两个命令按钮 Command1 和 Command2，单击按钮 Command1 时读文件内容并在窗体中输出；单击按钮 Command2 时写文件：分别用 Print 语句和 Write 语句进行。

```
Private Sub Command1_Click()      '单击命令按钮读文件内容，然后在窗体中以每行 20 个字符输出
    Dim strtmp As String, intsize As Integer
    Open "d:\a.txt" For Input As #1
    While Not EOF(1)
        Input #1, strtmp
        Form1.Print strtmp;
        intsize = intsize + 1
        If intsize Mod 20 = 0 Then Form1.Print
    Wend
    Close #1
End Sub

Private Sub Command2_Click()      '单击命令按钮写文件，从 0 开始的 200 个符号
    Dim i As Integer
    Open "d:\a.txt" For Output As #1
    For i = 1 To 200
        Write #1, Chr(Asc("0") + i);
    Next
    Close #1
End Sub
```

将程序代码中的 Write 语句改为 Print 语句，再观察结果，并比较。

10.4 随 机 文 件

10.4.1 随机文件的写操作

对随机文件进行读写也需要先打开文件，读写结束后关闭文件。

随机文件的写操作使用 Put 语句，用 Put 语句将记录添加或者替换到随机文件中。

语句格式为

Put [#]*filenumber*, [*recnumber*], *varname*

其中：recnumber 为可选项，Variant (Long)类型，表示记录号，指明在此处开始写入（在二进制文件中指字节数）；

varname 为必选项，变量名，其中包含要写入文件的数据。

例如：Put #1, i, stu 将变量 stu 的值写入文件第 i 条记录。

10.4.2 随机文件的读操作

随机文件的读操作使用 Get 语句，用 Get 语句将记录读入到变量中。

语句格式为

Get [#]*filenumber*, [*recnumber*], *varname*

其中：recnumber 为可选项，Variant (Long)类型，表示记录号，指明从此处读出数据（在二进制文件中指字节数）；

varname 为必选项，变量名，将文件中读出的数据放入其中。

例如：Get #1, i, stu 将第 i 条记录中的数据赋予变量 stu。

【例 10.4】首先生成一个随机文件 b.dat，然后读出其中的数据显示在窗体上。其中在窗体 Form1 中添加命令按钮 Command1 和 Command2，Command1 生成 b.dat 文件，Command2 读该文件并显示其内容到窗体上。

程序代码如下：

```
Private Type student
    xh As String * 9
    xm As String * 4
    nl As Integer
    xy As String * 50
End Type
Dim stu As student

Private Sub Command1_Click()
    Dim xh As String, xm As String, xy As String, nl As Integer
    xh = "20080100"
    xm = "A"
    Open "d:\b.dat" For Random Access Write As #1   '以写方式打开d:\b.dat文件
    Dim i As Integer
    For i = 1 To 20
        stu.xh = Str(Val(xh) + i)        '学号从 20080101~20080120
        stu.xm = Chr(Asc(xm) + i) & i    '姓名编码从 B1~U20
        stu.nl = Int(Rnd * 21) + 20      '年龄从 20 到 40
        stu.xy = "河北大学"
```

```
        Put #1, i, stu
    Next
    Close #1
End Sub

Private Sub Command2_Click()
    Open "d:\b.dat" For Random Access Read As #1
    Dim i As Integer
    Print "xh", "xm", "nl", "xy"
    For i = 1 To 20
        Get #1, i, stu
        Print stu.xh, stu.xm, stu.nl, stu.xy
    Next
    Close #1
End Sub
```

10.5　二进制文件的读写操作

二进制文件的读写与随机文件类似，也是使用 Get 和 Put 语句，不同的是二进制文件的读写以字节为单位，而随机文件是以记录为单位。二进制文件也可用 Input 函数读出整个文件，此时用 EOF 函数会产生错误。在用 Input 函数读出二进制文件时，要用 LOF 和 Loc 函数代替 EOF 函数，而在使用 EOF 函数时要使用 Get 函数。

Get 和 Put 语句格式请参阅随机文件，其中 recnumber 参数指字节数。

例如：将二进制文件 D:\rest.dat 复制到 C:\desc.dat。

```
Open "D:\rest.dat" For Binary Access Read As #1
Open "C:\desc.dat" For Binary Access Write As #2
Dim i As Integer
While Not EOF(1)
   Get #1, , i
   Put #2, , i
   Print i;
Wend
Close #1, #2
```

本章小结

本章介绍了 Visual Basic 程序设计中的文件操作和文件系统控件。其中介绍了有关顺序文件、随机文件和二进制文件的打开、读写及关闭操作的语句和函数；介绍了驱动器列表框控件、文件夹列表框控件和文件列表框控件的使用方法。

通过本章的学习，要求读者能够掌握 3 种类型文件的打开、读写和关闭；掌握 3 个文件系统控件的使用方法。

习　题

一、思考题

1. 如何将文件系统控件：驱动器列表框、文件夹列表框和文件列表框关联起来？

2. 文件列表框控件能够用 AddItem 和 RemoveItem 方法添加和删除文件列表框中的选项吗？

3. 用不带有任何参数的 Close 语句能关闭打开的文件吗？

4. 当某进程打开一个文件时，其他进程不能对该文件进行写操作，应如何设置？

5. Print 语句与 Write 语句有何区别？

二、选择题

1. 运行时改变文件列表框 File1 中的 Pattern 属性，只允许显示.txt 和.rtf 文件，则需要使用_____语句。

A）File1.Pattern=".txt,.rtf' 　　　　　B）File1.Pattern="txt,rtf'

C）File1.Pattern="*.txt,*.rtf' 　　　　D）File1.Pattern="*.txt;*.rtf'

2. 以写方式打开顺序文件 A.txt 时，可以将写入的数据追加到文件末尾的语句是_____。

A）Open "A.txt" For Output Access Write As #1

B）Open "A.txt" For Input Lock Write As #1

C）Open "A.txt" For Output As #1

D）Open "A.txt" For Append As #1

3. 目前打开了两个文件，文件号分别为 1 和 2。现只关闭文件号为 1 的文件，用语句_____。

A）Close　　　　　B）Close #1　　　　　C）End　　　　　D）End #1

4. 判断是否到文件末尾，用_____函数。

A）Input　　　　　B）Loc　　　　　C）LOF　　　　　D）EOF

5. 下列程序执行后文件中的内容是_____。

```
Open "A.txt" For Output As #1
Dim i As Integer
For i = 1 To 100
    Write #1, Sin(i);
Next
Close #1
```

A）100 个空格间隔的正弦值　　　　　B）100 个分号间隔的正弦值

C）100 个逗号间隔的正弦值　　　　　D）每行一个正弦值，共 100 行

6. 在用 Open 语句打开文件时，如果省略"For 方式"，则打开文件的存取方式是_____。

A）读方式打开顺序文件　　　　　B）写方式打开顺序文件

C）随机存取方式　　　　　D）二进制方式

三、编程题

1. 在文本文件"data.txt"中存有许多以逗号间隔的数据，现编写一程序计算这些数据的平均值，并将计算结果及小于该平均值的数据存入文件"avg.txt"中。

2. 利用读写语句将随机文件"诗歌.dat"中的第 3～8 行的数据复制到"李白的诗.dat"文件中。

3. 编写程序将 20 个 1～100 的随机数和 1～100 中的素数追加到文本文件"rnd.dat"中。

4. 设计一个文件管理器（类似资源管理器格式），显示本机中所有文本文件，选择某一文本文件后读出内容到文本框中。

5. 设计一个通信录程序。可以进行编辑、修改、删除、追加和查找。

第 2 部分
提高篇

第11章
图形操作

本章要点：
- 了解图形坐标系统；
- 熟悉掌握图形的基本属性和基本绘图方法。

图形设计是可视化设计的重要部分。在应用程序中增加适当的图形和动画，常常可以增强程序的魅力，使其多姿多彩。Visual Basic 为用户提供了简洁有效的图形图像处理能力，除了基本的图片框、图像框、形状控件外，还提供了一系列图形函数、语句和方法，用户可以利用这些方法（Pset、Line、Circle）直接在窗体上或图片框上绘制变化灵活的图形。

11.1 坐 标 系 统

11.1.1 默认坐标系统

坐标系统是绘制各种图形的基础，在 Visual Basic 中，每个容器对象（窗体、框架和图片框等）都有一套默认的坐标系统。Visual Basic 默认的坐标系统不同于数学上的坐标系统，其默认坐标系统原点（0，0）位于容器对象的左上角，x 坐标轴自左向右递增，y 坐标轴自上向下递增，默认坐标单位为 Twips(1cm=567Twips，1 英寸=1 440Twips)，图 11-1 所示为窗体和图片框对象的默认坐标系统。

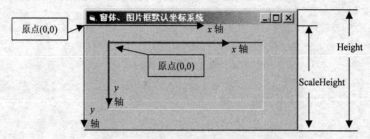

图 11-1 窗体、图片框默认坐标系统

所谓容器对象是指可以放置其他对象的对象，比如窗体、图片框和框架等对象都是容器对象。在容器对象里放置其他控件时，控件的坐标位置是基于容器对象坐标系统的一个相对位置，比如一个 Label1 控件的 Left 属性为 100，如果 Label1 控件在窗体上，则 Label1 控件的位置为距离窗体的最左边缘距离为 100Twips；如果 Label1 控件在图片框里，则 Label1 控件的位置为距离图片

框的左边缘距离为 100Twips。

11.1.2　自定义坐标系统

Visual Basic 提供了一系列属性和方法，方便用户改变默认坐标系统的原点和坐标轴的方向，实现对坐标系统的重新定义。重新定义坐标系有关的属性和方法包括：ScaleMode、ScaleLeft、ScaleTop、ScaleWidth 和 ScaleHeight 属性及 Scale 方法。

1.　设置坐标单位

坐标系统的默认单位为 Twips，用户可以通过 ScaleMode 属性设置对象的坐标单位，如采用像素或毫米为单位。表 11.1 所示为 ScaleMode 属性的取值其含义。

表 11.1　　　　　　　　　　　ScaleMode 属性取值及含义

属　性　值	系　统　常　数	说　　　明
0	VbUser	用户自定义坐标系，可设置 ScaleLeft、ScaleTop、 ScaleWidth 和 ScaleHeight 属性
1	VbTwips	默认值。Twip(1Twip=1/1440Inch)
2	VbPoints	Point(磅，1Point=1/72Inch)
3	VbPixels	Pixel(像素，显示器的最小分辨单位)
4	VbCharacters	Character(字符，宽=120Twips，高=240Twips)
5	VbInches	Inch(英寸)
6	VbMillimeters	Millimeter(mm 毫米)
7	VbCentimeters	Centimeter(cm 厘米)

说明：

（1）ScaleMode 属性的值除了 0 和 3 外，其余取值均可用于打印机，所使用的单位长度就是打印机上输出的长度。

（2）ScaleMode 属性可以在设计阶段在属性窗口设置，也可以通过程序代码设置。例如：

```
Form1.ScaleMode=5          '窗体坐标系统以英寸为单位
Picture1.ScaleMode=7       '图片框坐标系统以厘米为单位
```

（3）ScaleMode 属性只能改变坐标单位，不能改变坐标原点及坐标轴的方向。

2.　自定义坐标系

用户可以通过设置容器对象的 ScaleLeft、ScaleTop、ScaleWidth、ScaleHeight 属性创建自己的坐标系统及刻度单位。其属性及含义如表 11.2 所示。

表 11.2　　　　　　　　　　　　坐标属性及含义

属　　性	含　　义	属　　性	含　　义
ScaleLeft	确定对象左边缘的水平坐标	ScaleWidth	确定对象内部水平的宽度,不包括边框
ScaleTop	确定对象顶端的垂直坐标	ScaleHeight	确定对象内部垂直的高度,不包括边框

（1）自定义坐标原点

ScaleLeft、ScaleTop 属性用于重新定义容器对象的左上角坐标，改变坐标系统的原点位置。如果重新设置了 ScaleLeft、ScaleTop 属性，在容器对象中的所有绘图方法都将基于左上角的新坐标值进行。ScaleLeft、ScalcTop 属性的默认值为 0，即坐标原点位于容器对象的左上角。

例如：一个窗体的宽度为 400 单位长度，高度为 200 单位长度，如果要将窗体的坐标原点设置为窗体的中心，则应将 ScaleLeft 和 ScaleTop 属性设置如下，新的坐标系统如图 11-2 所示。

```
Form1.ScaleLeft=-200
Form1.ScaleTop=-200
```

（2）自定义坐标轴方向和度量单位

ScaleWidth、ScaleHeight 属性用于改变容器对象宽度和高度的刻度单位。默认时，其值均大于 0，如果这两个属性为负值，则表示坐标轴的方向与默认坐标系统的坐标轴方向相反（坐标系统的默认坐标轴方向为 x 轴正向向右，y 轴正向向下）。

例如：一个窗体的宽度为 400 单位长度，高度为 200 单位长度，如果要将窗体的坐标原点设置为窗体的中心，并使 x 轴正向向右，y 轴向正向上，则应将 ScaleLeft、ScaleTop、ScaleWidth、ScaleHeight 属性设置如下，新的坐标系统如图 11-3 所示。

```
Form1.ScaleLeft=-200
Form1.ScaleTop=100
Form1.ScaleWidth=400
Form1.ScaleHeight=-200
```

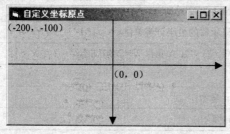

图 11-2　自定义坐标原点

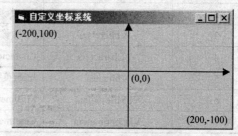

图 11-3　自定义坐标系统

（3）用 Scale 方法定义坐标系

除了使用坐标系属性定义坐标系外，使用 Scale 方法也能够定义坐标系统。Scale 方法的语法格式为

```
[对象名.] Scale [(x1, y1) - (x2, y2)]
```

说明：

（1）当对象为当前窗体时，对象名可以被省略。

（2）参数 x1，y1，x2，y2 为单精度数。其中：

x1，y1 定义一个对象坐标系统左上角的水平坐标和垂直坐标值；

x2，y2 定义一个对象坐标系统右下角的水平坐标和垂直坐标值。

（3）当参数省略时，4 个参数应全部省略。此时表示取消用户自定义的坐标系，采用默认坐标系。

（4）(x1，y1)和(x2，y2)和 4 个属性的对应关系如下：

```
Form1.ScaleLeft=x1
Form1.ScaleTop=y1
Form1.ScaleWidth=x2-x1
Form1.ScaleHeight=y2-y1
```

例如：使用 Scale 方法建立如图 11-3 所示的坐标系统的语句为

```
Form1.Scale (-200,100) - (200, -100)
```

11.2　常用绘图属性

前面介绍了建立用户坐标系统的几个属性，本节将集中介绍其他常用的绘图属性，包括位置属性、线宽与线型属性、图形的填充和颜色的设置。

11.2.1　位置属性

对于窗体（Form）、图片框（PictureBox）、打印机（Printer）等可以绘图的对象，Visual Basic 提供了两个重要绘图位置属性：CurrentX 和 CurrentY，用来返回或设置窗体、图片框或打印机对象当前的水平（CurrentX）坐标或垂直（CurremY）坐标。这两个属性在设计时是不可用的。

对象位置的设置方法如下：

```
[对象名.] CurrentX [=x]
[对象名.] CurrentY [=y]
```

说明：

（1）如果对象名为当前窗体对象，可以省略。

（2）默认作标原点（0，0）为对象的左上角，单位是 Twip，也可以自己定义坐标系统和度量单位。绘图操作前 CurrentX 和 CurrentY 默认值均为 0。

（3）每当执行完一个绘图方法后，Visual Basic 将自动填写这两个属性。我们可以访问和设置这两个属性。

例如：执行下面的代码会在窗体坐标为（1000，1000）的位置输出指定内容。

```
Private Sub Form_Click()
    Form1.CurrentX = 1000
    Form1.CurrentY = 1000
    Print "欢迎进入 VB 世界"
End Sub
```

11.2.2　线宽与线型属性

1．线宽属性

对于窗体、图片框和打印机对象，在绘图时可以通过 DrawWidth 属性返回或设置绘图线的宽度。使用格式为

```
[对象名.] DrawWidth [=<值>]
```

说明：

（1）当对象名为当前窗体对象时，可以省略。

（2）DrawWidth 属性的取值为一个 1~32 767 的整数，默认值为 1，单位是像素。

（3）该属性的取值将会影响 PSet、Line 和 Circle 绘图方法，不会影响 Print 方法输出的文字。

【例 11.1】利用不同的 DrawWidth 取值，在窗体上画直线。

程序代码如下：

```
Private Sub Form_Click()
    Dim I As Integer
    Form1.ScaleHeight = 6        '将窗体高度设置为 6 个单位
    For I = 1 To 5
        Form1.DrawWidth = I * 2
```

```
      Line (0, I + 1)-(Form1.ScaleWidth * 0.5, I + 1) '画直线
      Print " DrawWidth="; Form1.DrawWidth
  Next
End Sub
```

程序运行后，单击窗体，运行结果如图 11-4 所示。

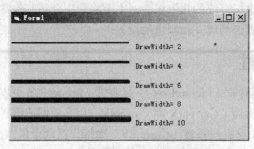

图 11-4　DrawWidth 属性不同取值输出结果

2. 线型属性

对于窗体、图片框和打印机对象，在绘图时可以通过 DrawStyle 属性指定图形方法创建的线条样式，该属性共有 0～6，7 种取值，用来产生不同间隔的实线、虚线。默认值为 0（实线），DrawStyle 属性的取值及其含义如表 11.3 所示。

表 11.3　　　　　　　　　　　　　DrawStyle 属性的取值及其含义

属 性 值	系 统 常 数	说 明
0	VbSolid	实线（默认值）
1	VbDash	虚线
2	VbDot	点线
3	VbDashDot	点划线
4	VbDashDotDot	双点划线
5	VbInvisible	透明线（不可见）
6	VbInsideSolid	内收实线

说明：当 DrawWidth=1 时，DrawStyle 的设置值全部起作用；当 DrawWidth>1 时，DrawStyle 的设置为 1～4 时，DrawStyle 属性不起作用，此时绘出的都是实线。

【例 11.2】利用不同的 DrawStyle 取值，在窗体上画直线。

程序代码如下：

```
Private Sub Form_Click()
  Dim I As Integer
  Form1.ScaleHeight = 8      '将窗体高度设置为 8 个单位
  Form1.DrawWidth = 1
  For I = 0 To 6
    Form1.DrawStyle = I
    Line (0, I + 1)-(Form1.ScaleWidth * 0.5, I + 1)    '画直线
    Print " DrawStyle="; Form1.DrawStyle
  Next
End Sub
```

程序运行后，单击窗体，运行结果如图 11-5 所示。

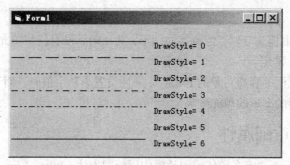

图 11-5　DrawStyle 属性不同取值输出结果

11.2.3　填充属性

在 Visual Basic 中利用 FillColor 和 FillStyle 属性，可以对已经绘制好的封闭图形（如正方形、矩形、圆等）和 Shape 控件设置填充色和填充效果。

1. 填充颜色

FillColor 属性用于返回或设置封闭图形的填充颜色，默认值为 0（黑色）。用户可以在设计时，通过该属性窗口设置，也可以在代码中指定颜色。FillColor 属性的使用格式为

```
[对象名.]FillColor[=<值>]
```

说明：

该属性的取值为长整型数，表示对象的填充颜色，也可以通过 RGB 函数或 QBColor 函数指定颜色。

2. 填充效果

FillStyle 属性用于返回或设置封闭图形的填充效果，该属性的取值为 0~7，默认值为 1（透明方式）。具体取值及其含义如表 11.4 所示，不同取值效果如图 11-6 所示。

表 11.4　　　　　　　　　　　　　　FillStyle 属性取值及其含义

属 性 值	填 充 效 果	属 性 值	填 充 效 果
0	绘制实心图形	4	左上到右下斜线填充
1	透明方式（默认）	5	右上到左下斜线填充
2	水平线填充	6	正网格填充
3	垂直线填充	7	斜网格填充

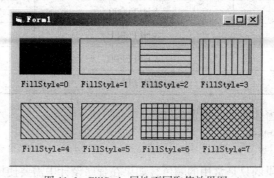

图 11-6　FillStyle 属性不同取值效果图

说明：

（1）FillStyle 属性取值为 0 时，绘制实心图形，为 1 时，没有任何填充效果，默认值为 1，填充颜色由 FillColor 属性确定。

（2）当窗体或图片框等容器对象的 FillStyle 属性设置为某个值时，对于容器对象本身没有影响，只影响容器中绘制的图形的填充效果。

11.2.4　自动重画属性

AutoRedraw 属性用于确定在窗体或图片框中用绘图方法（PSet、Line、Circle）绘制的图形或利用 Print 方法输出文字，在覆盖它的对象移走后是否重新显示，它的值是布尔值，默认值为 False，即不自动重绘被覆盖的图形或文字。如果需要系统自动重新绘制被覆盖的图形或文字时，只需要将 AutoRedraw 属性设置为 True 即可，但是，此时对象的 Paint 事件将失效。

11.2.5　绘图颜色

精彩的图形界面可以改善人—机交互环境，提高用户的兴趣，调动其积极性，因此，在绘图时合理使用颜色也是相当重要的。在 Visual Basic 中，常用的颜色属性有 BackColor、ForeColor、FillColor、BorderColor 等，所有的这些颜色属性的取值都是长整型数，在运行过程中可以使用以下 3 种方法来指定颜色。

- 使用系统颜色常数来指定颜色。
- 使用颜色函数来指定颜色。
- 使用长整型数值来指定颜色。

1．使用系统颜色常数

在 Visual Basic 中，系统已经预先定义了常用的颜色常数。用户可以通过"对象浏览器"的 ColorConstants 常数集合查看系统颜色常数列表，如表 11.5 所示。

表 11.5　　　　　　　　　　系统颜色常数

颜 色 常 量	颜 色 值	颜 色
VbBlack	&H0	黑色
VbRed	&HFF	红色
VbGreen	&HFF00&	绿色
VbYellow	&HFFFF&	黄色
VbBlue	&HFF0000	蓝色
VbMagenta	&HFF00FF	紫红
VbCyan	&HFFFF00	青色
VbWhite	&HFFFFFF	白色

下面的代码可以将窗体的背景设置为红色。

```
Form1.BackColor=VbRed
```

2．使用颜色函数

系统的颜色常数提供的只是常用的颜色，如果在程序设计中需要使用不常用的颜色，就需要使用 RGB 函数或 QBColor 函数设置颜色。

（1）RGB 函数

RGB 函数返回一个长整型的颜色值。其使用格式为

```
RGB(red, green, blue)
```

说明：

① 任何颜色都可以由红、绿、蓝 3 种颜色组合而成。该函数通过设置 red（红）、green（绿）、blue（蓝）的值组合出一种新的颜色。

② 各参数的取值为 0 ~ 255，参数值越大，对应的颜色越深。例如：RGB(255,0,0)表示红色，RGB(0,255,0)表示绿色，RGB(0,0,255)表示蓝色，RGB(255,255,255)表示白色，RGB(0,0,0)表示黑色，RGB(255,255,0)表示黄色等。

例如，将窗体的背景颜色设置为黄色：

```
Form1.BackColor=RGB(255,255,0)
```

（2）QBColor 函数

QBColor 函数采用的是 QuickBasic 的颜色系统。其使用格式为

```
QBColor(color)
```

其中，color 参数是一个介于 0 ~ 15 的整型值，代表 16 种基本颜色，如表 11.6 所示。

表 11.6　　　　　　　　　　　　　　QBColor 函数的颜色参数

color 值	颜　色	color 值	颜　色
0	黑色	8	灰色
1	蓝色	9	亮蓝色
2	绿色	10	亮绿色
3	青色	11	亮青色
4	红色	12	亮红色
5	洋红色	13	亮洋红色
6	黄色	14	亮黄色
7	白色	15	亮白色

例如，将窗体的背景设置为红色：

```
Form1.BackColor=QBColor(4)
```

3. 直接使用颜色值

Visual Basic 可以直接使用数值来指定颜色，通常使用十六进制数为颜色参数或颜色属性指定一个值。十六进制颜色的使用格式为

```
&HBBGGRR
```

其中，BB 指定蓝色的值，GG 指定绿色的值，RR 指定红色的值。每个数段都是两位的十六进制数，即从 00 到 FF。例如，将窗体的背景色指定为蓝色可以使用以下语句：

```
Form1.BackColor=&HFF0000
```

等价于

```
Form1.BackColor=RGB(0,0,255)
```

11.3　图　形　方　法

在 Visual Basic 中绘图可以使用 Line、Shape 等控件，也可以使用 Line、Circle 等绘图方法。

使用控件作图比较方便，但是不够灵活，不能做出特殊图形，如正弦曲线、螺旋曲线等。使用绘图方法比较灵活，可以绘制各种特殊图形。常用的绘图方法包括 Point 方法、PSet 方法、Line 方法、Circle 方法、Cls 方法等。

11.3.1 获取点的颜色（Point 方法）

Point 方法用于获取对象上指定位置的点的颜色值，即读取一个像素的颜色值。其使用格式为

```
[对象名.]Point(x,y)
```

说明：

（1）对象名为当前窗体，可以省略。

（2）参数 x,y 表示指定点的横纵坐标值。

11.3.2 画点（PSet 方法）

PSet 方法用于在指定位置画点，其使用格式为

```
[对象名.]Pset [Step](x,y)[,<颜色>]
```

说明：

（1）对象可以是窗体、图片框或打印机，如果省略对象名，则默认为当前窗体。

（2）(x, y)为画点的水平（x 轴）和垂直（y 轴）坐标，默认单位为 Twip。

（3）Step 为可选的关键字，是下一个画点位置相对于当前位置的偏移量的标记，即步长（水平和垂直两个方向，可正可负）。

（4）<颜色>为可选的长整型数，为该点指定颜色。如果省略，则使用容器对象的当前 ForeColor 属性值。也可用 RGB 函数或 QBColor 函数指定颜色。

【例 11.3】利用 Pset 方法，在窗体上绘制颜色渐变的点。

程序代码如下：

```
Private Sub Form_Click()
    Dim i, j
    Dim c
    Form1.ScaleMode = 2      '设置度量单位为点
    Form1.DrawWidth = 5       '画点宽度为 5
    For i = 0 To Form1.ScaleHeight
        c = i + 30
        For j = 1 To Form1.ScaleWidth
            PSet (j, i), c
        Next
    Next
End Sub
```

程序运行后单击窗体，窗体上会出现颜色渐变的效果。

【例 11.4】利用 Pset 方法，在窗体随机位置输出随机颜色的点。

程序代码如下：

```
Private Sub Form_Click()
    Dim x, y
    Dim c
    Form1.ScaleMode = 2      '设置度量单位为点
    Form1.DrawWidth = 10      '设置画点宽度为 10
    x = Rnd * Form1.ScaleWidth     '在窗体范围内随机生成 x 坐标
    y = Rnd * Form1.ScaleHeight    '在窗体范围内随机生成 y 坐标
```

```
    c = Rnd * &HFFFFFF          '在颜色范围内随机生成颜色
    PSet (x, y), c
End Sub
```

程序运行后，不断单击窗体，窗体上会出现不同颜色的点，如图 11-7 所示。

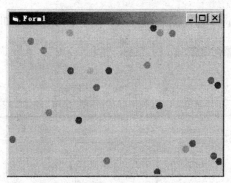

图 11-7　随机画点程序运行结果

11.3.3　绘制直线矩形（Line 方法）

使用 Line 方法可以在对象上的两点之间绘制直线或矩形，其使用格式为

`[对象名.]Line [[Step](x1, y1)]-[Step](x2, y2)[, [<颜色>][,B[F]]`

说明：

（1）此方法适用于窗体、图片框和打印机对象，如果对象名为当前窗体，对象名可以省略。

（2）(x1,y1)和(x2,y2)分别为直线或矩形的起点坐标和终点坐标，其中(x1，y1)是直线或矩形的起点坐标，是可选项。如果省略(x1，y1)，起点位置为 CurrentX 和 CurrentY 指示的位置。(x2，y2)是直线或矩形的终点坐标，是必需的。ScaleMode 属性确定使用的度量单位。

（3）Step 为可选项。若起点(x1,y1)前有 Step，则表示起点坐标(x1,y1)是相对于由 CurrentX 和 CurrentY 指示位置的偏移量；若终点(x2,y2)前有 Step，则表示(x2,y2)为相对于起点坐标(x1，y1)的偏移量。

（4）<颜色>为指定要绘图的颜色。可以使用 QBColor 色和 RGB 颜色，如果省略，绘图颜色为对象的 ForeColor 属性所确定的颜色。

（5）B 可以独立使用，表示绘制没有填充效果的矩形。F 必须和 B 连用，不能独立使用。BF 表示绘制具有填充效果的矩形,填充颜色和填充效果由对象的 FillColor 和 FillStyle 两个属性确定。如果省略 B 和 F，表示从(x1，y1)点到(x2，y2)点绘制一条直线。

（6）执行 Line 方法后，CurrentX 和 CurrentY 属性被参数设置为终点，即(x2,y2)。

【例 11.5】利用 Line 方法，在窗体上输出矩形和直线。

程序代码如下：

```
Private Sub Form_Click()
    Form1.ScaleMode = 2        '设置度量单位为点
    Form1.DrawWidth = 2        '设置绘制宽度为2
        '绘制一个黄色填充的矩形，矩形的宽度为50，高度为50
    Form1.Line (Form1.ScaleWidth / 2 - 25, 50)-Step(50, 50), vbYellow, BF
        '绘制一个没有填充的矩形，矩形的宽度宽度为100，高度为50
```

```
        Form1.Line (Form1.ScaleWidth / 2 - 50, 100)-Step(100, 50), vbRed, B
            '绘制一个带有填充蓝色的矩形，矩形的宽度为200，高度为50
        Form1.Line (Form1.ScaleWidth / 2 - 100, 150)-Step(200, 50), vbBlue, BF
        Form1.Line (0, 50)-(Form1.ScaleWidth, 50), vbRed    '绘制一条红色直线
        Form1.Line (0, 200)-(Form1.ScaleWidth, 200), vbRed  '绘制一条红色直线
    End Sub
```

程序运行后，单击窗体，在窗体上输出直线和矩形，输出结果如图 11-8 所示。

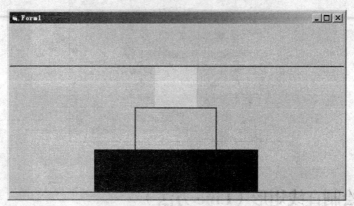

图 11-8　Line 方法绘制的直线矩形效果图

11.3.4　绘制圆形（Circle 方法）

使用 Circle 方法可以在对象上绘制圆形、椭圆形和弧形。其使用格式为

[对象名.]Circle [Step](x,y), Radius, [color], [Start], [End], [Aspect]

说明：

（1）此方法适用于窗体、图片框、打印机等对象，如果对象名为当前窗体，对象名可以省略。

（2）(x,y)为所绘制的圆、椭圆或弧的圆心坐标，不能省略。

（3）Radius 为所画圆、椭圆或弧的半径，不能省略。

（4）参数 color 为可选参数，表示所绘制图形的颜色。

（5）参数 Start 和 End 为可选参数，用于确定所绘制的圆、椭圆或弧的起始角和终止角，单位是弧度，取值范围为 -2π 到 2π 弧度，方向为逆时针。起始角默认值为 0 弧度，终止角默认值为 2π 弧度。若起始角、终止角取正值绘制弧形，若取负值，则绘制扇形。若 Start>End，沿顺时针方向绘制，若 Start<End，沿逆时针方向绘制。

（6）参数 aspect 为可选参数，表示纵横比，系统默认为 1。如果 aspect=1 绘制圆形；如果 aspect>1 绘制沿垂直方向拉长的椭圆；如果 aspect<1 绘制沿水平方向拉长的椭圆。

【例 11.6】利用 Circle 方法，在窗体绘制扇形。

程序代码如下：

```
    Private Sub Form_Click()
        Const pi = 3.1415926
        Dim x, y
        Form1.ScaleMode = 2         '设置度量单位为点
        Form1.DrawWidth = 2         '设置绘图宽度为2
        Form1.FillStyle = 0         '设置填充效果为实心填充
```

```
    Form1.FillColor = vbYellow        '设置填充颜色为黄色
    '设置窗体中心为圆心坐标
    x = Form1.ScaleWidth / 2
    y = Form1.ScaleHeight / 2
    Form1.Circle (x, y), 80, vbRed, -pi / 3, -pi / 6, 3 / 5    '绘制大扇形
    Form1.Circle (x + 15, y - 10), 80, vbRed, -pi / 6, -pi / 3, 3 / 5  '绘制小扇形

End Sub
```

程序运行后，单击窗体，在窗体上输出直线和矩形，输出结果如图 11-9 所示。

11.3.5　图形的清除（Cls 方法）

Cls 方法可以清除窗体对象和图片框对象中利用绘图方法绘制的图形和 Print 方法输出的文字，不能用此方法清除控件对象上的内容。其使用格式为

```
[对象名.]Cls
```

说明：

Cls 方法被调用后，CurrentX 和 CurrentY 属性的值被清除，值变为 0。

【例 11.7】利用 Circle 方法和 Cls 方法，实现在窗体绘制圆柱和清除图形的方法。

程序代码如下：

```
Private Sub Command1_Click()
    Const PI = 3.14159
    Dim i As Integer
    Dim x
    '设置填充效果
    Form1.FillColor = vbWhite
    Form1.FillStyle = 0
    '画圆柱
    x = Form1.ScaleWidth / 2
    For i = 800 To 1 Step -1
    Circle (x, 600 + i), 600, vbRed, , , 0.4
    Next
End Sub

Private Sub Command2_Click()
Form1.Cls
End Sub
```

程序运行后，单击"输出"按钮，在窗体上输出圆柱；单击"清除"按钮，清除圆柱。程序输出结果如图 11-10 所示。

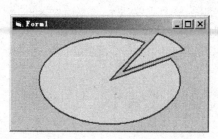

图 11-9　Circle 方法输出扇形

图 11-10　绘制和清除圆柱程序运行界面

11.4 应 用 举 例

【例 11.8】利用 PSet 方法和自定义坐标系统，在窗体上绘制正弦曲线。

程序代码如下：

```
Private Sub Form_Click()
    Const pi = 3.1415926
    Dim x As Single, y As Single
    Form1.Cls
    Form1.BackColor = vbWhite
    Form1.ForeColor = vbBlue
    Form1.DrawWidth = 5
    Form1.Scale (-pi, 1)-(pi, -1)    '自定义坐标系统
    '绘制坐标轴
    Line (0, 1)-(0, -1)
    Line (-pi, 0)-(pi, 0)
    '绘制正弦曲线
    For x = -pi To pi Step 0.001
        y = Sin(x)
        PSet (x, y), Rnd * &HFFFFFF    '用随机颜色画点
    Next x
End Sub
```

程序运行后，单击窗体，在窗体上输出正弦曲线，输出结果如图 11-11 所示。

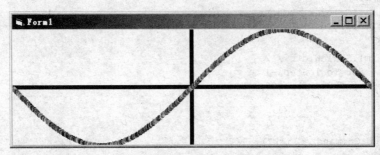

图 11-11　PSet 输出正弦曲线程序运行界面

【例 11.9】利用 PSet 方法、Line 方法和 Circle 方法绘制动态时钟。

在窗体上绘制一个计时器控件，并编写代码。

程序代码如下：

```
Dim R As Integer          '保存时钟表盘的的半径
Dim Cx As Single, Cy As Single  '保存时钟的圆心坐标
Const Pi = 3.14159

Sub DrawCircle()

    '计算表盘中心坐标
    Cx = Me.ScaleWidth / 2
    Cy = Me.ScaleHeight / 2

    '绘制表盘
    Me.BackColor = vbWhite
```

```
    Me.FillColor = vbYellow
    Me.FillStyle = 0
    Me.Circle (Cx, Cy), R, vbBlack
    Me.FillColor = vbRed
    Me.Circle (Cx, Cy), 60, vbRed

    '绘制刻度
    Dim i As Integer
    For i = 0 To 59
        If i Mod 5 = 0 Then
            Me.DrawWidth = 5
        Else
            Me.DrawWidth = 3
        End If
        Me.PSet (Cx + R * Sin(i / 60 * 2 * Pi), Cy + R * Cos(i / 60 * 2 * Pi))
    Next
End Sub
'绘制表针 s 为当前指针所在的刻度，zLen 为当前表针的长度，利用此方法可以绘制时针、分针和秒针

Sub DrawLine(s As Integer, zLen As Integer)
    Me.DrawWidth = 1
    Me.Line (Cx, Cy)-(Cx + zLen * Sin(s / 60 * 2 * Pi), Cy - zLen * Cos(s / 60 * 2 *
Pi))
End Sub
'擦除表针 s 为擦除指针所在的刻度，zLen 为当前表针的长度，利用此方法可以擦除时针、分针和秒针
Sub ClearLine(s As Integer, zLen As Integer)
    Me.DrawWidth = 1
    Me.Line (Cx, Cy)-(Cx + zLen * Sin(s / 60 * 2 * Pi), Cy - zLen * Cos(s / 60 * 2 *
Pi)), vbYellow
End Sub

Private Sub Form_Load()
    Me.AutoRedraw = True
    R = 2000
    DrawCircle
    Timer1.Interval=1000
    Timer1.Enabled = True
End Sub

Private Sub Timer1_Timer()
    Dim s As Integer
    Dim m As Integer
    Dim h As Integer
    Dim s_len As Integer
    Dim m_len As Integer
    Dim h_len As Integer
    Dim Author As String
    '重新绘制圆心小圆
    Me.Circle (Cx, Cy), 60, vbRed

    s = Second(Time)
    m = Minute(Time)
    h = Hour(Time)
    '绘制秒针
    s_len = R * 4 / 5
    DrawLine s, s_len
    If s = 0 Then
        ClearLine 59, s_len
    Else
```

```
    ClearLine s - 1, s_len
   End If
   '绘制分针
   m_len = R * 3 / 4
   DrawLine m, m_len
   If s = 0 Then
      ClearLine 59, m_len
   Else
      ClearLine m - 1, m_len
   End If

   '绘制时针
    h_len = R * 3 / 5
   DrawLine h * 5, h_len
   If s = 0 Then
      ClearLine 59, h_len
   Else
      ClearLine h * 5 - 1, h_len
   End If

   Author = "李俊制作"
   Me.CurrentX = Cx - TextWidth(Author) / 2
   Me.CurrentY = Cy + R / 3
   Me.Print Author

   Me.Caption = "当前时间为: " & Now
End Sub
```

程序运行后，窗体上输出了一个动态时钟，运行界面如图 11-12 所示。

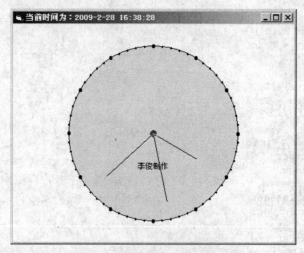

图 11-12　动态时钟程序运行界面

【例 11.10】根据用户输入的商品数量，利用 Circle 方法绘制三维饼图。

程序代码如下：

```
Private Sub DrawCake(Pa As Single, Pb As Single, Pc As Single)
   Const PI = 3.1415926
   Dim i As Integer, sngRatio As Single
   Dim CX As Single, CY As Single, CR As Single
   CX = 1500    '设置圆心坐标和半径
   CY = 1000
   CR = 1000
```

```
    sngRatio = 0.4    '椭圆纵横比
    Picture1.Cls
    Picture1.FillStyle = 0 '0=vbFSSolid,实线
    '每次循环根据各职称比例画 3 个扇形构成椭圆
    '自下而上画 200 个同样的图形可形成三维饼图（圆柱）效果
    For i = 1 To 200
        '绘制第 1 个扇形
        Picture1.FillColor = RGB(128, 0, 0)    '暗红色填充
        '画扇形。扇形轮廓线的颜色比填充色略深
        Picture1.Circle (CX, CY - i), CR, RGB(100, 0, 0), -2 * PI, -2 * PI * Pa, sngRatio
        '绘制第 2 个扇形
        Picture1.FillColor = RGB(192, 192, 255)    '浅蓝灰色填充
        Picture1.Circle (CX, CY - i), CR, RGB(150, 150, 255), -2 * PI * Pa, -2 * PI *
(Pa + Pb), sngRatio
        '绘制第 3 个扇形
        Picture1.FillColor = RGB(255, 255, 192)    '浅黄色填充
        Picture1.Circle (CX, CY - i), CR, RGB(240, 240, 0), -2 * PI * (Pa + Pb), -2 *
PI, sngRatio
    Next
    Picture1.FillStyle = 1 '1=vbFSTransparent,透明
    Picture1.Circle (CX, CY), CR, vbBlack, PI, 0, sngRatio    '饼图下缘弧线
    CY = CY - 200
    '最上面的扇形
    Picture1.Circle (CX, CY), CR, vbBlack, -2 * PI, -2 * PI * Pa, sngRatio
    Picture1.Circle (CX, CY), CR, vbBlack, -2 * PI * Pa, -2 * PI * (Pa + Pb), sngRatio
    Picture1.Circle (CX, CY), CR, vbBlack, -2 * PI * (Pa + Pb), -2 * PI, sngRatio
    '圆柱两侧的竖线
    Picture1.Line (500, CY)-(500, CY + 250)
    Picture1.Line (2500, CY)-(2500, CY + 250)
    '利用椭圆参数方程画相邻扇形在圆柱侧面的分隔线
    Dim a As Single
    If Pa > 0.5 Then
        a = 2 * PI * Pa
        CX = CR * Cos(a) + CX
        CY = CY - CR * sngRatio * Sin(a)
        Picture1.Line (CX, CY)-(CX, CY + 210)
    End If
    CX = 1500: CY = 800
    If Pa + Pb > 0.5 Then
        a = 2 * PI * (Pa + Pb)
        CX = CR * Cos(a) + CX
        CY = CY - CR * sngRatio * Sin(a)
        Picture1.Line (CX, CY)-(CX, CY + 210)
    End If
    '显示图例
    Pa = Val(Format(Pa * 100, "0.0"))
    Pb = Val(Format(Pb * 100, "0.0"))
    Pc = 100 - Pa - Pb
    Picture1.FillStyle = 0
    Picture1.FillColor = RGB(128, 0, 0)
    Picture1.Line (1000, 2000)-(1150, 1850), , B
    Picture1.Print " 商品A "; Pa & "%"
    Picture1.FillColor = RGB(192, 192, 255)
    Picture1.Line (1000, 2200)-(1150, 2050), , B
    Picture1.Print " 商品B "; Pb & "%"
```

```
        Picture1.FillColor = RGB(255, 255, 192)
        Picture1.Line (1000, 2400)-(1150, 2250), , B
        Picture1.Print " 商品 C "; Pc & "%"
    End Sub
    Private Sub Command1_Click() '"显示三维饼图"按钮
        Dim a As Single, b As Single, c As Single
        Dim sTotal As Single
        a = Text1.Text
        b = Text2.Text
        c = Text3.Text
        sTotal = a + b + c
        Call DrawCake(a / sTotal, b / sTotal, c / sTotal)    '调用画图过程, 实参为 3 个商品的比
例
    End Sub
    Private Sub Form_Load()
        Picture1.AutoRedraw = True
    End Sub
```

程序运行后，输入商品 A、商品 B 和商品 C 的销售数量，单击"生成图表"按钮，生成图表，效果如图 11-13 所示。

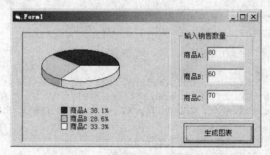

图 11-13 生成三维饼图程序运行界面

本章小结

本章介绍了 Visual Basic 中的坐标系统、常用的绘图属性和绘图方法。

Visual Basic 中常用的绘图对象有窗体、图片框、打印机等。绘图对象的默认坐标系统的坐标原点为对象的左上角，向右为正向 x 轴，向下为正向 y 轴。坐标系统的默认度量单位为 Twip，用户可以通过 ScaleMode 属性重新定义度量单位。用户还可以通过 ScaleLeft、ScaleTop、ScaleWidth 和 ScaleHeight 属性自定义坐标系统，也可以通过 Scale 方法重新定义坐标系统，与 4 个属性结合定义坐标系统作用相同。

Visual Basic 中常见的绘图属性还有位置属性 CurrentX 和 CurrentY，线宽和线型属性 DrawWidth 和 DrawStyle，填充属性 FillColor 和 FillStyle，自动重画属性 AutoRedraw。在 Visual Basic 中还可以对对象的 ForeColor、BackColor、FillColor 等颜色属性进行 3 种颜色设置：系统颜色常数，RGB 函数和 QBColor 函数，直接设置十六进制颜色数。

在 Visual Basic 中，常用的绘图方法有获取某像素点颜色的 Point 方法，用于画点的 PSet 方法，用于绘制直线或矩形的 Line 方法，用于绘制圆形、椭圆、扇形、弧线的 Circle 方法，用于清除绘图方法绘制的图形的 Cls 方法。

　　通过对本章的学习，要求读者能够掌握自定义坐标系统的方法，同时重点掌握常见的绘图属性和绘图方法的应用。

习　　题

一、选择题

1. 默认的坐标系统 ScaleMode 的属性值为_____'ScaleMode 的自定义型属性值为_____。

　　A）0,1　　　　　　　B）1, 0　　　　　　　C）1, 3　　　　　D）0, 3

2. 图形容器在运行时才能设置和访问的两个专用属性是_____。

　　A）ScaleMode 和 DrawMode　　　　　　B）X 和 Y

　　C）CurrentX 和 CurrentY　　　　　　　D）DrawStyle 和 DrawMode

3. 要在 Picture1 对象中绘制一个红色的实心椭圆，应该在 Circle 语句前先执行语句_____。

　　A）FillColor=RGB(255,0,0):FillStyle=0

　　B）FillColor=RGB(255.0,0）:FillStyle=l

　　C）FillStyle=1:FillColor=RGB(255,0,0)

　　D）FillStyle=0:FillColor=RGB(255,0,0)

4. 坐标度量单位可以通过_____属性来改变。

　　A）DrawStyle 属性　　　　　　　　　B）DrawMode 属性

　　C）ScaleWidth 属性　　　　　　　　　D）ScaleMode 属性

5. 以下的属性和方法中_____可重定义坐标系。

　　A）DrawStyle 属性　　　　　　　　　B）DrawWidth 属性

　　C）Scale 方法　　　　　　　　　　　D）ScaleMode 属性

6. 要在 Picturel 对象中绘制一个红色边框的实心矩形，可以使用下面的_____语句，(x1, y1)和(x2,y2)为矩形对角坐标。

　　A）Line(x1,y1)-(x2,y2),RGB(255,0,0),BF

　　B）Picture1.Line(x1, y1）-（x2 ,y2), RGB(255),BF

　　C）Picture1.Line(xl,y1）-（x2,y2), RGB(255,0,0),BF

　　D）Picture1.Line(xl,y1)-（x2,y2）, RGB(255,0,0),B[F]

7. 当使用 Line 方法画直线后，当前坐标在_____。

　　A）(0,0)　　　B）直线起点　　　C）直线终点　　　D）容器的中心

8. 执行下列语句：Circle (100,100),50,VbRed,-3.14/6,-2*3.14/3 绘制的图形为_____。

　　A）圆　　　　B）圆弧　　　　C）椭圆　　　　D）扇形

9. 当对 DrawWidth 进行设置后，将影响_____。

　　A）Line. Circle. Pset 方法　　　　　　B）Line.Shape 控件

　　C）Line. Circle. Point 方法　　　　　　D）Line. Circle. Pset 方法和 Line.Shape 控件

二、编程题

1. 编写程序，绘制一条从窗体左上角到右下角的直线。

2. 编写程序，以窗体中央为中心，窗体高度的一半为半径，绘制一个红色实心圆。

3. 编写程序，在窗体上绘制一条余弦曲线，用户单击"上移"按钮时，余弦曲线能够自动上移，单击"下移"按钮时，余弦曲线自动下移。

4. 编写程序，以窗体中心为起点，随即向各个方向绘制 200 条直线，如图 11-14 所示。

5. 编写程序，以窗体中央为圆心，绘制若干个颜色随机、半径随机的同心圆，如图 11-15 所示。

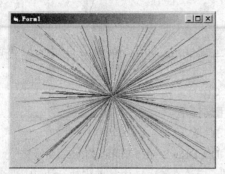

图 11-14　随机线条程序运行效果

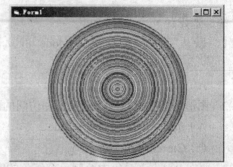

图 11-15　随机同心圆程序运行效果

第 12 章
多重窗体程序设计

本章要点:
- 了解多文档窗体的设计方法;
- 熟悉掌握工具栏和状态栏的使用。

简单的 Visual Basic 应用程序通常只包括一个窗体, 称为单窗体程序。对于复杂的应用程序, 往往需要通过多重窗体来实现。在多重窗体中, 每个窗体都有自己的界面和程序代码, 完成不同的操作。本章将介绍多重窗体应用程序的建立方法和多文档窗体、工具栏、状态栏的设计,并通过一个简易的多文档处理的事例, 介绍多文档界面的设计方法。

12.1 多 重 窗 体

多重窗体是指一个应用程序由多个独立的窗体组成,每一个窗体都有自己的界面和程序代码, 以完成不同的功能。下面简单介绍多重窗体应用程序的建立方法。

1. 添加窗体

单击"工程"菜单的"添加窗体"命令或单击工具栏上的"添加窗体"按钮, 打开如图 12-1 所示的"添加窗体"对话框。在图 12-1 中的"新建"选项卡中选择一个窗体类型, 单击"打开"按钮添加一个新的窗体。

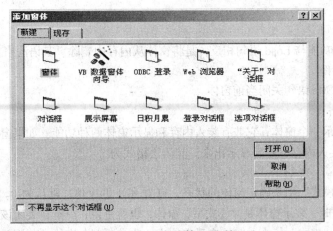

图 12-1 "添加窗体"对话框

2. 设置启动窗体

在单窗体应用程序中，应用程序中的启动对象默认为窗体；在多个窗体的应用程序中，在设计阶段第 1 个创建的窗体默认为启动窗体。如果要改变启动窗体，可以通过如下方法进行设置。

单击"工程"菜单中的"工程属性"命令，打开如图 12-2 所示的"工程属性"对话框。在"通用"选项卡的"启动对象"下拉列表中选取要作为启动窗体的窗体，单击"确定"按钮就将相应的窗体设置为启动窗体。

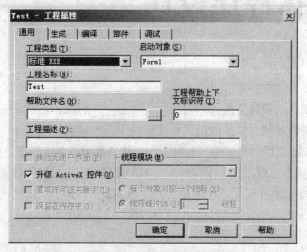

图 12-2 "工程属性"对话框

3. 与多窗体程序设计有关的语句和方法

多重窗体的操作需要在各个窗体之间进行切换，需要对窗体进行打开、关闭、隐藏、显示等操作。下面介绍一下和多重窗体操作相关的语句和方法。

（1）Load 语句

Load 语句的作用是将一个窗体装入内存。执行该语句后，可以引用窗体中的控件及各种属性，但此时窗体并没有显示出来。其语法格式为

```
Load 窗体名称
```

例如，装入"Form2"窗体的语句为

```
Load Form2
```

（2）Unload 语句

Unload 语句的功能与 Load 语句相反，是将窗体从内存中删除。其语法格式为

```
Unload 窗体名称
```

可以用 Unload Me 语句关闭当前窗体。

（3）Show 方法

该方法用于显示一个窗体，它兼有装入内存和显示窗体两种功能。如果窗体不在内存中，则 Show 自动把窗体装入内存，然后显示出来。其语法格式为

```
[窗体名称.]Show [模式]
```

说明：参数"模式"用来确定窗体的状态，有 0 和 1 两个值，默认为 0。若"模式"值为 1（或常量 vbModal）时，表示窗体是"模式型"窗体，也就是说，只有在关闭该窗体后才能对其他窗体进行操作。若"模式"值为 0 时，表示窗体为"非模式型"窗体，不用关闭该窗体就可以对其他窗体进行操作。

（4）Hide 方法

该方法用于隐藏窗体对象，但并没有从内存中删除。其语法格式为

[窗体名称.] Hide

　　　如果调用 Hide 方法时窗体还没有装入内存，那么 Hide 方法将装入该窗体，但不显示该窗体。

【例 12.1】设计一个多重窗体的应用程序，包括登录窗体（frmLogin）、成绩录入窗体（frmInput）和成绩显示窗体（frmMain）。要求，如果用户在登录窗体输入的账号为"conquer"，密码为"1234567"，允许用户进入系统，显示 frmMain 主窗体；如果输入 3 次错误的账号或密码，则退出系统；进入系统后，用户可以通过菜单录入成绩，也可以在主窗体上输出成绩。各个窗体的控件属性如表 12.1 ~ 表 12.3 所示，运行效果如图 12-3 ~ 图 12-5 所示。

表 12.1　　　　　　　　　　　　　frmLogin 登陆窗体控件属性

对 象 名	类 型	属性（属性值）
frmLogin	窗体	Caption（登录窗体）、BorderStyle（1）
Label1	标签	Caption（输入账号：）
Label2	标签	Caption（输入密码：）
txtUser	文本框	Text（）
txtPass	文本框	Text（）
cmdLogin	命令按钮	Caption（登录）
cmdExit	命令按钮	Caption（退出）

表 12.2　　　　　　　　　　　　　frmMain 主窗体控件属性

对 象 名	类 型	属性（属性值）
frmMain	窗体	Caption（成绩管理系统）
mnuScore	菜单	Caption（成绩管理）
mnuInput	菜单项	Caption（录入成绩）
mnuOutput	菜单项	Caption（显示成绩）
mnuExit	菜单项	Caption（退出）

表 12.3　　　　　　　　　　　　　frmInput 录入成绩窗体控件属性

对 象 名	类 型	属性（属性值）
frmInput	窗体	Caption（成绩录入）、BorderStyle（1）
Frame1	框架	Caption（）
Label1	标签	Caption（学号：）
Label2	标签	Caption（姓名：）
Label3	标签	Caption（英语：）
Label4	标签	Caption（计算机：）
TxtID	文本框	Text（）
txtName	文本框	Text（）
TxtEnglish	文本框	Text（）

对 象 名	类 型	属性（属性值）
txtComputer	文本框	Text（）
cmdInput	命令按钮	Caption（录入）
cmdExit	命令按钮	Caption（返回）

frmLogin 登录窗体程序代码如下：

```vb
Dim ErrorCount As Integer      '保存输入密码错误次数
Private Sub cmdExit_Click()
    End
End Sub

Private Sub cmdLogin_Click()
    If LCase(txtUser.Text) = "conquer" And txtPass = "1234567" Then
        frmMain.Show      '载入并显示 frmMain 窗体
        Unload Me         '在内存中卸载当前登录窗体
    Else
        ErrorCount = ErrorCount + 1
        MsgBox "密码不正确，请重新输入"
        '下面语句选择用户输入的账户
        txtUser.SelStart = 0
        txtUser.SelLength = Len(txtUser.Text)
        txtUser.SetFocus
    End If
    If ErrorCount = 3 Then
        MsgBox "您已经输错 3 次账户或密码，系统将自动退出"
        End
    End If
End Sub

Private Sub Form_Load()
    txtPass.PasswordChar = "*"
    cmdLogin.Default = True
    cmdExit.Cancel = True
End Sub
```

frmMain 主窗体代码：

```vb
'定义记录类型，包括学号、姓名、英语成绩和计算机成绩
Private Type student
    SID As String * 10
    SName As String * 10
    EngLish As Single
    Copmputer As Single
End Type

'退出菜单代码
Private Sub mnuExit_Click()
    End
End Sub
'录入成绩菜单代码
Private Sub mnuInput_Click()
    frmInput.Show vbModal
End Sub
```

```
'显示成绩菜单代码
Private Sub mnuOutput_Click()
    Dim stu As student
    Dim FileName As String

    Cls      '清除窗体上已经输出的学生信息，重新输出
    '打开成绩文件读取成绩信息
    FileName = App.Path & "\Score.txt"
    If Dir(FileName) <> "" Then     '如果存在成绩文件，则显示成绩信息
        Print "学  号", "姓  名", "英语成绩", "计算机成绩"
        Open FileName For Input As #1
        Do While Not EOF(1)
            Input #1, stu.SID, stu.SName, stu.EngLish, stu.Copmputer
            Print stu.SID, stu.SName, stu.EngLish, stu.Copmputer
        Loop
        Close #1
    End If
End Sub
```

frmInput 成绩录入窗体代码:

```
'定义记录类型，包括学号、姓名、英语成绩和计算机成绩
Private Type student
    SID As String * 10
    SName As String * 10
    EngLish As Single
    Copmputer As Single
End Type
'返回按钮代码
Private Sub cmdExit_Click()
    Unload Me
End Sub
'录入按钮代码
Private Sub cmdInput_Click()
    Dim stu As student
    stu.SID = txtID.Text
    stu.SName = txtName.Text
    stu.EngLish = txtEnglish.Text
    stu.Copmputer = txtComputer.Text
    Open App.Path & "\Score.txt" For Append As #1
    Write #1, stu.SID, stu.SName, stu.EngLish, stu.Copmputer
    Close #1
    MsgBox "录入成功"
    '清空原有文本框内容，准备下一次录入
    txtID.Text = ""
    txtName.Text = ""
    txtEnglish.Text = ""
    txtComputer.Text = ""
End Sub

Private Sub Form_Load()
    cmdInput.Default = True
    cmdExit.Cancel = True
End Sub
```

上述程序代码运行效果如图 12-3 ~ 图 12-5 所示。

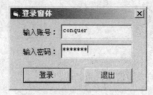

图 12-3　登录窗体运行界面

图 12-4　成绩管理窗体运行界面

图 12-5　成绩录入窗体运行界面

12.2　多文档界面

多文档界面是由父窗体和子窗体组成的。父窗体也称 MDI 窗体，是作为子窗体的容器。子窗体亦称文档窗体，用来显示各自文档。多文档界面允许用户同时打开多个文档，并可在不同文档间切换。所有子窗体都包含在 MDI 窗体中，MDI 窗体为应用程序中所有的子窗体提供工作空间，在 MDI 窗体最小化时，只有 MDI 窗体的图标显示在任务栏中。像 Microsoft Excel 与 Microsoft Word 这样的应用程序就具有多文档界面。

12.2.1　创建多文档应用程序

一个多文档界面的应用程序应该至少有两个窗体：有且必须只有一个 MDI 窗体和一个（或若干个）子窗体。多文档应用程序的所有子窗体的操作均被限定在 MDI 窗体的工作区中，且最小化子窗体时，它的图标将显示于 MDI 窗体上而不是在任务栏中。当子窗体最大化时，它的标题与 MDI 窗体的标题一起显示在 MDI 窗体的标题栏上。

1. 创建 MDI 窗体

用户要建立一个 MDI 窗体，可以选择"工程"菜单中的"添加 MDI 窗体"命令，在弹出的对话框中单击"打开"按钮，即可创建一个 MDI 主窗体。

一个应用程序只能有一个 MDI 窗体，但可以有多个子窗体。如果工程已经存在一个 MDI 窗体，则"工程"菜单的"添加 MDI 窗体"命令不可用。

在 MDI 窗体上只能放置菜单、工具栏、状态栏、PictureBox 控件和一些不可见控件，如 CommonDialog 控件和 Timer 控件。其他控件不能直接放在 MDI 窗体上，如命令按钮、标签、文本框等。

2. 添加子窗体

子窗体就是 MDIChild 属性设置为 True 的普通窗体。因此，要创建一个 MDI 子窗体，首先创建一个新的普通窗体，然后将它的 MDIChild 属性设置为 True 即可。

在设计阶段，子窗体独立于父窗体，与普通的 Visual Basic 窗体没有任何区别，可以在子窗体上添加控件、设置属性、编写代码。

在工程管理器窗口中可以看到，MDI 窗体、MDI 子窗体和标准窗体的图标不同，MDI 窗体的图标是 ，子窗体的图标是 ，普通窗体的图标是 。

3. 与 MDI 有关的属性、方法和事件

（1）AutoShowChildren 属性

该属性是 MDI 窗体属性，用于设置加载子窗体时，是否自动显示该子窗体，值为逻辑型，默认为 True。若值为 True，加载子窗体时自动显示子窗体，否则不自动显示。

（2）ActiveForm 属性

该属性用于获取当前活动的 MDI 子窗体。

（3）Show 方法

该方法用于显示任何窗体，包括 MDI 窗体和子窗体。

说明：加载子窗体时，其父窗体（MDI 窗体）会自动加载并显示；而加载 MDI 窗体时，其子窗体并不会自动加载。

（4）生成 MDI 子窗体

设计好一个子窗体后，可以通过 New 语句生成一个新的子窗体，生成子窗体语句的格式为

```
Dim formName As New ChildFormName
```

其中，formName 为子窗体对象变量，ChildFormName 为设计好的子窗体名称。

例如，已经设计好一个子窗体，名称为 "Form1"，下面的代码将生成新的子窗体。

```
Dim m
Private Sub mnuNew_Click()
    Dim Doc1 As New Form1
    Doc1.Show
    m = m + 1
    Doc1.Caption = "文档" & m
End Sub
```

（5）排列子窗体

Arrange 方法用于对齐 MDI 窗体中的子窗体。Arrange 方法的使用格式为

```
MDI 窗体对象.Arrange 排列方式
```

其中，"排列方式"指定排列方式，取值如表 12.4 所示。

表 12.4　　　　　　　　　　　Arrange 方法的排列方式取值及说明

系 统 常 数	值	说　　明
vbCascade	0	层叠所有非最小化 MDI 子窗体
vbTileHorizontal	1	水平平铺所有非最小化 MDI 子窗体
vbTileVertical	2	垂直平铺所有非最小化 MDI 子窗体
vbArrangeIcons	3	重排最小化 MDI 子窗体的图标

（6）关闭 MDI 窗体

Unload 语句可以关闭 MDI 窗体，Unload 语句的使用格式为

```
Unload MDI 窗体名
```

（7）QueryUnload 事件

系统在卸载 MDI 窗体之前就会触发 QueryUnload 事件,每一个打开的子窗体也都触发该事件。若需要保存有关信息及其他处理,可在该事件代码中完成。然后逐个卸载子窗体,最后卸载 MDI 窗体。该事件的格式为

```
Private Sub MDIForm_QueryUnload(Cancel As Integer, UnloadMode As Integer)

End Sub
```

其中,Cancel 参数用于是否取消关闭操作,Cancel=True 可以取消关闭操作。

12.2.2　MDI 窗体及其子窗体的维护

在用户决定退出 MDI 应用程序时,如果子窗体中还有未保存的信息,总是希望程序提供保存提示信息。为此,应用程序必须随时都能确定自上次保存以来子窗体中的数据是否有改变。通过在子窗体中声明一个公用变量可以实现此功能。例如:

```
Public isSaved As Boolean
```

在子窗体中有一个名为 Text1 的文本框控件,当该控件中的 Text 每一次改变时,Change 事件就将变量 isSaved 的值设置为 False,表示自上次保存以来文本框的内容已经改变。

```
Private subText1_Change()
  isSaved=False
End Sub
```

反之,用户每次保存子窗体的内容时,就将变量 isSaved 的值设置为 True,以指示 Text1 的内容不再需要保存。在下列代码中,假设有一个叫做"保存"(mnuSave)的菜单项和一个用来保存文本框内容的名为 "FileSave" 的过程:

```
Private Sub nmuSave_Click()
  FileSave              '调用保存 Text1 内容到文件的过程
  isSaved=True          '设置状态变量
End Sub
```

同样,当用户关闭 MDI 应用程序时,MDI 窗体将触发的 QueryUnload 事件,每个子窗体也都触发该事件,可以通过在 MDI 窗体的 QueryUnload 事件中判断变量 isSaved 值的情况,决定是否要存盘,确保文档的安全性。

```
Private Sub MDIForm_QueryUnload(Cancel As Integer, UnloadMode As Integer)
  If not isSaved then
    FileSave
  End If
End Sub
```

12.2.3　多文档界面中的"窗口"菜单

MDI 窗体中的菜单和单窗体菜单的编辑相同。但是大多数 MDI 应用程序都有"窗口"菜单,如图 12-6 所示。在"窗口"菜单上显示了所有打开的子窗体标题,另外还有水平平铺、垂直平铺和层叠窗口命令。

在 Visual Basic 中,如果要在某个菜单上显示所有打开的子窗体标题,只需利用菜单编辑器将该菜单的"显示窗口列表"属性设置为 True,即选中显示窗口列表检查框。

对于子窗体水平平铺、垂直平铺和层叠窗口命

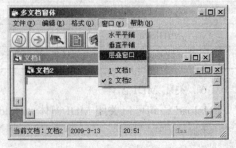

图 12-6　"窗口"菜单

令通常也放在"窗口"菜单上，用 Arrange 方法来实现的。

```
'层叠子窗体代码
Private Sub mnuCascade_Click()
    MDIForm1.Arrange 0
End Sub
'水平平铺子窗体代码
Private Sub mnuHorizon_Click()
    MDIForm1.Arrange 1
End Sub
'垂直平铺子窗体代码
Private Sub mnuVertical_Click()
    MDIForm1.Arrange 2
End Sub
```

12.3　工　具　栏

在 Windows 操作系统的应用程序中，工具栏为用户提供了对应用程序中最常用的菜单命令的快速访问的功能。进一步增强应用程序的菜单界面，现在已经成为 Windows 应用程序的标准功能。在 Visual Basic 6.0 程序中工具栏的制作有两种方法：一是手工制作，即利用图形框和命令按钮，这种方法比较烦琐；另一种方法是将 ToolBar 控件和 ImageList 控件组合使用，使得工具栏制作与菜单制作一样简单易学。本节只介绍利用 ToolBar 控件和 ImageList 控件组合制作工具栏的方法。

1. ToolBar 控件和 ImageList 控件的添加

由于 ToolBar 控件和 ImageList 控件都是 ActiveX 控件，使用这些控件前，必须按如下步骤将控件添加到工具箱上。

选择"工程"菜单的"部件"命令，打开"部件"对话框，在对话框中选择"控件"选项卡，选中"Microsoft Windows Common Controls 6.0"，单击"确定"按钮关闭"部件"对话框，此时在控件工具箱上添加了 ToolBar 控件和 ImageList 控件。ToolBar 控件的图标是 ，ImageList 控件的图标是 。

2. 在 ImageList 控件中添加图像

ImageList 控件包含了一个图像的集合，它专门用来为其他控件提供图像库。在利用 ToolaBar 控件制作工具栏时其中按钮的图像就是从 ImageList 的图像库中获得的。

在窗体上添加 ImageList 控件，控件默认名为 ImageList1，在该控件上单击鼠标右键，从快捷菜单中选择"属性"命令，在弹出的"属性页"对话框中选择"图像"选项卡，如图 12-7 所示。

图 12-7　ImageList 控件"属性页"对话框

在图 12-7 所示的对话框中，单击"插入图片"按钮，这时会弹出"选定图片"对话框，通过对话框选定需要的一个图片文件（ICO、BMP、GIF、JPG 等），单击"打开"按钮，就向 ImageList 控件中添加了一个图片。添加图片时，也可以为图片指定一个关键字。重复上述过程，可以向 ImageList 控件中添加若干个图片。完成后，单击属性页中的"确定"按钮完成图片的添加。

在 ImageList 控件"属性页"对话框中其他选项的含义如下。

① 索引：表示每个图像的编号，在 ToolBar 的按钮中引用。

② 关键字：表示每个图像的标识名，在 ToolBar 的按钮中引用，可以为空。

③ 图像数：表示已插入的图像数目，系统自动统计。

④ 删除图片按钮：用于删除选中的图像。

3. 在 ToolBar 控件中添加按钮

ToolBar 工具栏可以建立多个按钮。每个按钮的图片来自 ImageList 控件中插入的图像。

（1）为工具栏连接图像

在窗体上添加 ToolBar 控件后，用鼠标右键单击该控件，打开"属性页"对话框，选择"通用"选项卡，如图 12-8 所示。其中，"图像列表"属性用来与 ImageList 控件建立连接。

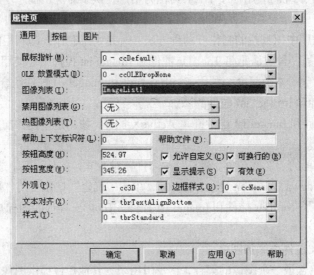

图 12-8　ToolBar 控件"属性页"对话框

其中选项的含义如下。

① "可换行的"复选框：表示当工具栏的长度不能容纳所有的按钮时，是否换行显示。选中表示换行，否则表示剩余按钮不显示。

② "样式"表示工具栏的样式。在其下拉菜单中有两个选项，0 - tbrStandstd 表示采用的普通风格，1 - tbrFlat 表示采用的平面风格。

其他选项采用默认值即可。

　　　　若要对 ImageList 控件进行增、删图像，必须先在 ToolBar 控件的"图像列表"框设置"无"，即与 ImageList 切断联系，否则 Visual Basic 提示无法对 ImageList 控件进行编辑。

（2）为工具栏增加按钮

选择"按钮"选项卡，单击"插入按钮"，可以在工具栏上增加按钮。对话框中的主要属性如下。

① 索引（Index）：表示每个按钮的数字编号，在 ButtonClick 事件中引用该属性。

② 关键字（Key）：表示每个按钮的标识符，在 ButtonClick 事件中引用该属性。

③ 图像（Image）：ImageList 控件中对应的图像，它的值可以是图像的索引号，也可以是图片的关键字。

④ 值（Value）：决定按钮的状态。0—tbrUnpressed 为弹起状态，1—tbrPressed 为按下状态。对样式 1 和样式 2 有用。

⑤ 样式（Style）：表示按钮的样式，样式属性取值如表 12.5 所示。不同样式效果如图 12-9 所示。

表 12.5　　　　　　　　　　　　样式属性值及含义

系 统 常 数	值	按 钮	说 明
tbrDefault	0	普通按钮	默认值，按下按钮后恢复原状，如"新建"按钮
tbrCheck	1	开关按钮	按下按钮后保持按下状态，如"加粗"等按钮
tbrButtonGroup	2	编组按钮	在一组按钮中只能有一个按钮有效，如对齐方式按钮
tbrSeparator	3	分隔按钮	将左右按钮分隔开
tbrPlaceholder	4	占位按钮	用来安放其他按钮，可以设置其宽度，如"字体"
tbrDropdown	5	菜单按钮	具有下拉菜单，如 Word 中的"字符缩放"按钮

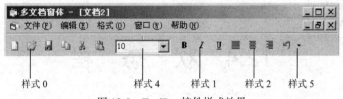

图 12-9　ToolBar 控件样式效果

⑥ 工具提示文本：工具栏上对应工具的提示性文本内容。

4. 为 ToolBar 控件中的按钮编写事件过程

ToolBar 控件常用的事件有两个：当按钮样式是 0、1、2 时，单击工具栏上的按钮时，触发 ToolBar 控件的 ButtonClick 事件，当按钮样式为 5 时，将触发 ToolBar 控件的 ButtonMenuClick 事件。

实际上，工具栏上的按钮是控件数组，单击工具栏上的按钮会发生 ButtonClick 事件或 ButtonMenuClick 事件，可以利用数组的索引（Index 属性）或关键字（Key 属性）来识别被单击的按钮，再使用 Select Case 语句完成代码编制。

下面以 ButtonClick 事件为例，分别用按钮对象的索引（Index 属性）和关键字（Key 属性）来编写代码。

```
'通过工具栏按钮索引号识别不同按钮
Private Sub Toolbar1_ButtonClick(ByVal Button As MSComctlLib.Button)
    Select Case Button.Index
        Case 1
            FileNew        '按下新建按钮，执行新建过程
        Case 2
            FileOpen       '按下打开按钮，执行打开过程
        ……
    End Select
```

```
End Sub
    '通过工具栏按钮关键字识别不同按钮
    Private Sub Toolbar1_ButtonClick(ByVal Button As MSComctlLib.Button)
        Select Case Button.Key
            Case "TNew"            '按下新建按钮，执行新建过程
                FileNew
            Case "TOpen"           '按下打开按钮，执行打开过程
                FileOpen
            ……
        End Select
End Sub
```

由上例可见，使用 ToolBar 控件按钮的关键字使得程序可读性好，而且当 ToolBar 控件的按钮有增删时，使用关键字不会影响到程序。

ButtonMenuClick 事件的格式为

```
    Private Sub Toolbar1_ButtonMenuClick(ByVal ButtonMenu As MSComctlLib.ButtonMenu)
        事件处理代码
End Sub
```

该事件中的 ButtonMenu 参数具有如下属性。

（1）Index：获得单击工具栏下拉菜单的索引编号。

（2）Key：获得单击工具栏下拉菜单的关键字。

（3）Parent：获得单击工具栏下拉菜单的按钮对象。按钮对象的访问参考 ButtonClick 事件中的 Button 参数。

12.4 状 态 栏

1. 状态栏的作用与组成

在 Visual Basic 中，StatusBar 控件用于显示窗体的状态栏。状态栏通常在窗体的底部，也可通过 Align 属性决定状态栏出现的位置。一般用来显示系统信息和对用户的提示，如系统日期、光标的当前位置、键盘的状态等。StatusBar 控件由 Panel（窗格）对象组成，一个 SatusBar 控件最多能被分成 16 个 Panel 对象，每一个 Panel 对象都可以包含文本和图片。

2. 创建状态栏

StatusBar 控件同样被包含在 "Microsoft Windows Common Controls 6.0" 部件中。在使用前也需要添加，如果在设计工具栏时，已经添加该部件，不必再次添加该部件。StatusBar 控件的图标是 。下面介绍在应用程序中创建状态栏的方法。

在窗体上添加一个 StatusBar 控件，在该控件上单击鼠标右键，在快捷菜单中选择"属性"命令，在弹出的 "属性页"对话框中选择"窗格"选项卡，如图 12-10 所示。在"窗格"选项卡中进行必要的设置，建立面板并定制它们的外观。

（1）添加或删除状态栏窗格

在图 12-10 所示的"窗格"选项卡中，单击"插入窗格"按钮添加一个窗格，或单击"删除窗格"按钮删除一个窗格。状态栏最多可分成 16 个窗格。

（2）在窗格里显示文本

在图 12-10 所示的"窗格"选项卡中，利用 ◀ 或 ▶ 按钮选择不同的窗格，并在"文本（T）"后面的文本框里输入要显示在状态栏窗格里的文本。该文本也可以通过代码方式设置，用代码设

置的格式为

```
StatusBar1.Panels(1).Text = "要显示的内容"
```

图 12-10　StatusBar 控件"窗格"选项卡

（3）在窗格里显示图片

如果想在窗格中加入图片，单击"浏览"按钮打开一个选定图片对话框，选择相应的图片文件，然后单击"打开"按钮，即为此窗格加入了一个图片。

（4）设定关键字

用户可以为每个窗格设定一个关键字，以标识不同的窗格，此属性也可以为空，通过窗格的索引号区分不同的窗格。

（5）设定窗格样式

用户可以在图 12-10 所示的"窗格"选项卡中的"样式"组合框中，为每个窗格设置样式。窗格样式的取值及其含义如表 12.6 所示。

表 12.6　　　　　　　　　　　　　窗格样式值及含义

系 统 常 数	值	说　　　明
sbrText	0	（默认）文本和位图。用 Text 属性设置文本
sbrCaps	1	Caps Lock 键状态。当激活 Caps Lock 键时，用黑体显示 CAPS；反之，显示灰色的 CAPS
sbrNum	2	Num Lock 键状态。当激活数字锁定键时，用黑体显示 NUM；反之，显示灰色的 NUM。
sbrIns	3	Insert 键状态。当激活插入键时，用黑体显示 Ins；反之，显示灰色的 Ins
sbrScrl	4	Scroll Lock 键状态。当激活滚动锁定键时，用黑体显示 SCRL；反之，显示灰色的 SCRL
sbrTime	5	Time，以系统格式显示当前时间
sbrDate	6	Date，以系统格式显示当前日期
sbrKana	7	Kana

3．运行时改变状态栏

运行时，可以重新设置窗格 Panel 对象以反映不同的状态。有些状态要通过编程实现，有些系统已具备。例如，在图 12-11 中，窗格 1 显示的内容为当前文档的名称，窗格 2 显示光标位置，窗格 3 显示系统时间，窗格 4 显示 Insert 键状态，窗格 5 显示 Caps Lock 键状态。窗格 3、窗格 4、窗格 5 的内容由系统自动实现，窗格 1 和窗格 2 的内容需要通过代码实现，具体实现代码如下：

```
Dim docSave As Boolean    '记录文档是否保存

'在窗格1内显示当前文档
Private Sub Form_Activate()
      MDIForm1.StatusBar1.Panels(1).Text = "当前文档: " & Me.Caption
End Sub
'文本框内容发生改变时，标明内容未保存，同时设置窗格2的内容为当前光标位置
Private Sub Text1_Change()
    docSave = False
    MDIForm1.StatusBar1.Panels(2).Text = "光标位置: " & Text1.SelStart
End Sub
'单击文本框时，设置窗格2的内容为当前光标位置
Private Sub Text1_Click()
    MDIForm1.StatusBar1.Panels(2).Text = "光标位置: " & Text1.SelStart
End Sub
```

上述代码在多文档窗口中运行，运行效果如图 12-11 所示。

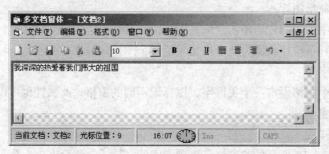

图 12-11　StatusBar 代码中修改窗格效果

4. 状态栏的事件

通常使用状态栏显示程序运行过程中的状态，或在需要时给出特定的提示信息。很少会使用状态栏对事件做出相关响应，因而状态栏提供的方法和事件在程序设计中使用得非常有限。

用户在单击或双击一个多窗格状态栏时，需要判断用户单击或双击的是哪一个窗格，下面的事件过程分别用来识别用户单击的窗格和双击的窗格。

（1）单击窗格代码

```
Private Sub StatusBar1_PanelClick(ByVal Panel As MSComctlLib.Panel)
    Select Case Panel.Index
        Case 1
          <要执行的代码>
        Case 2
          <要执行的代码>
    End Select
End Sub
```

（2）双击窗格代码

```
Private Sub StatusBar1_PanelDblClick(ByVal Panel As MSComctlLib.Panel)
    Select Case Panel.Index
        Case 1
          <要执行的代码>
        Case 2
```

```
        <要执行的代码>
    End Select
End Sub
```

本章小结

本章介绍了多重窗体和多文档界面的设计方法，在复杂的应用程序中，总是会使用到多窗体或多文档界面，比如 Microsoft Word、Microsoft Excel 等应用程序都是基于多文档界面的。此外，本章还重点介绍了 Windows 中两个最常用的控件——工具栏 ToolBar 控件和状态栏 StatusBar 控件的使用方法。

在多窗体程序中，窗体间的切换通过 Show、Hide、Unload 等方法实现。用户也可以通过"工程"菜单的"属性"命令设置启动窗体。

在多文档应用程序中，所有的子窗体都显示在 MDI 窗体中，应用程序最小化时，窗体上只显示 MDI 窗体的图标。MDI 窗体的子窗体可以通过 Arrange 方法进行排列。MDI 窗体的子窗体可以通过 New 关键字由一个已经设计好的子窗体生成，生成格式为

Dim 窗体变量名 As New 设计好的窗体名

在 Windows 中，两个最常用的控件是工具栏控件 ToolBar 和状态栏控件 StatusBar。

ToolBar 控件需要和 ImageList 控件组合使用，由 ImageList 控件为 ToolBar 控件提供图片库。ToolBar 控件的两个最常用的事件为 ButtonClick 事件和 ButtonMenuClick 事件。当用户单击工具栏按钮时，触发工具栏的 ButtonClick 事件；当工具栏的按钮类型为 tbrDropdown，用户选择下拉菜单时，会触发工具栏的 ButtonMenuClick 事件。在工具栏的事件处理程序中，可以通过 Index 索引号和 Key 关键字识别不同的工具栏按钮。

StatusBar 控件主要用来显示一些提示性的信息或一些按键等信息，状态栏最多可分为 16 个窗格。在 StatusBar 控件的属性对话框中，用户可以添加窗格，并设置窗格的样式，从而实现不同的功能。StatusBar 控件由于只是用来显示信息，所以很少会使用该控件的事件。

通过对本章的学习，要求读者能够掌握多窗体和多文档界面应用程序的设计方法，并能够为应用程序添加工具栏和状态栏。

习　题

一、选择题

1. 调用窗体的 Hide 方法可以使窗体在屏幕上不可见，要使其可见的方法是_____。
   A）Load　　　　　B）Visible　　　　　C）Show　　　　　D）Paint
2. 关于多窗体应用程序的叙述，正确的是_____。
   A）连续向工程中添加多个窗体，存盘后只生成一个窗体模块
   B）连续向工程中添加多个窗体，会生成多个窗体模块
   C）每添加一个窗体，即生成一个工程
   D）只能以第 1 个建立的窗体作为启动界面
3. 将一个窗体设置为 MDI 子窗体的方法是_____。

A）将窗体的名称改为 MDI　　　　　B）将窗体的 MDIChild 属性设为 True

C）将窗体的 MDIChild 属性设为 False　D）将窗体的 Enabled 属性设为 False

4. 以下是 MDI 子窗体在运行时特性的叙述，错误的是_____。

　　A）子窗体在 MDI 窗体的内部区域显示

　　B）子窗体可在 MDI 窗体的外部区域显示

　　C）当子窗体最小化时，它的图标在 MDI 窗体内显示

　　D）当于窗体最大化时，其标题与 MDI 窗体标题合并，并显示在 MDI 窗体的标题栏中

5. 关于 MDI 窗体下列说法正确的是_____。

　　A）一个应用程序可以有多个 MDI 窗体

　　B）子窗休可以移动 MDI 窗体以外

　　C）不可以在 MDI 窗体上放置按钮控件

　　D）MDI 窗体的子窗体不可以拥有菜单

6. 每个 Visual Basic 应用程序中最多可以包含_____个 MDI 窗体。

　　A）1　　　　　　B）2　　　　　　C）3　　　　　　D）4

7. 下列说法正确的是_____。

　　A）一个应用程序中只能创建一个窗体

　　B）一个应用程序中只能创建一个模块

　　C）一个应用程序中只能创建一个 MDI 窗体

　　D）一个应用程序中只能创建一个 MDI 子窗体

8. _____是一个辅助控件，本身不显示图像只能为其他控件提供需要显示的图像。

　　A）PictureBox　B）Image　　　　　C）ImageList　　　D）ToolBar

9. 创建工具栏应使用_____两个控件。

　　A）toolbar，image　　　　　　　　B）toolbar，imagelist

　　C）statusbar，commondialogbox　　D）toolbar，commondialogbox

10. 要在窗体上创建一个状态栏，可使用_____控件。

　　A）TrackBar　　B）StatusBar　　　C）ToolBar　　　　D）Panel

二、编程题

编写一个简单的多文档文本编辑器，如图 12-12 所示，具体要求如下。

（1）文件菜单包含新建、打开、保存和退出菜单项。

（2）编辑菜单包含复制、粘贴、剪切菜单项。

（3）窗口菜单包含水平平铺、垂直平铺、层叠窗口和显示字文档窗口列表菜单项。

（4）工具栏分别为"新建"、"打开"、"保存"、"复制"、"剪切"和"粘贴"命令。

（5）状态栏分别显示当前日期、当前时间、Insert 键状态、CapsLock 键状态和文档的总字符数。

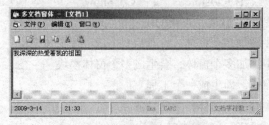

图 12-12　简易多文档文本编辑器

第13章
数据库程序设计

本章要点：
- 了解数据库的基本概念；
- 掌握 Access 数据库的设计与管理；
- 熟练掌握 SQL 语句的使用；
- 掌握通过控件访问和操作数据库的方法。

数据库是 20 世纪 60 年代后期发展起来的一项重要技术。70 年代以来，数据库技术得到了迅速发展和广泛应用，已经成为计算机科学与技术的一个重要分支。随着 21 世纪的到来，人类步入信息社会，数据处理应用最广泛，数据库是信息处理的最有效的工具。

本章将从数据库的基本概念开始，介绍数据库的设计与管理，以及基本的 SQL 语句的使用，最后介绍利用 Visual Basic 数据库控件访问数据库的方法。

13.1　数据库概述

13.1.1　数据管理技术的发展

数据管理技术的发展历程，大体上经历了人工管理阶段、文件系统阶段、数据库阶段和分布式数据库阶段。

1. 人工管理阶段

早期的计算机没有系统软件的支持，程序员不但要负责处理数据还要负责组织数据。这使得程序员直接与物理设备打交道，从而使程序与物理设备高度相关，一旦物理存储发生变化，程序必须全部修改，程序没有任何独立性。

2. 文件系统阶段

操作系统中的文件系统是专门的数据管理软件，它的出现将程序员从直接与物理设备打交道的沉重负担中解脱出来。

文件系统实现了按名存取，程序员只要将需要管理的数据组织成文件并对文件命名，以后就可以按文件名逻辑地存取文件中的数据，不必考虑文件的物理存储，这项工作由文件系统来实现。

数据组织成文件后，程序有了较大程度的物理独立性，即当数据的物理存储发生某些变化时，不会引起整个程序的作废。

但是，文件系统管理数据仍有许多缺点，主要是数据冗余度大和数据与程序之间缺乏独立性。

3. 数据库阶段

针对文件系统的缺点，后来出现了数据库技术。与文件系统相比，数据库技术是面向系统的，而文件系统则是面向应用的。所以形成了数据库系统两个鲜明的特点：

（1）数据库系统的数据冗余度小，数据共享度高；

（2）数据库系统的数据和程序之间具有较高的独立性。

自从有了数据库技术，数据管理进入了崭新的阶段。

13.1.2 数据库的基本术语

所谓数据库就是按照一定的规则组织和存储在一起，相互关联的数据集合。简单地说，数据库就是把各种各样的数据按照一定的规则组合在一起构成的"数据"的集合。在数据库的发展史上，主要有 3 种数据模型：层次模型、网状模型和关系模型。层次模型和网状模型在 20 世纪 70 年代至 80 年代初非常流行，现在已经被关系模型的数据库取代。现在流行的数据库管理系统大都是基于关系模型的，因此，本书主要介绍关系数据库的基本概念和使用。

下面结合图 13-1 介绍一下数据库中的基本术语。

图 13-1　关系数据库结构

1. 表（关系）

在关系数据库中，数据以关系的形式出现，可以把关系理解成一张由行和列组成的标准二维表（Table）。一个关系数据库是由若干张这样的二维表（关系）组成的，每张二维表都有一个名称叫做表名，也叫关系名。

2. 记录（元组）

每张二维表均由若干行和列构成，其中每一行称为一条记录（Record）。在关系数据库中，不能出现两个完全相同的记录，记录的先后次序是无关紧要的。

3. 字段（属性）

二维表中的每一列称为一个字段（属性），每一个字段均有一个名字称为字段名，如图 13-1 中所示的"学号"、"姓名"等都是字段名。在关系数据库中，同一个数据表内，不允许出现两个相同的字段名，字段的先后次序是无关紧要的。

4. 主键（关键字）

主键是由字段或字段的组合构成的，主键的值能够唯一地标识一条记录。有的表中能够起到这种作用的字段或者字段集有多个，我们可以选取一个作为主键，其他的作为候选主键。主键只能有一个，候选主键可以有多个。

5．外部关键字

如果一个表中的字段名不是本表的主键，而是另外一个表的主键，这个字段就是本表的外部关键字。在关系数据库中，通过外部关键字来表示表与表之间的联系。

6．索引

为了提高数据库的访问效率，表中的记录应该按照一定顺序排列，通常建立一个较小的表——索引表，该表中只含有索引字段和记录号。通过索引表可以快速确定要访问记录的位置。

13.2　数据库的设计与管理

关系数据库的设计目标是采用合理的表结构，不仅存储所需的信息，而且反映出表与表之间客观存在的联系。

13.2.1　设计原则

为了合理的组织数据，下面介绍设计数据库的原则。

1．表的内容单一化

一个表只存储一个对象的信息。不同对象的信息分布到不同的表，使数据的组织和维护简单，应用系统的性能也会提高。例如，将学生所有信息和学生的所有成绩保存到一张二维表中就不符合本原则。

2．避免在表之间出现重复的字段

除了用于反映表之间的联系的外部关键字，尽量避免在表之间使用重复的字段，这样做可以减小数据的冗余，防止数据的不一致。例如，在学生信息表里有学生的学号、姓名、性别等字段，而在学生成绩信息里除了学号字段外，其他字段不能再次出现，否则就造成了数据的冗余，也容易造成数据的不一致。

3．表中的字段必须是彼此独立的

表中的字段应该是原始数据和基本数据元素，不应该包括通过其他字段的计算可以得到的字段。例如：成绩表中有"数学"、"计算机"、"英语"3 个成绩，就不应该再有"总成绩"，因为"总成绩"可以通过三者运算得到。

4．用外部关键字保证有关联的表之间的联系

一个表中的记录和另一个表中的记录经常具有对应关系。这种对应关系有 3 种。

（1）一对一对应

一个表中的一条记录只和另一个表中的一条记录对应，反过来也是一样。

（2）一对多对应

一个表中的一条记录和另一个表中的多条记录对应，反过来另一个表的一条记录只对应这个表的一条记录。

（3）多对多对应

一个表中的一条记录和另一个表中的多条记录对应，反过来另一个表中的一条记录和这个表的多条记录对应。

在数据库的设计中，我们一般采用一对多对应，一对一对应是一对多的一种特例，多对多关系一般不采用。表之间的联系由表的外部关键字来维系。

13.2.2　创建 Access 数据库

Access 数据库管理系统是 Microsoft 公司开发的 Office 套件产品之一，我们下面用 Access 数据库管理系统来创建数据库。

启动 Microsoft Access，选择一个保存位置和数据库文件名称，新建一个空的 Access 数据库，如图 13-2 所示。

图 13-2　新建空的 Access 数据库

13.2.3　建立数据表

表是 Access 数据库的基础，是存储数据的地方。表由表结构和表内容组成。表结构由字段组成，每一个字段都有一个名字和类型。表内容就是数据。首先创建表结构，然后才能向表中录入数据。

1．Access 数据类型

用户在设计表时，必须定义表中字段使用的数据类型。Access 常用的数据类型有文本、数字、备注、日期/时间、是/否、自动编号等。

（1）文本类型：用于存储比较短的字符串，最大长度是 255，如果超过 255，可以使用备注类型。

（2）备注类型：用于存储比较长的字符串，最大长度可以容纳 65 535 个字符。

（3）数字类型：用于存储进行计算的数字数据。用户可以通过设置"字段大小"属性，定义特定的数字类型。

（4）是/否类型：取值为 true 或 false。

（5）自动编号类型：可以自动递增或者随机产生一个数字，一般用于记录的编号。因为它产生的数字不重复，因此可以用做主键。

（6）日期/时间型：用于存储日期或时间。

2．创建表

（1）启动表设计器

Access 提供了多种方法创建表，最简单的是双击"使用设计器创建表"，打开表的设计视图，如图 13-3 所示。

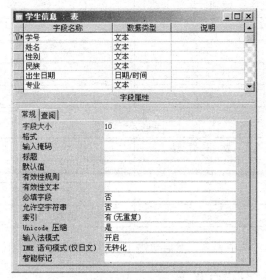

图 13-3　设计表结构

（2）设计字段属性

在"字段名称"列输入表的字段名，在"数据类型"列选择相应字段的数据类型，并通过字段属性为相应的字段设置属性信息，如"学号"字段的"字段大小"属性设置为 10，"允许空字符串"设置为"否"。

（3）设置主键

设计好各个字段的属性后，选中要作为"主键"的列，如"学号"，单击工具栏上的 图标，将相应字段设置为主键。

（4）保存

设置好主键后，单击工具栏上 图标，输入表的名称后，保存表。

通过以上 4 步建立了一个完整的表的结构，但是没有任何数据。用相同的方法可以建立"课程信息"和"学生选课"表。"学生信息"表结构如表 13.1 所示，"课程信息"表结构如表 13.2 所示，"学生选课"表结构如表 13.3 所示。

表 13.1　　　　　　　　　　　　　学生信息表结构

字　段　名	数　据　类　型	长　　度	说　　明
学号	文本	10	关键字
姓名	文本	4	
性别	文本	1	
民族	文本	50	
出生日期	日期/时间		
专业	文本	50	

表 13.2 课程信息表结构

字 段 名	数 据 类 型	长 度	说 明
课程号	文本	50	关键字
课程名	文本	50	
教师	文本	50	
学分	数字	整型	

表 13.3 选课信息表结构

字 段 名	数 据 类 型	长 度	说 明
学号	文本	10	与课程号组合作关键字
课程号	文本	50	
学分	数字	整型	

如果需要修改表结构，选中表名，然后单击工具栏上的 设计(D) 图标即可。

13.2.4 建立表之间的联系

通过在表之间建立联系，可以省去很多具有级联关系的操作，例如，如果删除学生信息时，同时删除相应学生的选课信息，就可以在"学生信息"表和"选课信息"表之间建立一个联系，这样，当用户删除学生信息时，相应学生的选课信息会自动被删除，用户就不用再到选课信息表中去删除相应学生的选课信息了。

表之间联系的具体创建方法如下。

（1）单击"工具栏"上的 图标，并在如图 13-4 所示的对话框中选择要建立关系的表，并单击"添加"按钮。

（2）将"学生信息"表中的"学号"字段拖动到"选课信息"中的"学号"字段上，弹出如图 13-5 所示的对话框。并在对话框中选择"实施参照完整性"、"级联更新相关字段"和"级联删除相关字段"3 个复选框，单击"创建"按钮，就为"学生信息"和"选课信息"创建了一个一对多的联系。

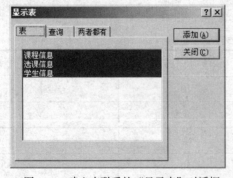

图 13-4 建立表联系的"显示表"对话框

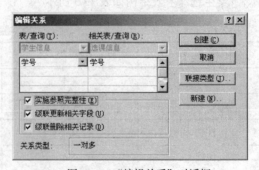

图 13-5 "编辑关系"对话框

用同样的方法可以通过"课程号"字段为"课程信息"表和"选课信息"表建立联系。建立后 3 个表之间的联系如图 13-6 所示。

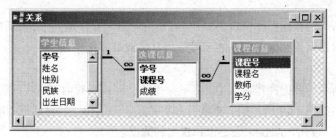

图 13-6　学生信息、选课信息和课程信息之间的联系

如果需要修改两个表之间的联系，双击两个表之间联系的线条就可以再次弹出如图 13-5 所示的"编辑关系"对话框，对联系进行修改。也可以在表之间联系的线条上单击鼠标右键，选择"删除"命令，删除两个表之间的联系。

13.2.5　Access 数据操作

将表结构和表联系建立好后，需要对表进行数据操作。在 Access 中，数据操作包括浏览数据、输入数据、编辑数据、删除数据、排序数据和查找数据。

1．浏览数据

双击要浏览数据的表名，弹出如图 13-7 所示的窗口，窗口中显示了数据表的所有内容。

学号	姓名	性别	民族	出生日期	专业
+ 2008041001	张平	男	满族	1980-6-8	教育学
+ 2008041002	朱毅	女	汉族	1982-9-1	教育学
+ 2008041003	王海	男	汉族	1981-7-5	教育学
+ 2008041004	李应	男	藏族	1983-9-10	教育学
+ 2008041005	王涛	女	汉族	1984-2-2	教育学

记录：◀◀ ◀ 6 ▶ ▶▶ ▶* 共有记录数：6

图 13-7　学生信息表数据操作窗口

2．输入数据和编辑数据

双击要输入或编辑数据的表名，弹出如图 13-7 所示的窗口。在窗口中，用户可以在最后的空白行处直接输入数据，在输入数据时，关键字字段不能为空，必须输入。用户也可以直接对已有数据进行编辑。

3．删除数据

单击要删除记录前面的 ▢ 图标选中要删除的记录，或者在 ▢ 图标上通过 Shift 键选择连续的多条记录，单击工具栏上的 ▨ 图标，弹出如图 13-8 所示的删除提示对话框，选择对话框中的"是"按钮就可以将选中的记录删除。

图 13-8　删除记录提示对话框

4. 排序数据

在如图 13-7 所示的数据操作窗口中，将鼠标指针移到要排序的列上，然后单击工具栏上的 ![] 或 ![] 图标，可以对数据按照鼠标所在的字段进行升序或降序排序。

5. 查找数据

在如图 13-7 所示的数据操作窗口中，将鼠标指针移到被查找内容所在的列上，单击工具栏上的 ![] 图标，将弹出如图 13-9 所示的"查找"和"替换"对话框，在对话框中输入要查找的内容，单击"查找下一个"按钮，Access 会定位到找到的数据。

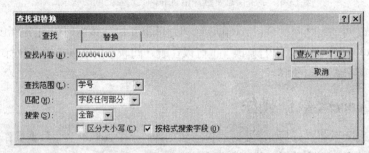

图 13-9　"查找"和"替换"对话框

13.3　结构化查询语言（SQL）

13.3.1　SQL 概述

SQL（Structure Query Language，结构化查询语言）是在数据库中广泛应用的数据库操作语言，它使用灵活，功能强大。SQL 内容丰富，包括了数据定义、查询、操作和控制 4 种功能，包括了对数据库的全部操作。SQL 具有如下特点。

1. 综合统一

SQL 集数据定义语言（DDL）、数据操纵语言（DML）、数据控制语言（DCL）的功能于一体，语言风格统一，可以独立完成数据库生命周期中的全部活动，包括定义关系模式、录入数据以建立数据库、查询、更新、维护、数据库重构、数据库安全性控制等一系列操作要求，这就为数据库应用系统开发提供了良好的环境。同时可以很方便地对数据进行查找、插入、删除、修改等一系列的操作。

2. 高度非过程化

传统的数据操纵语言是面向过程的语言，即用户需在程序中指明解决问题的详尽步骤。而用 SQL 进行数据操作，用户只需提出"做什么"，而不必指明"怎么做"。这样大大减轻了用户负担。

3. 面向集合的操作方式

传统的非关系数据库是面向记录的操作方式，任何一个操作其对象都是一条记录。而 SQL 采用集合操作方式，不仅查找结果可以是记录的集合，而且一次插入、删除、更新操作的对象也可以是记录的集合。

4. 两种使用方式

SQL 既是自含式语言，又是嵌入式语言。且在两种不同的使用方式下，SQL 的语法结构基本上是一致的。

作为自含式语言，它能够独立地用于联机交互的使用方式，用户可以在终端键盘上直接键入 SQL 命令对数据库进行操作。作为嵌入式语言，SQL 语句能够嵌入到高级语言程序中，供程序员设计程序时使用。

13.3.2　SQL 语句的组成

一条 SQL 语句由命令、运算符、函数等基本元素构成，可以利用这些元素组成的 SQL 语句操作数据库。

1. SQL 命令

SQL 功能极强，但由于设计巧妙，语言十分简洁。常用的 SQL 命令如表 13.4 所示。

表 13.4　　　　　　　　　　　　　　　常用的 SQL 命令

命　　令	SQL 功能	功　　能
SELECT	数据查询	在数据库中查找满足条件的记录
CREATE	数据定义	创建新表、字段、视图和索引
DROP	数据定义	删除表和索引等对象
ALTER	数据定义	修改表结构或视图等
INSERT	数据操纵	向表中添加数据
UPDATE	数据操纵	修改表中的数据
DELETE	数据操纵	删除表中的数据
GRANT	数据控制	对用户授权语句
REVOKE	数据控制	删除授权语句

在上述 SQL 命令中最常用的是查询、插入、更新和删除命令，即 Select 命令、Insert 命令、Update 命令和 Delete 命令。

2. 运算符

在使用 Select 语句、Update 语句和 Delete 语句时，经常会使用到条件语句，在条件中又会经常出现一些运算符，SQL 中常用的运算符分为算术运算符（见表 13.5）、关系运算符（见表 13.6）和逻辑运算符（见表 13.7）。

表 13.5　　　　　　　　　　　　　　　SQL 算术运算符

运　算　符	功　　能	运　算　符	功　　能
+	加	/	除
-	减	%	取余
*	乘		

表 13.6　　　　　　　　　　　　　　　SQL 关系运算符

运　算　符	功　　能	运　算　符	功　　能
>	大于	<>	不等于
<	小于	Between..And	等价于大于等于并且小于等于 例如：语文 Between 80 And 90

续表

运　算　符	功　　能	运　算　符	功　　能
=	等于	Like	模式匹配，常用匹配符号包括%：多个任意字符　_：一个任意字符 例如：查找第2个字为"红"的姓名 姓名 Like "_红%"
>=	大于或等于	In	用于判断表达式是否在指定的列表中出现 例如：学号 In ('101', '102', '103', '104')
<=	小于或等于	Is	经常用于判断字段内容是否为空 例如：姓名 Is Null，姓名 Is not Null

表 13.7　　　　　　　　　　　　　　　SQL 逻辑运算符

运　算　符	功　　能	运　算　符	功　　能
And	并且	Not	取反
Or	或者		

3. 统计函数

SQL 中经常使用的函数是一些统计函数，通过统计函数可以得到一些数据的统计结果，常见的统计函数如表 13.8 所示。

表 13.8　　　　　　　　　　　　　　　SQL 统计函数

统　计　函　数	功　　能	统　计　函　数	功　　能
SUM（expression）	数字表达式中所有值的和	COUNT（*）	选定的行数
AVG（expression）	数字表达式中所有值的平均值	MAX（expression）	表达式中的最高值
COUNT（expression）	表达式中值的个数	MIN（expression）	表达式中的最低值

13.3.3　查询语句——Select

Select 语句用于数据库的查询，是数据库最常用的语句，该语句具有丰富的查询功能和灵活的使用方式

1. Select 语句格式

Select 语句的使用格式为
```
Select 字段列表
From 表名
[Where 条件表达式]
[Group by 字段列表][Having 条件表达式]
[Order by 字段名][Asc|Desc]
```
说明：

（1）"[]"中的部分可以根据需要选择使用。

（2）Select 的"字段列表"是要查询的数据，可以使用表中的一个或多个字段，字段之间用逗号隔开。

（3）From 用于指定查询所涉及的表，如果涉及多个表，用逗号隔开。

（4）Where 的"条件表达式"指定查询的条件。

（5）Group by 的"字段列表"指定用于分组的字段。Having 的条件表达式可以对分组总计后的数据使用条件。

（6）Order by 指定用于排序的字段，升序使用 Asc 关键字，降序使用 Desc 关键字，默认为升序。

（7）以上关键字的顺序不能颠倒。

2. Select 语句的用法

下面结合前面的"学生管理系统"数据库介绍 Select 语句的基本用法。

（1）选择表中的部分字段

例如，查询学生信息表中的学号和姓名：

```
Select 学号,姓名 From 学生信息
```

（2）选择表中的所有字段

例如，查询所有的学生信息：

```
Select * From 学生信息
```

（3）计算查询

例如，查询所有同学的学号、姓名和出生日期的年份：

```
Select 学号,姓名,Year(出生日期) as 出生年 from 学生信息
```

（4）消除重复的记录

例如，查询所有的专业：

```
Select Distinct 专业 from 学生信息
```

（5）简单条件查询

例如，查询所有 3 学分的课程信息：

```
Select * from 课程信息 where 学分=3
```

例如，查询出生日期在 1980 年到 1986 年的学生信息：

```
Select * from 学生信息 where 出生日期 between #1980-1-1# and #1986-12-31#
```

（6）集合查询

例如，查询回族、藏族和满族学生信息：

```
Select * from 学生信息 where  民族 In('回族','藏族','满族')
```

（7）模糊查询

例如，查询含有"数据库"3 个字的课程，查询姓第 2 个字为"红"的同学的记录，这可以使用%和_来实现：

```
Select * from 课程信息 where 课程名 like '%数据库%'
Select * from 学生信息 where 姓名 like '_红%'
```

（8）空值查询

例如，查询选课后没有参加考试的同学信息：

```
Select * from 选课信息 where 成绩 is null
```

（9）多条件查询

例如，查询法学或哲学的女同学信息：

```
Select * from 学生信息 where (专业='法学' or 专业='经济学') and 性别='女'
```

（10）排序查询

例如，查询所有同学的信息并按出生日期的降序、学号升序排列：

```
Select * From 学生信息 order by 出生日期 DESC,学号
```

（11）统计查询

例如，查询教育学的女同学的人数：

```
Select count(*) From 学生信息 Where 性别='女' And 专业='教育学'
```

例如，查询所有课程号为 101 的平均成绩：

```
Select Avg(成绩) As 平均成绩 from 选课信息 where 课程号='101'
```

（12）分组统计查询

例如，分组统计学生信息表中不同专业的女同学的数量：

```
Select 专业,count(*) From 学生信息 Where 性别='女' Group by 专业
```

（13）多表查询

例如，查询所有选课同学的学号、姓名、课程名和成绩信息：

```
Select 学生信息.学号,姓名,课程名,成绩 from 学生信息,选课信息,课程信息 where 学生信息.学号=选课
信息.学号 and 选课信息.课程号=课程信息.课程号
```

13.3.4 插入语句——Insert

通过插入语句可以实现向数据库中插入数据。插入语句对应的 SQL 命令为 Insert 命令。

1. Insert 语句的格式

Insert 语句的格式为

```
Insert Into 表名(字段1,字段2,…)  Values(字段值1,字段值2,…)
```

说明：

（1）"表名"指定要插入数据的表，"(字段1,字段2,…)"指定插入数据的字段。

（2）"(字段值1,字段值2,…)"是要插入的数据。文本数据用单引号括起来；日期/时间型数据用"#"括起来；数字类型直接书写；是/否类型取值为 true 或 false，直接书写。

（3）插入数据时，插入表中的主键字段的值不能与已有主键字段数据重复。

（4）Values 括号中的字段值的顺序和前面括号中的字段必须一一对应。

2. Insert 语句的用法

下面介绍 Insert 语句的几种基本用法。

（1）为表中全部字段插入数据

如果为表中的每个字段都插入数据，则表名后的字段可以省略。

例如：Insert Into 课程信息 Values('10516','金融学',3)

（2）为表中某些字段增加数据

在 into 子句中指定要增加数据的列，则 values 子句中的数据要和字段名对应。

例如：Insert Into 学生信息(学号,姓名,出生日期)

```
Values('2003406006','马华',#1985-12-30#)
```

13.3.5 更新语句——Update

更新语句用于将已有符合条件的数据进行更新操作。更新操作对应的 SQL 命令为 Update 命令。

1. Update 语句的格式

Update 语句的格式为

```
Update 表名 Set 字段名1=表达式1[,字段名2=表达式2]… [Where 条件表达式]
```

说明：

（1）字段名为要更新的字段，表达式是要更新的数值。

（2）Where 设置要更新条件，条件表达式与 Select 语句的条件表达式相同。如果 Where 子句被省略，更新表中的所有数据。

2．Update 语句的用法

下面介绍 Update 语句的几种常见用法。

（1）更新字段的全部值

例如，将所有选修了 101 课程的成绩大于 50 小于 60 的同学的成绩改为 60 分：

```
Update 选课信息 Set 成绩=60 where 成绩>50 and 成绩<60 and 课程号='101'
```

（2）字段值自增

例如，将所有选修了 101 课程的同学成绩调低 10%：

```
Update 选课信息 Set 成绩=成绩*0.9 where 课程号='101'
```

（3）清除字段值

例如，将所有选修了 102 课程的同学成绩清空，但是不能删除学生的选课信息：

```
Update 选课信息 set 成绩=null where 课程号='102'
```

13.3.6 删除语句——Delete

删除语句用于将已有符合条件的数据进行删除操作。删除操作对应的 SQL 命令为 Delete 命令。

1．Delete 语句的格式

Delete 语句的格式为

```
Delete  From 表名  [Where <条件表达式>]
```

说明：

（1）Delete 语句删除符合条件的记录，而不是个别字段值。

（2）<条件表达式>与 Select 语句的条件表达式相同。如果 Where 子句被省略，删除所有数据。

2．Delete 语句的用法

下面介绍一下 Delete 语句的基本用法。

（1）删除符合条件的记录

例如，删除所有没有输入姓名的同学信息：

```
Delete From 学生信息 Where 姓名 is Null
```

（2）删除全部数据

例如，删除所有的学生信息：

```
Delete From 学生信息
```

13.4 数据访问控件——ADO Data 控件

在 Visual Basic 中，可用的数据访问接口有 3 种：ActiveX 数据对象（ADO）、远程数据对象（RDO）和数据访问对象（DAO）。数据访问接口是一个对象模型，它代表了访问数据的各个方面。在这 3 种数据访问接口中最新的是 ADO，它比 RDO 和 DAO 更加简单，而且是更加灵活的对象模型。本节主要介绍 ADO Data 控件访问数据库的方法。

13.4.1 ADO Data 数据绑定

ADO Data 控件使用户能够利用 ADO（Microsoft ActiveX Data Objects）技术快速地创建一个到数据库的连接，并通过数据绑定的方法方便的访问数据库。下面通过一个学生信息编辑的例子，介绍 ADO Data 控件连接数据源、设置记录源和绑定数据控件的方法。

【例 13.1】设计一个简易的学生信息编辑程序，数据库使用前面设计的"学生管理系统.mdb"Access 数据库。

1. 添加控件

由于 ADO Data 控件是一个 ActiveX 控件，因此在使用前必须添加该控件，添加的方法为：在控件工具箱上单击鼠标右键，选择"部件（O）…"菜单项，弹出如图 13-10 所示的"部件"对话框，在对话框中选择"Microsoft ADO Data control6.0 (OLEDB)"，单击"确定"按钮后，ADO Data 控件就被添加到控件工具箱上，ADO Data 控件的图标为 ⚬。

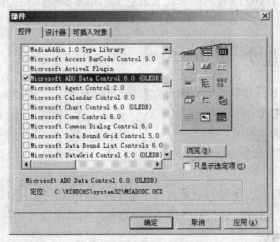

图 13-10 "部件"对话框

2. 使用 ADO Data 控件访问数据库

（1）连接数据源

① 在窗体上添加 ADO Data 控件后，可以通过单击鼠标右键选择"属性"菜单项，弹出如图 13-11 所示的"属性页"对话框。

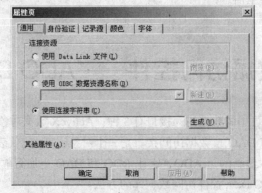

图 13-11 "ADO Data 控件属性页"对话框

② 在属性页中，可以通过"通用"选项卡的"生成"按钮生成连接数据库的字符串，如图 13-12 所示。

③ 在图 13-12 所示的对话框中，用户可以根据使用的数据库类型选择相应的连接类型，如果连接 Sql Server 数据库，选择"Microsoft OLE DB Provider for SQL Server"；如果连接 Access 数据库，选择"Microsoft Jet 4.0 OLE DB Provider"。然后单击"下一步"按钮，弹出如图 13-13 所示的对话框。

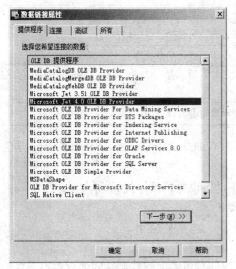 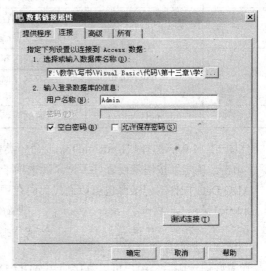

图 13-12 "数据链接属性"对话框　　　　　　　图 13-13 "连接"选项卡

④ 在图 13-13 中，单击 按钮，选择 Access 数据库，如本例的"学生管理系统.mdb"。单击"测试连接"按钮，提示"测试连接成功"后，单击"确定"按钮关闭对话框。

用户也可以在代码中通过设置 ADO Data 控件的 ConnectionString 属性连接数据源，具体代码为

```
Adodc1.ConnectionString="Provider=Microsoft.Jet.OLEDB.4.0;Data Source=F:\教学\写书
\Visual Basic\代码\第13章\学生管理系统.mdb;Persist Security Info=False"
```

（2）设置记录源

ADO Data 控件连接到数据库后，可以通过控件的"属性页"对话框中的"记录源"选项卡设置访问的数据，如图 13-14 所示。

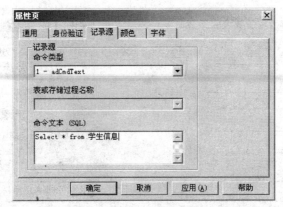

图 13-14 "ADO Data 控件记录源"选项卡

在图 13-14 中，首先选择"命令类型"，然后再在"命令文本"文本框中输入相应的命令文本。命令类型和命令文本之间的关系如表 13.9 所示。

表 13.9 记录源命令类型

值	系 统 常 数	说　明
1	AdCmdText	将记录源的内容作为文本命令访问数据库 如命令文本为：Select * from 学生信息
2	AdCmdTable	将记录源的内容作为表名访问数据库 如在"表或存储过程名称"里选择：学生信息
4	AdCmdStoredProc	将记录源的内容作为存储过程访问数据库 如在"表或存储过程名称"里选择：GetStudent，GetStudent 为存储过程名
8	AdCmdUnknown	将记录源的内容作为未知类型的命令访问数据库

在图 13-14 中，选择"1-adCmdText"命令类型，并在命令文本总输入"Select * from 学生信息"，单击"确定"按钮就设置好了记录源选项卡。

ADO Data 控件的记录源也可以通过代码在程序中动态设置，具体代码为

```
Adodc1.CommandType = adCmdText        '设置命令类型
Adodc1.RecordSource = "select * from 学生信息"        '设置命令文本
```

（3）绑定数据控件

设置好记录源后，用户可以直接使用 ADO Data 控件对窗体上的数据空间进行绑定，具体步骤如下。

① 在窗体上添加数据绑定控件（如文本框、组合框、列表框等）等。本例添加了文本框和组合框控件，将性别组合框的列表项设置为"男"和"女"；将民族列表框的列表项设置为"满族"、"汉族"、"藏族"、"回族"、"蒙古族"和"其他民族"，界面如图 13-15 所示。

② 在窗体上添加好数据绑定控件后，设置每个空间的 DataSource 属性为"Adodc1"，并将每个控件的 DataField 设置为相应的字段名，如"学号"文本框的 DataField 属性设置为"学号"，"姓名"文本框的 DataField 属性设置为"姓名"……

③ 运行程序后，可以直接浏览和修改学生信息数据，并可以通过 Adodc1 控件的记录定位按钮定位记录。程序运行效果如图 13-16 所示。

图 13-15　学生信息编辑程序设计界面

图 13-16　学生信息编辑程序运行界面

13.4.2　常用属性和方法

ADO Data 控件常用的属性和方法有 ConnectionString 属性、CommandType 属性、RecordSource 属性、CursorType 属性、LockType 属性和 Refresh 方法。

1. ConnectionString 属性

该属性用于设置 ADO Data 控件的数据源，可以通过属性窗口生成，图 13-11、图 13-12 和图 13-13 介绍了 ConnectionString 属性连接串的生成过程。

用户也可以在程序代码中通过该属性动态设置 ADO Data 控件的数据源。

（1）连接 Access 数据库的代码为

```
Adodc1.ConnectionString="Provider=Microsoft.Jet.OLEDB.4.0;Data Source=F:\教学\写书
\Visual Basic\代码\第13章\学生管理系统.mdb;Persist Security Info=False"
```

其中，连接串中的 DataSource 的内容为数据库的绝对路径。

（2）连接 Sql Server 数据库的代码为

```
Adodc1.ConnectionString= "Provider=SQLOLEDB.1;Password=userpass;Persist Security
Info=True;User ID=username;Initial Catalog=DataBaseName;Data Source=127.0.0.1"
```

其中，连接串中的 User ID 内容为 SQL Server 数据库用户的账号，Password 内容为 SQL Server 数据库用户的密码，Initial Catalog 为要访问的数据库名称，Data Source 为 SQL Server 数据库计算机的 IP 地址。

2. CommandType 属性

该属性用于设置 ADO Data 控件命令类型。该属性的取值及含义如表 13.9 所示。

3. RecordSource 属性

该属性用于设置 ADO Data 控件的记录源，即设置用户要访问的数据内容。该属性的含义随 CommandType 属性变化而变化。例如，如果用户将 CommandType 设置为 adCmdTable，该属性可以设置为一个表名；如果用户将 CommandType 设置为 adCmdText，该属性可以设置为一条 SQL 语句。

例如，用户要访问学生信息表中的所有内容，可以用以下代码实现：

```
Adodc1.CommandType=adCmdTable
Adodc1.RecordSource="学生信息"
```

或者

```
Adodc1.CommandType=adCmdText
Adodc1.RecordSource="select * from 学生信息"
```

4. CursorType 属性

该属性用于设置启动数据的游标类型。该属性的取值及含义如表 13.10 所示。

表 13.10　　　　　　　　　　　　　　CursorType 属性取值及含义

常　　量	属 性 值	说　　　明
AdOpenForwardOnly	0（默认值）	只许前移。除了只允许向前移动外，其余与静态游标相同
AdOpenKeyset	1	键集。键集类型的游标除了记录集是固定的，其他的与动态光标相同。可以看到其他用户的修改，但新记录却不可见。如果别的用户删除了记录，那么这些记录在记录集中将会变得不可访问
AdOpenDynamic	2	动态。动态的游标没有固定的记录集。其他用户的更改、添加和删除操作在记录集中是可见的。允许在记录集中向前、向后移动

常　　量	属 性 值	说　　明
AdOpenStatic	3	静态。静态游标含有对记录的静态拷贝。这意味着在记录集建立之后，记录集的内容就固定了。其他用户对记录的更改、添加和删除都是不可见的。允许在记录集中向前、向后移动

5. LockType 属性

该属性用于设置访问记录集的锁定类型。该属性的取值及含义如表 13.11 所示。

表 13.11　　　　　　　　　　　　　　　　LockType 属性取值及含义

常　　量	属 性 值	说　　明
adLockReadOnly	1（默认值）	Recordset 对象以只读方式启动，无法运行 AddNew、Update 及 Delete 等方法
adLockPrssimistic	2	当数据源正在更新时，系统会暂时锁住其他用户的动作，以保持数据一致性
adLockOptimistic	3	当数据源正在更新时，系统并不会锁住其他用户的动作，其他用户可以对数据进行增、删、改操作
adLockBatchOptimistic	4	当数据源正在更新时，其他用户必须将 CursorLocation 属性改为 adUdeClientBatch 才能对数据进行增、删、改操作

6. Refresh 方法

该方法用于刷新 ADO Data 控件的记录集。如果需要更新 ADO Data 控件的记录集，可以通过修改 ADO Data 控件的 RecordSource 重新设置记录集，并用该方法刷新。例如：

```
Adodc1.CommandType=adCmdText
Adodc1.RecordSource="Select * from 学生信息 where 性别='男'"
Adodc1.Refresh
```

13.4.3　RecordSet 对象的属性和方法

RecordSet 对象是 ADO Data 控件的一个十分重要的属性对象，该对象里保存了用户要访问的数据，通过该属性对象提供了丰富的访问数据库的功能，如移动记录位置、添加记录、删除记录、记录的查找等。

1. 常用属性

（1）AbsolutePosition 属性

该属性用于确定目前指标在记录集中的位置，该属性的值为一个整数，如果光标在第 1 条记录，该属性的值就为 1。

（2）BOF 与 EOF 属性

BOF 与 EOF 属性用于判断记录集的游标是否到了第一行记录之前和最后一行记录之后。

若当前记录的位置是在一个 Recordset 对象第一行记录之前时，BOF 属性返回 True，反之则返回 False。

若当前记录的位置是在一个 Recordset 对象最后一行记录之后时，EOF 属性返回 True，反之则返回 False。

若 BOF 与 EOF 都为 True，表示在 RecordSet 里没有任何记录。

（3）RecordCount 属性

该属性保存了记录集记录的条数。

（4）Filter 属性

该属性用于为记录集数据指定筛选条件，使用 Filter 属性可选择性地筛选 Recordset 对象中的记录，已筛选的 Recordset 将成为当前游标。

例如，可以通过下面的代码实现在记录集中筛选出姓李的同学信息。

```
Adodc1.RecordSet.Filter="姓名 Like '李%'"
```

2．常用方法

（1）记录移位方法

RecordSet 对象提供了 5 个记录移动方法。

① MoveFirst 方法

该方法用于把记录集指针指向第一条记录。

例如：Adodc1.RecordSet.MoveFirst

② MoveLast 方法

该方法用于把记录集指针指向最后一条记录。

例如：Adodc1.RecordSet.MoveLast

③ MovePrevious 方法

该方法用于把记录集指针上移一行。注意，使用前应判断 BOF 是否为真。

例如：

```
If  not  Adodc1.RecordSet.BOF Then
    Adodc1.RecordSet.MovePrevious
End If
```

④ MoveNext 方法

该方法用于把记录集指针下移一行。注意，使用前应判断 EOF 是否为真。

例如：

```
If  not  Adodc1.RecordSet.EOF Then
    Adodc1.RecordSet. MoveNext
End If
```

⑤ Move 方法

该方法用于把记录集指针在当前位置向前或向后移动几行，整数表示向后移动几行，负数表示向前移动几行。

例如：

```
Adodc1.RecordSet.Move 1       '将记录集指针从当前位置向后移 1 行
Adodc1.RecordSet.Move -1      '将记录集指针从当前位置向前移 1 行
```

（2）记录操作方法

① AddNew 方法

该方法用于在记录集中增加一条空记录。

例如：

```
Adodc1.RecordSet.AddNew
Adodc1.RecordSet.Fields("学号")="1001"
Adodc1.RecordSet.Fields("姓名")= "张三"
Adodc1.RecordSet.Fields("性别")="男"
Adodc1.RecordSet.Fields("专业")="计算机技术"
Adodc1.RecordSet.Fields("出生日期")=#1980-9-1#
```

```
Adodc1.RecordSet.Update
```
② Delete 方法

该方法用于删除当前记录。

例如：
```
Adodc1.Recordset.Delete
```
③ Update 方法

该方法用于保存当前记录的任何变动。

例如：
```
Adodc1.RecordSet.Fields("民族")="汉族"
Adodc1.RecordSet.Update
```
④ CancelUpdate 方法

该方法用于取消对当前记录所做的修改。

例如：
```
Adodc1.RecordSet.Fields("民族")="汉族"
Adodc1.RecordSet.CancelUpdate
```

13.4.4 应用事例

【例 13.2】利用 ADO Data 控件对例 13.1 的功能进行升级，增加学生信息的添加、修改、删除和查找功能，并通过按钮实现记录的移位操作。对象属性如表 13.12 所示，程序运行结果如图 13-17 所示。

表 13.12　　　　　　　　　　　　对象属性表

对象名	类别	属性（属性值）
Adodc1	ADO Data	Visible（False）
txtId	文本框	DataSource（Adodc1）、DataField（学号）
txtName	文本框	DataSource（Adodc1）、DataField（姓名）
cmbSex	组合框	List（"男"和"女"）、DataSource（Adodc1）、DataField（性别）
txtMajor	文本框	DataSource（Adodc1）、DataField（专业）
txtBirth	文本框	DataSource（Adodc1）、DataField（出生日期）
cmbMZ	组合框	List（"满族"、"汉族"、"藏族"、"回族"、"蒙古族"、"其他民族"）、DataSource（Adodc1）、DataField（民族）
提示标签	标签	文本框前一系列提示标签，Caption 属性如程序界面所示
lblStatus	标签	Caption(空)
cmdFirst	命令按钮	Caption（<<）
cmdPrev	命令按钮	Caption（<）
cmdNext	命令按钮	Caption（>）
cmdLast	命令按钮	Caption（>>）
cmdAdd	命令按钮	Caption（添加）
cmdDelete	命令按钮	Caption（删除）
cmdSave	命令按钮	Caption（保存）、Default（True）
cmdSearch	命令按钮	Caption（查找）

程序代码如下：

```
'显示当前位置信息
Sub SetStatus()
    lblStatus.Caption = "当前位置: " & Adodc1.Recordset.AbsolutePosition & "/" &
Adodc1.Recordset.RecordCount
End Sub
'窗体加载事件代码
Private Sub Form_Load()
    Adodc1.ConnectionString = "Provider=Microsoft.Jet.OLEDB.4.0;Data Source=" &
App.Path & "\学生管理系统.mdb;Persist Security Info=False"
    Adodc1.CommandType = adCmdText
    Adodc1.RecordSource = "select * from 学生信息"
    Adodc1.Refresh
    SetStatus
End Sub
'添加记录按钮单击事件代码
Private Sub cmdAdd_Click()
    Adodc1.Recordset.AddNew
End Sub
'删除记录按钮单击事件代码
Private Sub cmdDelete_Click()
    If MsgBox("真的要删除该学生信息吗? ", vbYesNo + vbDefaultButton2 + vbQuestion) = vbYes
Then
        Adodc1.Recordset.Delete
        '删除当前记录后；显示的记录要变成前一条或后一条
        If Not Adodc1.Recordset.BOF Then
            Adodc1.Recordset.MovePrevious
        ElseIf Not Adodc1.Recordset.EOF Then
            Adodc1.Recordset.MoveNext
        Else
            MsgBox "没有任何数据"
        End If
    End If
End Sub
'保存记录按钮单击事件代码
Private Sub cmdSave_Click()
    Adodc1.Recordset.Update
End Sub
'查找记录和全部显示按钮单击事件代码
Private Sub cmdSearch_Click()
    Dim SearchName As String
    If cmdSearch.Caption = "查找" Then
        cmdSearch.Caption = "所有"
        SearchName = InputBox("请输入要查找的姓名或专业")
        If SearchName <> "" Then
            Adodc1.Recordset.Filter = "姓名 like '%" & SearchName & "%' or 专业 like '%"
& SearchName & "%'"
        End If
    Else
        cmdSearch.Caption = "查找"
        Adodc1.Recordset.Filter = ""
    End If
    SetStatus
End Sub
'移动记录到最前按钮单击事件代码
```

```
Private Sub cmdFirst_Click()
    Adodc1.Recordset.MoveFirst
    SetStatus
End Sub
'移动记录到最后按钮单击事件代码
Private Sub cmdLast_Click()
    Adodc1.Recordset.MoveLast
    SetStatus
End Sub
'移动记录到下一条按钮单击事件代码
Private Sub cmdNext_Click()
    If Not Adodc1.Recordset.EOF Then
        Adodc1.Recordset.MoveNext
        '防止最后 条记录，向后移，显示空白数据
        If Adodc1.Recordset.EOF Then
            Adodc1.Recordset.MoveLast
        End If
    End If
    SetStatus
End Sub
'移动记录到前一条按钮单击事件代码
Private Sub cmdPrev_Click()
    If Not Adodc1.Recordset.BOF Then
        Adodc1.Recordset.MovePrevious
        '防止第一条记录，向前移，显示空白数据
        If Adodc1.Recordset.BOF Then
            Adodc1.Recordset.MoveFirst
        End If
    End If
    SetStatus
End Sub
```

程序运行后，用户可以实现数据的添加、删除、保存、查找等功能，运行结果如图 13-17 所示。

图 13-17　改进的学生信息编辑程序运行界面

13.5　数据表格控件——DataGrid 控件

上一节介绍了利用 ADO Data 控件通过绑定文本框、组合框等控件显示、编辑数据，在这种

方式中，每次用户只能浏览一条记录，无法浏览全部数据。而利用 DataGrid 控件，用户可以浏览全部数据。本节将介绍利用 ADO Data 控件和 DataGrid 控件相结合访问数据库的基本方法。

13.5.1　DataGrid 控件数据绑定

利用 DataGrid 控件和 ADO Data 控件可以方便、快速地将数据库中的数据以表格的形式显示。具体步骤如下。

1. 添加控件

由于 DataGrid 控件是一个 ActiveX 控件，因此，在使用该控件之前，必须要添加该控件，该控件的添加方法和 ADO Data 控件的添加方法类似。在控件工具箱上单击鼠标右键，选择"部件（O）…"命令，弹出如图 13-10 所示的"部件"对话框，在对话框中选择"Microsoft DataGrid control6.0（OLEDB）"，单击"确定"按钮后，DataGrid 控件就被添加到控件工具箱上，DataGrid 控件的图标为 。

由于 DataGrid 控件要和 ADO Data 控件绑定使用，因此，必须要同时将 ADO Data 控件添加到控件工具箱上。

2. 绑定数据

下面通过一个事例介绍 DataGrid 控件绑定数据的方法。

【例 13.3】利用 ADO Data 控件和 DataGrid 控件显示"学生管理系统.mdb"数据库中的学生信息表的内容。

（1）设置 ADO Data 控件

在窗体上添加 ADO Data 控件，并利用 13.4.1 中介绍的方法将 ADO Data 控件的数据源设置为"学生管理系统.mdb"的 Access 数据库，同时将记录源的命令类型设置为 adCmdTable，并在"表或存储过程名称"组合框中选择"学生信息"表。

（2）DataGrid 控件绑定

设置好 ADO Data 控件后，在窗体上添加 DataGrid 控件，并将 DataGrid 控件的 DataSource 属性设置为"Adodc1"，然后运行窗体，用户可以在表格里直接浏览和编辑数据。程序运行界面如图 13-18 所示。

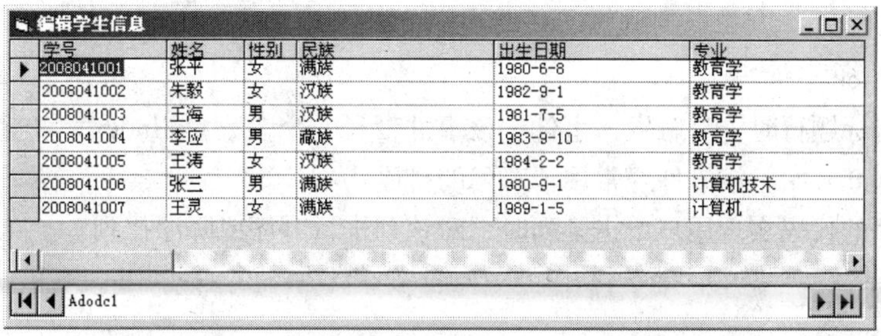

图 13-18　DataGrid 数据绑定程序运行界面

13.5.2　DataGrid 控件常用属性和事件

1. 常用属性

（1）DataSource 属性

该属性用于设置记录源，一般添加 ADO Data 控件后可以选择。

（2）AllowAddNew 属性

该属性用于设置 DataGrid 控件中显示的数据是否允许添加新记录，该属性的取值是布尔型，如果设置为 True 允许添加新记录，如果为 False 不允许添加新记录。

（3）AllowDelete 属性

该属性用于设置 DataGrid 控件中显示的数据是否允许删除记录，该属性的取值是布尔型，如果设置为 True 允许用户按"Delete"键删除记录，如果为 False 不允许删除记录。

（4）AllowUpdate 属性

该属性用于设置 DataGrid 控件中显示的数据是否允许修改，该属性的取值是布尔型，如果设置为 True 允许修改，如果为 False 不允许修改。

（5）Caption 属性

该属性用于设置 DataGrid 控件的标题。

（6）RowHeight 属性

该属性用于设置所有网格行的高度。

（7）Row 属性

该属性用于返回当前所在的行，行从 0 开始。该属性只能在代码中使用。

（8）Text 属性

该属性返回当前单元格的文本内容。该属性只能在代码中使用。

2．常用事件

（1）BeforeDelete 和 AfterDelete 事件

用户在删除记录时，在记录集执行删除操作之前，将触发 BeforeDelete 事件。通过该事件可以实现删除提示功能。

用户成功删除记录后，将触发 AfterDelete 事件。通过该事件可以实现记录删除后的一些收尾工作。

例如，下面的代码实现了在删除记录前对用户进行提示的功能。

```
Private Sub DataGrid1_BeforeDelete(Cancel As Integer)
    If MsgBox("真的要删除记录吗? ", vbYesNo + vbDefaultButton2 + vbQuestion) = vbNo Then
        Cancel = True
    End If
End Sub
```

（2）HeadClick 事件

用户在单击标题行时，将触发该事件。该事件带有一个参数 ColIndex，该参数保存用户单击的列号，列号从 0 开始。该事件经常用于对列的排序。

例如，下面的代码实现用户单击某列时，对该列进行升序或降序排列。

```
Private Sub DataGrid1_HeadClick(ByVal ColIndex As Integer)
    Dim i As Integer
    Dim c As String
    '判断非当前列是否有箭头，如果有箭头去掉非当前列的箭头
    For i = 0 To DataGrid1.Columns.Count - 1
        c = DataGrid1.Columns(i).Caption
        If i <> ColIndex Then     '判断是否为当前列
            '判断标题中是否有箭头，有则去掉箭头
            If Right(c, 1) = "↑" Or Right(c, 1) = "↓" Then
                DataGrid1.Columns(i).Caption = Left(c, Len(c) - 1)
            End If
```

```
        End If
    Next
    '得到当前列的标题
    c = DataGrid1.Columns(ColIndex).Caption
    '判断当前列的标题的箭头方向
    If Right(c, 1) = "↑" Then          '如果有向上箭头，表明单击后该降序排列
        DataGrid1.Columns(ColIndex).Caption = Left(c, Len(c) - 1) & "↓"
        '降序排列代码
        Adodc1.Recordset.Sort = DataGrid1.Columns(ColIndex).DataField & " desc"
    ElseIf Right(c, 1) = "↓" Then        '如果有向下箭头，表明单击后该升序排列
        DataGrid1.Columns(ColIndex).Caption = Left(c, Len(c) - 1) & "↑"
        '升序排列代码
        Adodc1.Recordset.Sort = DataGrid1.Columns(ColIndex).DataField
    Else      '如果没有箭头，按升序排列
        DataGrid1.Columns(ColIndex).Caption = c & "↑"
        '升序排列代码
        Adodc1.Recordset.Sort = DataGrid1.Columns(ColIndex).DataField
    End If
End Sub
```

程序运行界面如图 13-19 所示。

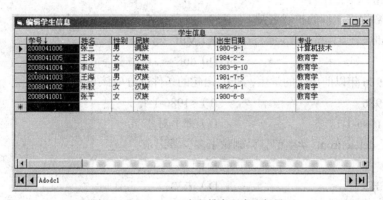

图 13-19　DataGrid 字段排序程序运行界面

本章小结

　　本章介绍了数据库中的基本概念、数据库的设计与管理方法、常用 SQL 语句的格式、数据访问控件 ADO Data 和 DataGrid 的用法。

　　数据库的发展经历了人工阶段、文件阶段和数据库阶段。在数据库阶段采用最多的数据模型为关系模型。在关系模型中表是一张二维表格，字段是表中的列，记录是表中的行，关键字是能够为一区分该行与其他不同的字段，因此关键字字段的值不能重复，某字段在其他表中是关键字，在当前表中该字段不是关键字，就被称为外部关键字。

　　在数据库设计时，一定要遵循几个基本原则。

　　（1）表的内容单一化。

　　（2）避免在表之间出现重复的字段。

（3）表中的字段必须是彼此独立的。

（4）用外部关键字保证有关联的表之间的联系。

应用程序访问数据库的方法就是通过 SQL 语句。最常用的 SQL 语句包括查询语句 Select、更新语句 Update、插入语句 Insert 和删除语句 Delete。

Visual Basic 访问数据库的控件主要有 ADO Data 控件和 DataGrid 控件。ADO Data 控件主要用来连接数据库和对记录集的操作，要浏览和操作数据必须通过和其他控件的绑定来完成，比如文本框控件、组合框控件、列表框控件、标签控件等。DataGrid 控件可以将 ADO Data 控件中的记录集以表格的形式表现出来，用户通过该控件可以直接在表格中浏览数据、编辑数据和删除数据。

通过对本章的学习，要求读者熟悉数据库中的基本术语，掌握数据库的设计原则和 Access 数据的设计和管理方法。重点掌握 Select、Insert、Update 和 Delete 几个最常用的 SQL 语句的用法，并熟悉 ADO Data 控件和 DataGrid 控件访问和操作数据库的方法。

习　题

一、选择题

1. Acess 数据库文件的扩展名是_____。

　A）Mdb 　　　　　　　　　　B）Mdf

　C）db 　　　　　　　　　　　D）dbf

2. 查询 1986 年以前出生的学生，SQL 语句的条件部分应该写为_____。

　A）<1986 　　　　　　　　　B）<1986-1-1

　C）<#1986-1-1# 　　　　　　 D）都不对

3. 执行了 delete from 学生信息，删除了多少条记录_____。

　A）0 　　　　　　　　　　　 B）1

　C）全部 　　　　　　　　　　D）未知

4. 将 1001 号课程的学分更改为 3，对应的 SQL 语句为_____。

　A）update 课程信息 set 学分=3 where 课程号='1001'

　B）update 课程信息 set 学分='3' where 课程号='1001'

　C）update 课程信息 set 学分=3 where kclb=1001

　D）都可以

5. 关于数据类型，下面说法正确的是_____。

　A）是否类型对应的值为：是和否

　B）对于 1 000 个汉字的字符串，应存为文本型

　C）自动编号类型的数据由系统自动增加

　D）身份证号码应该存为数字类型

6. 对 "order by 出生日期 desc，专业" 说法，正确的是_____。

　A）按程序日期升序专业降序 　　 B）按程序日期降序专业 升序

　C）按程序日期和专业降序 　　　 D）按程序日期和专业升序

7. RecordSet 对象不具有的方法是_____。

　A）Move　　　　B）Refresh　　　　C）Update　　　　D）Delete

8. DataGrid 控件通过_____属性绑定数据。

    A）DataSource   B）DataField   C）DataMember   D）Text

二、编程题

1. 利用 ADO Data 控件和 DataGrid 控件制作一个课程管理系统，功能包括课程信息的添加、修改、删除和查找。数据库采用本章设计的"学生管理系统.mdb"数据库。

2. 为上一题编写一个用户登录的程序，用户输入账号和密码如果全部正确，准许进入系统，否则不准进入系统。在"学生管理系统.mdb"中增加"用户"表，表结构如表 13.13 所示。

表 13.13   用户表结构

字 段 名	类 型	长 度	说 明
账户	文本	10	主键
密码	文本	50	

本章要点：
- 熟悉 Visual Basic 中的文件操作命令和函数；
- 掌握文件系统基本控件的用法；
- 掌握利用 FSO 对象对文件、文件夹和驱动器的操作方法。

Visual Basic 具有较强的文件处理能力，不仅能够对文件进行读写操作，同时还提供了用于对文件系统进行操作的语句和函数。另外，Visual Basic 还提供了一个专用于文件系统操作的 FSO 组件，该组件集成了所有的文件系统操作，通过该组件可以直接访问驱动器、文件夹和文件，使得用户可以很方便地访问文件系统。

14.1　文件操作语句和函数

Visual Basic 提供了许多与文件操作有关的语句和函数，用户可以很方便地利用这些语句和函数对文件或文件夹进行各种操作。

14.1.1　文件操作语句和函数

1．删除文件（Kill 语句）

使用 Kill 语句可以实现从磁盘中删除一个文件的功能。语句的格式为

```
Kill <FileName>
```

例如：

```
Kill "c:\test\t1.txt"
```

说明：在使用该语句时，FileName 是必须的，包含驱动器、文件夹和文件名。该语句的文件名部分还可以使用通配符 "*" 和 "？" 实现多文件的删除。

例如，下面的代码将删除 c:\test 文件架下的所有扩展名为 ".doc" 的文件。

```
Kill "c:\test\*.doc"
```

2．拷贝文件（FileCopy 语句）

使用 FileCopy 语句可以实现将一个文件复制到指定位置。语句的格式为

```
FileCopy <SourceFileName>,<DestFileName>
```

例如：

```
FileCopy "c:\test\t2.txt","c:\temp\t3.txt"
```

SourceFielName 表示复制的源文件名，DestFileName 表示目标文件名。

说明：该语句不能复制一个已经打开的文件，否则会产生错误。即使目标文件名与源文件名相同，目标文件名中的文件名部分也不能省略。

3. 文件重命名（Name 语句）

使用 Name 语句可以对一个文件或文件夹进行重命名操作。语句的格式为

```
Name <oldFileName> As <newFileName>
```

例如：

```
Name "c:\test\t1.bak" As "c:\test\t2.bak"
Name "c:\test" As "c:\test2"
```

说明：

（1）该语句只能重命名已经存在的文件或文件夹，同时，不能对已打开的文件进行重命名操作，否则会产生错误。

（2）如果旧文件名和新文件名位置不同，该语句实现的是文件的移动操作。

例如，将"c:\test2\t2.txt"文件移动到"c:\temp\"文件夹下，并更名为"t3.txt"的语句为

```
Name "c:\test2\t2.txt" As "c:\temp\t3.txt"
```

（3）该语句不能使用通配符对多个文件进行操作。

4. 设置文件属性（SetAttr 语句）

使用 SetAttr 语句可以对文件属性进行设置。语句格式为

```
SetAttr <FileName>,<Attributes>
```

例如：

```
SetAttr "c:\test2\t3.txt", vbHidden + vbReadOnly
```

文件的属性值是一个常数或数值表达式，常用来表示文件的属性。文件的属性值如表 14.1 所示。

表 14.1　Attributes 参数值及说明

内 部 常 数	值	说　　明
vbNormal	0	常规
vbRaedonly	1	只读
vbHidden	2	隐藏
vbSystem	4	系统文件
vbArchive	32	上次备份后，文件已改变

说明：不能为打开的文件设置属性，否则会产生错误。

5. 获取文件属性（GetAttr 函数）

GetAttr 函数用于获取一个文件的属性，返回一个 Integer 类型的值，该值为一个文件或文件夹的属性。函数的使用格式为

```
GetAttr(<FileName>)
```

GetAttr 函数的返回值为表 14.2 所示的属性值或属性值的和。

表 14.2　文件属性返回值及说明

内 部 常 数	值	说　　明
vbNormal	0	常规
vbReadOnly	1	只读
vbHidden	2	隐藏

内 部 常 数	值	说　　明
vbSystem	4	系统文件
vbDirectory	16	目录或文件夹
vbArchive	32	上次备份以后，文件已经改变
vbalias	64	指定的文件名是别名

若要判断是否设置了某个属性，在 GetAttr 函数与想要得到的属性值之间使用 And 运算符逐位比较。如果所得的结果不为零，则表示设置了这个属性值。例如，在下面的 And 表达式中，如果档案（Archive）属性没有设置，则返回值为零。

```
Result = GetAttr(FName) And vbArchive
```

如果文件的档案属性已设置，则返回非零的数值。

6. 获得文件日期时间（FileDateTime 函数）

FileDateTime 函数返回一个日期类型值，此值为一个文件被创建或最后修改的日期和时间。函数的使用格式为

```
FileDateTime(<FileName>)
```

例如：

```
Private Sub Command1_Click()
    Dim MyDate As String    '定义变量
    MyDate = FileDateTime("c:\test2\MyFile.txt")    '获取文件的最后修改时间
    Print "该文件的最后修改时间为："; MyDate    '输出最后修改时间
End Sub
```

7. 获得文件大小（FileLen 函数）

FileLen 函数返回一个长整型值，代表一个文件的长度，单位是字节。函数的使用格式为

```
FileLen(<FileName>)
```

说明：当调用 FileLen 函数时，如果所指定的文件已经打开，则返回的值是这个文件在打开前的大小。若要取得一个打开文件的长度大小，可使用 LOF 函数。

例如：

```
Dim MySize
MySize = FileLen("C:\test2\MyFile.txt")    '返回文件的字节长度
```

8. 执行外部程序（Shell 函数）

Shell 函数用于执行一个外部程序。函数的使用格式为

```
ID=Shell(FileName [,WindowStyle])
```

如果调用外部程序成功，ID 的值是一个唯一的非零数值，如果调用不成功，ID 的值为 0。

Shell 函数启动外部程序后，默认情况下，被启动程序不会得到焦点，如果需要被启动的程序启动后获得焦点，必须指定 WindowStyle 参数，WindowStyle 参数值及说明如表 14.3 所示。

表 14.3　　　　　　　　　　Shell 函数的 WindowStyle 参数值及说明

内 部 常 数	值	说　　明
vbHide	0	窗口被隐藏，且焦点会移到隐式窗口
vbNormalFocus	1	窗口具有焦点，且会还原到它原来的大小和位置
vbMinimizedFocus	2	窗口会以一个具有焦点的图标来显示
vbMaximizedFocus	3	窗口是一个具有焦点的最大化窗口

内 部 常 数	值	说　　明
vbNormalNoFocus	4	窗口被还原到最近使用的大小和位置，而当前活动窗口仍然保持活动状态
vbMinimizedNoFocus	6	窗口会以一个图标来显示。而当前活动窗口仍然保持活动状态

例如，下面的代码将打开记事本和资源管理器，并将它们最大化。

```
I = Shell("c:\windows\NotePad.exe", vbMaximizedFocus)     '打开记事本
j = Shell("c:\windows\explorer.exe", vbMaximizedFocus)    '打开资源管理器
```

14.1.2　驱动器和文件夹操作语句和函数

1．改变当前驱动器（ChDrive 语句）

ChDrive 语句用于改变当前的驱动器。语句的格式为

```
ChDrive drive
```

drive：必要的参数，是一个字符串表达式，它指定一个存在的驱动器。如果使用零长度的字符串（""），则当前的驱动器将不会改变。如果 drive 参数中有多个字符，则 ChDrive 只会使用首字母。

例如，下面的代码用于将 D 盘设置为当前的驱动器。

```
ChDrive "D"
```

2．改变当前文件夹（ChDir 语句）

ChDir 语句用于改变当前文件夹。语句的格式为

```
ChDir path
```

path：必要的参数，是一个字符串表达式。它指明哪个文件夹将成为新的默认文件夹，path 可能会包含驱动器。如果没有指定驱动器，则 ChDir 在当前的驱动器上改变默认文件夹。

说明：ChDir 语句改变默认文件夹位置，但不会改变默认驱动器位置。

例如，如果默认的驱动器是 C，则下面的语句将会改变驱动器 D 上的默认文件夹，但是 C 仍然是默认的驱动器。

```
ChDir "D:\MyFolder"
```

3．获得当前文件夹（CurDir 函数）

CurDir 函数返回一个 Variant（String）型的值，用来代表当前的路径。函数的使用格式为

```
CurDir[(drive)]
```

drive：可选的参数，是一个字符串表达式，它指定一个存在的驱动器。如果没有指定驱动器或 drive 是零长度字符串（""），则 CurDir 会返回当前驱动器的路径。

例如，下面的代码利用 CurDir 函数来返回当前的路径。

```
Dim MyPath
MyPath = CurDir
```

4．新建文件夹（MkDir 语句）

MkDir 语句用于创建一个新的目录或文件夹。语句的格式为

```
MkDir path
```

path：必要的参数，是用来指定所要创建的目录或文件夹的字符串表达式。path 可以包含驱动器。如果没有指定驱动器，则 MkDir 语句会在当前驱动器上创建新的文件夹。

例如，下面在驱动器 C 盘中创建 MyFolder 文件夹。创建该文件前，应首先确定在该路径下是否存在同名的文件夹，如果存在同名的文件夹，将产生一个错误，提示"文件/路径访问错误"信息。

```
MkDir "C:\MyFolder"
```

5. 删除文件夹（RmDir 语句）

RmDir 语句用于删除一个指定的文件夹。语句的格式为

```
RmDir path
```

说明：RmDir 语句不能删除一个包含文件的文件夹，只能删除一个空文件夹。

14.2 文件系统控件

Visual Basic 提供了驱动器列表框、目录列表框和文件列表框 3 个文件系统控件来管理计算机中的文件。本节主要介绍这些控件的功能和用法，并介绍如何用它们开发应用程序。

14.2.1 驱动器列表框控件

驱动器列表框控件可以提供系统的驱动器列表，可以通过单击工具栏上的 □ 图标，在窗体上添加驱动器列表框控件。驱动器列表框控件的属性和事件主要有 Drive 属性和 Change 事件。

1. Drive 属性

Drive 属性用于获取或设置驱动且列表框控件的驱动器符号，该属性只能在代码中进行设置。例如，将驱动器列表框控件的初始驱动器符设置为"D"盘的代码如下：

```
Private Sub Form_Load()
    Drive1.Drive = "D:"
End Sub
```

2. Change 事件

当用户在驱动器列表框控件中更换驱动器时，将触发驱动器列表框的 Change 事件。例如，当用户改变驱动器符号时，弹出用户所选择驱动器符的代码如下：

```
Private Sub Drive1_Change()
    MsgBox Drive1.Drive
End Sub
```

14.2.2 目录列表框控件

目录列表框控件用于显示指定驱动器的目录结构，可以通过单击工具栏上 □ 图标，在窗体上添加目录列表框控件。目录列表框控件主要有 Path 属性和 Change 事件。

1. Path 属性

Path 属性用于获取或设置目录列表框控件的显示的目录信息，该属性只能在代码中使用。例如，将目录列表框控件的初始目录设置为"D"盘的代码如下：

```
Private Sub Form_Load()
    Dir1.Path = "D:"
End Sub
```

目录列表框控件可以和驱动器列表框控件组合使用，当用户在驱动器列表框控件中选择不同的驱动器，在目录列表框控件中显示相应驱动器的目录内容，实现目录和驱动器联动效果。程序代码如下：

```
Private Sub Drive1_Change()
    Dir1.Path = Drive1.Drive
End Sub
```

2．Change 事件

当用户双击目录列表框控件中的目录进入不同的目录时，将触发目录列表框的 Change 事件。例如，下面的代码实现当用户改变目录时，显示用户进入的目录名。

```
Private Sub Dir1_Change()
    MsgBox Dir1.Path
End Sub
```

14.2.3　文件列表控件

文件列表框控件用于显示指定文件夹下的文件信息，经常和驱动器列表框控件和目录列表框控件联用，实现联动效果。可以通过单击工具栏上 📄 图标，在窗体上添加文件列表框控件。文件列表框控件具有如下几个常用的属性。

1．显示指定属性的文件

该组属性包括 Archive 属性、Hidden 属性、ReadOnly 属性和 System 属性。

（1）Archive 属性

该属性用于设置是否显示具有"存档"属性的文件，该属性的值为逻辑值，如果为 True，表示显示具有"存档"属性的文件，否则，不显示具有"存档"属性的文件。

（2）Hidden 属性

该属性用于设置是否显示具有"隐藏"属性的文件，该属性的值为逻辑值，如果为 True，表示显示具有"隐藏"属性的文件，否则，不显示具有"隐藏"属性的文件。

（3）ReadOnly 属性

该属性用于设置是否显示具有"只读"属性的文件，该属性的值为逻辑值，如果为 True，表示显示具有"只读"属性的文件，否则，不显示具有"只读"属性的文件。

（4）System 属性

该属性用于设置是否显示具有"系统"属性的文件，该属性的值为逻辑值，如果为 True，表示显示具有"系统"属性的文件，否则，不显示具有"系统"属性的文件。

2．MultiSelect 属性

该属性用于设置文件列表框控件是否具有多项选择的功能，该属性的取值为 0、1 和 2。该属性的取值含义如下。

0 — None：不支持多项选择。

1 — Simple：支持简单的多项选择，用户可以单击多个文件，实现多项选择。

2 — Extended：支持多项选择，用户可以通过 Shift 键和 Ctrl 键实现选择连续和不连续的文件。

3．Pattern 属性

该属性用于设置文件列表框控件中显示文件的过滤方法。例如，在文件列表框中只显示"文本文件"，则需要将该属性设置为"*.TXT"。如果需要在文件列表框中显示多种类型文件时，可以通过用分号将多个文件类型分隔开的方法，例如，要求在文件列表框中显示"文本文件"和"可执行文件"，可以将该属性设置为"*.txt；*.exe"。

4．Path 属性

通过该属性可以设置在文件列表框控件中显示指定文件夹的文件列表。例如，下面的代码将在文件列表框控件中显示"C:\Windows"文件夹下的文件列表。

```
File1.Path=" C:\Windows"
```

5. FileName 属性

该属性用于获取用户选中的当前文件的名称。

6. ListCount 属性

该属性用于获取文件列表框控件中的文件数目。

7. List 属性

该属性用于获取文件列表框控件中指定条目的文件名称。该属性经常会和 Selected 属性结合使用，用于判断多个文件是否被选中的问题。下面的代码将弹出文件列表框控件中第 0 个文件的文件名称。

```
MsgBox File1.List(0)
```

8. Selected 属性

该属性用于判断文件列表框控件中指定条目是否被选中，该属性的取值为逻辑值，如果取值为 True，则表示指定条目的文件被选中，否则，表示未被选中。

【例 14.1】设计应用程序实现图片预览功能。具体要求为：驱动器列表框、目录列表框和文件列表框控件联动，文件列表框中只显示 gif、bmp、jpg 图片文件，当用户选择不同的图片文件时，在图像框控件中显示相应图片的内容。程序属性如表 14.4 所示，程序运行效果如图 14-1 所示。

表 14.4 图片预览程序控件属性

对 象 名	类 型	属性（属性值）
Form1	窗体	Caption（图片预览）
Frame1	框架	Caption（选择文件）
Drive1	驱动器列表框	
Dir1	目录列表框	
File1	文件列表框	
Frame2	框架	Caption（显示图片）
Image1	图像框	

程序代码如下：

```
'选择不同的目录，使得文件列表框内容发生改变
Private Sub Dir1_Change()
    File1.Path = Dir1.Path
End Sub
'选择不同的驱动器，使得目录列表框内容发生改变
Private Sub Drive1_Change()
    Dir1.Path = Drive1.Drive
End Sub

Private Sub File1_Click()
    Dim picName As String
    '通过文件列表框的目录属性和文件名属性连接，得到选中文件的全名
    picName = File1.Path & "\" & File1.FileName
    Image1.Picture = LoadPicture(picName)
End Sub

Private Sub Form_Load()
```

```
'设置文件过滤属性
    File1.Pattern = "*.bmp;*.jpg;*.gif"
    Image1.Stretch = True
End Sub
```

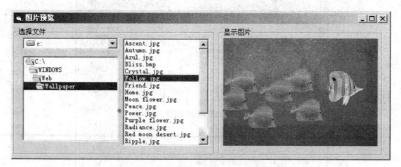

图 14-1　图片预览程序运行界面

14.3　文件系统对象（FSO 对象）

从 Visual Basic1.0 至今，Visual Basic 中有关文件的处理都是通过使用 Open、Write 以及其他一些相关的语句和函数来实现的。随着软件技术的不断发展，加上面向对象编程概念的日臻成熟，这些文件操作语句已经不能适应软件不断增加的复杂程度的需要了，因此，从 Visual Basic 6.0 开始，Microsoft 公司提出了一个全新的文件系统对象 FSO（File System Object）。

14.3.1　FSO 对象概述

1. FSO 对象概述

FSO 对象模型通过采用面向对象编程方法，将一系列文件和文件夹的操作通过调用对象本身的属性和方法直接实现。

FSO 对象模型不仅可以完成传统的文件和文件夹操作，如文件和文件夹的创建、改名、复制、移动和删除，而且可以检测指定的文件、文件夹是否存在。同时，FSO 对象模型还可以获取关于文件和文件夹的信息，如 FSO 对象可以获取文件或文件夹的名称、创建日期等信息，同时还可以获取当前系统中使用的驱动器的信息，如驱动器的种类，磁盘的剩余空间等信息。

FSO 对象模型包含在 Scripting 类型库（Scrrun.Dll）中，该库同时包含了 Drive、Folder、File、FileSystemObject 和 TextStream 5 个对象。Drive 对象用来收集驱动器的信息，如可用磁盘空间或驱动器的类型等信息。Folder 对象用于文件夹的操作以及获取文件夹的基本信息，如文件夹的创建、删除、移动等操作。File 对象主要完成磁盘上的文件操作以及获取文件基本信息，如文件的创建、删除、移动等操作。FileSystemObject 对象是 FSO 对象模型中最主要对象，该对象用于完成文件或文件夹的创建、删除以及驱动器、文件夹、文件相关信息的收集等操作。TextStream 对象用于完成对文件的读写操作。

2. FSO 对象的创建

（1）FSO 对象的引用

由于 FSO 对象包含在 Scripting 类型库（Scrrun.Dll）中，所以在使用前首先需要在工程中引用这个文件，单击"工程"菜单的"引用"选项，弹出如图 14-2 所示的"引用"对话框，然后在

"引用"对话框中选中"Microsoft Scripting Runtime"复选框，然后单击"确定"按钮完成 FSO 对象的引用。

图 14-2　引用对话框

（2）FSO 对象的创建

要创建 FSO 对象可以采用两种方法，一种是将一个变量声明为 FSO 对象类型，声明 FSO 对象类型的语句格式为

```
Dim 变量名 As New FileSystemObject
```

例如，下面的代码将变量名 fso 声明为一个 FileSystemObject 对象。

```
Dim fso As New FileSystemObject
```

另一种是通过 CreateObject 方法创建一个 FSO 对象，通过 CreateObject 方法创建 FSO 对象的语句格式为

```
Set 对象名 = CreateObject("Scripting.FileSystemObject")
```

例如，下面的代码将创建一个名称为 fso 的 FSO 对象。

```
Set fso = CreateObject("Scripting.FileSystemObject")
```

在实际使用中具体采用哪种声明方法，可根据个人的使用习惯而定。

完成了 FSO 对象模型的创建之后，就可以利用创建的对象对文件或文件夹进行操作。具体不同对象的使用方法将在下面的各个小节中进行介绍。

14.3.2　FileSytemObject 对象

FilcSystcmObject 对象是 FSO 对象模型中最主要对象，该对象用于完成文件或文件夹的创建、删除以及驱动器、文件夹、文件相关信息的收集等操作。FileSystemObject 对象具有以下几个常用方法。

1.　创建文件

CreateTextFile 方法用于一个文件，该方法的使用格式为

```
对象名.CreateTextFile FileName,OverWrite
```

说明：

（1）对象名必须是一个已经定义或创建的 FSO 对象。

（2）FileName：创建的文件名称，包括文件的路径和文件名。

（3）OverWrite：是否覆盖已经存在的同名文件，值为逻辑型，默认为 False。若值为 True，则覆盖已经存在的同名文件，否则，不覆盖。

2. 打开文件

OpenTextFile 方法用于打开一个文件，该方法的使用格式为

`对象名．OpenTextFile(FileName,IOMode,Create)`

说明：

（1）对象名必须是一个已经定义或创建的 FSO 对象。

（2）FileName：被打开的文件名称，包括文件的路径和文件名。

（3）IOMode：打开文件的模式，取值及其含义如下：

ForReading：打开一个文件，用于读取内容；

ForWriting：打开一个文件，用于写入内容；

ForAppending：打开一个文件，用于在文件原有内容后追加新内容。

（4）Create：是否自动创建不存在的文件，值为逻辑型，默认为 False。若值为 True，则自动创建一个不存在的文件，否则，如果打开一个不存在的文件时，系统报错。

（5）返回值是一个 TextStream 对象，利用该对象可以对打开的文件进行读写操作。

例如，下面的代码实现了向一个 "c:\Test\T1.txt" 文件中写入指定内容的代码。

```
Private Sub Command1_Click()
    Dim fso As New FileSystemObject
    Dim ts As TextStream
    Set ts = fso.OpenTextFile("c:\test\t1.txt", ForWriting, True)
    ts.Write "欢迎进入 Visual Basic 世界"
    ts.Close
    Set ts = Nothing
    Set fso = Nothing
End Sub
```

3. 复制文件

CopyFile 方法用于文件复制操作，该方法的使用格式为

`对象名.CopyFile Source, Destination, OverWrite`

说明：

（1）对象名必须是一个已经定义或创建的 FSO 对象。

（2）Source：指定要复制的源文件，如果源文件不存在，系统将报错。

（3）Destination：指定要复制的目标文件。

（4）OverWrite：是否覆盖已经存在的同名目标文件，值为逻辑型，默认为 False。若值为 True，则覆盖已经存在的同名目标文件，否则，不覆盖。

例如，下面的代码实现将 "C:\Test\T1.txt" 复制到 "C:\Temp\T2.txt" 的功能。

```
Private Sub Command1_Click()
    Dim fso As New FileSystemObject
    fso.CopyFile "c:\test\t1.txt", "c:\temp\t2.txt", True
End Sub
```

4. 移动文件

MoveFile 方法用于文件移动操作，该方法的使用格式为

`对象名．MoveFile Source, Destination`

说明：

（1）对象名必须是一个已经定义或创建的 FSO 对象。

（2）Source：指定要复制的源文件，如果源文件不存在，系统将报错。

（3）Destination：指定要复制的目标文件，如果目标文件已经存在，系统将报错。

例如，下面的代码实现将 "C:\Test\T1.txt" 移动到 "C:\Temp\T2.txt" 的功能。

```
Private Sub Command1_Click()
    Dim fso As New FileSystemObject
    fso.MoveFile "c:\test\t1.txt", "c:\temp\t2.txt"
End Sub
```

5. 删除文件

DeleteFile 方法用于文件删除操作，该方法的使用格式为

对象名. DeleteFile FileName,Force

说明：

（1）对象名必须是一个已经定义或创建的 FSO 对象。

（2）FileName：要删除的文件名称，包括文件的路径和文件名，如果指定的文件名称不存在，系统将报错。

（3）Force：是否删除只读文件，值为逻辑型，默认为 False。若值为 True，允许删除只读文件，否则不允许删除只读文件。

例如，下面的代码实现将 "C:\Test\T1.txt" 删除的功能。

```
Private Sub Command1_Click()
    Dim fso As New FileSystemObject
    fso.DeleteFile "c:\test\t1.txt", True
End Sub
```

6. 判断文件是否存在

FileExists 方法用于判断一个文件是否存在，该方法的使用格式为

对象名. FileExists(FileName)

说明：

（1）对象名必须是一个已经定义或创建的 FSO 对象。

（2）FileName：要判断的文件名称，包括文件的路径和文件名。

（3）该方法的返回值为逻辑型，若值为 True，表示要判断的文件存在，否则，表示要判断的文件不存在。

在上面删除 "C:\Test\T1.txt" 的代码中，如果 "C:\Test\T1.txt" 文件不存在，系统将报错，为了避免错误，可以对上述代码进行如下修改。

```
Private Sub Command1_Click()
    Dim fso As New FileSystemObject
    Dim FileName As String
    FileName = "c:\test\t1.txt"
    If fso.FileExists(FileName) Then '若该文件存在，就删除该文件
        fso.DeleteFile FileName, True
    End If
End Sub
```

7. 获取文件对象

GetFile 方法用于返回一个 File 对象，通过 File 对象获取文件信息。该方法的使用格式为

对象名. GetFile (FileName)

说明：

（1）对象名必须是一个已经定义或创建的 FSO 对象。

（2）FileName：要获取的文件对象的文件名称，包括文件的路径和文件名。

（3）返回值是一个 File 对象，利用 File 对象可以获得文件信息，也可以对文件进行复制、移动、删除等操作。

例如，下面的代码将获得"C:\Test\T1.txt"文件的大小。

```
Private Sub Command1_Click()
    Dim fso As New FileSystemObject
    Dim FileName As String
    Dim mf As File
    FileName = "c:\test\t1.txt"
    Set mf = fso.GetFile(FileName)
    MsgBox mf.Path & "文件的大小为" & mf.Size & "字节"
End Sub
```

上面代码的运行效果如图 14-3 所示。

图 14-3　GetFile 方法得到文件大小

8.　创建文件夹

方法用于创建一个文件夹，该方法的使用格式为

```
对象名. CreateFolder (FolderName)
```

说明：

（1）对象名必须是一个已经定义或创建的 FSO 对象。

（2）FolderName：要创建的文件夹名称。如果要创建的文件夹已经存在，系统将报错。

（3）该方法一次只能创建一个文件夹，不能创建文件架结构。

例如，下面的代码不能既创建"Test1"又创建"Test2"文件夹。

```
Fso.CreateFolder "c:\Test1\Test2"            '系统报错
```

如果想创建上面的文件夹结构需要通过下面的两条语句实现。

```
Fso.CreateFolder "c:\Test1"
Fso.CreateFolder "c:\Test1\Test2"
```

9.　复制文件夹

CopyFolder 方法用于复制一个文件夹，该方法的使用格式为

```
对象名. CopyFolder Source, Destination, OverWrite
```

说明：

（1）对象名必须是一个已经定义或创建的 FSO 对象。

（2）Source：指定要复制的源文件夹，如果源文件夹不存在，系统将报错。

（3）Destination：指定要复制的目标文件夹。

（4）OverWrite：是否覆盖已经存在的目标文件夹，值为逻辑型，默认为 False。若值为 True，则覆盖已经存在的目标文件夹，否则，不覆盖。

例如，下面的代码实现将"C:\Test"文件夹复制到"C:\Temp"文件夹的功能。

```
Private Sub Command1_Click()
    Dim fso As New FileSystemObject
    fso.CopyFolder "C:\test", "C:\Temp\test"
End Sub
```

10.　移动文件夹

MoveFolder 方法用于实现文件夹的移动操作，该方法的使用格式为

对象名. MoveFolder Source, Destination

说明：

（1）对象名必须是一个已经定义或创建的 FSO 对象。

（2）Source：指定要移动的源文件夹，如果源文件夹不存在，系统将报错。

（3）Destination：指定要移动的目标文件夹，如果目标文件夹已经存在，系统将报错。

例如，下面的代码将实现"C:\Test"文件夹移动到"C:\Temp"文件夹的功能。

```
Private Sub Command1_Click()
    Dim fso As New FileSystemObject
    fso.MoveFolder "C:\test", "C:\Temp\test"
End Sub
```

11. 删除文件夹

DeleteFolder 方法用于删除一个文件夹，该方法的使用格式为

对象名. DeleteFolder FolderName, Force

说明：

（1）对象名必须是一个已经定义或创建的 FSO 对象。

（2）FolderName：要删除的文件夹名称，如果指定的文件夹不存在，系统将报错。

（3）Force：是否删除只读文件夹，值为逻辑型，默认为 False。若值为 True，允许删除只读文件夹，否则不允许删除只读文件夹。

例如，下面的代码将实现删除"C:\Test1"文件夹的功能。

```
Private Sub Command1_Click()
    Dim fso As New FileSystemObject
    fso.DeleteFolder "C:\test1", True
End Sub
```

12. 判断文件夹是否存在

FolderExists 方法用于判断一个文件夹是否存在，该方法的使用格式为

对象名. FolderExists(FolderName)

说明：

（1）对象名必须是一个已经定义或创建的 FSO 对象。

（2）FolderName：要判断的文件夹名称。

（3）该方法的返回值是逻辑值，若返回值为 True，表示存在指定的文件夹，否则，表示不存在指定的文件夹。

例如，在上面删除文件夹的代码中，如果"C:\Test1"文件夹不存在，系统将报错，为了防止系统出错，可以对删除代码进行如下修改。

```
Private Sub Command1_Click()
    Dim fso As New FileSystemObject
    Dim FolderName As String
    FolderName = "C:\test1"
    If fso.FolderExists(FolderName) Then
        fso.DeleteFolder , True
    End If
End Sub
```

13. 获取文件夹对象

GetFolder 方法用于返回指定文件夹的一个文件夹对象，该方法的使用格式为

对象名. GetFolder(FolderName)

说明：

（1）对象名必须是一个已经定义或创建的 FSO 对象。

（2）FolderName：要获取的文件夹名称，如果指定的文件夹不存在，系统将报错。

例如，下面的代码将实现得到 "c:\Test" 文件夹大小的功能。

```
Private Sub Command1_Click()
    Dim fso As New FileSystemObject
    Dim myFolder As Folder
    Set myFolder = fso.GetFolder("c:\test")    '获取文件夹对象
    MsgBox myFolder.Path & "的大小为" & myFolder.Size & "字节"
End Sub
```

上述代码的运行效果如图 14-4 所示。

14. 获取驱动器对象

GetDrive 方法用于获取驱动器对象，该方法的使用格式为

对象名.GetDrive(DriveName)

说明：

（1）对象名必须是一个已经定义或创建的 FSO 对象。

（2）DriveName：要获取的驱动器名称，如果指定的驱动器不存在，系统将报错。

例如，下面的代码将实现获得 C 盘总空间和剩余空间的功能。

```
Private Sub Command1_Click()
    Dim fso As New FileSystemObject
    Dim myDrive As Drive
    Dim ts As Single
    Dim fs As Single
    Set myDrive = fso.GetDrive("C")    '或驱动驱动器对象
    ts = myDrive.TotalSize / 1024 / 1024 / 1024
    fs = myDrive.FreeSpace / 1024 / 1024 / 1024
    MsgBox myDrive.DriveLetter & "盘总空间为" & Format(ts, "0.0") & "GB，剩余空间为" &
Format(fs, "0.0") & "GB"
    End Sub
```

上面的代码运行效果如图 14-5 所示。

图 14-4　GetFolder 方法获取文件夹对象　　　　图 14-5　GetDrive 方法获取驱动器对象

14.3.3　驱动器操作

在 FSO 对象模型中，Drive 对象用于获取当前系统中各个驱动器的信息。Drive 对象的应用主要是通过属性表现出来的，下面介绍 Drive 对象的常用属性。

1. ToalSize 属性和 FreeSpace 属性

TotalSize 属性用于驱动器总的空间大小，单位为字节。FreeSpace 属性用于获取驱动器剩余空间大小，单位为字节。

2. DriveLetter 属性

该属性用于获取驱动器符号。

3. FileSystem 属性

该属性用于获取驱动器文件类型，如 NTFS、FAT32。

4. IsReady 属性

该属性用于判断驱动器是否就绪，属性的值为逻辑型，若值为 True，表示驱动器已经就绪，否则表示驱动器未就绪。该属性主要针对移动存储器、光盘存储器等驱动器。

5. DriveType 属性

该属性用于获取驱动器的类型，属性的值为数值型，具体该属性值及含义如表 14.5 所示。

表 14.5　　　　　　　　　　　　　　驱动器类型属性值及含义

内 部 常 数	值	说　　明
UnknownType	0	未知的驱动器类型
Removable	1	移动驱动器
Fixed	2	硬盘驱动器
Remote	3	网络驱动器
CDRom	4	CDRom 驱动器
RamDisk	5	RAM 虚拟磁盘

6. SerialNumber 属性

该属性用于获取当前磁盘驱动器的序列号。

【例 14.2】设计应用程序，显示所有的驱动器信息，包括驱动器名称、类型、总空间、剩余空间、文件系统、序列号等信息。

程序代码如下：

```
'获取驱动器类型
Function GetDriveType(Drive)
    Dim S As String
    Select Case Drive.DriveType
    Case Removable
        S = "移动存储设备"
    Case Fixed
        S = "硬盘驱动器"
    Case Remote
        S = "网络驱动器"
    Case CDRom
        S = "光盘驱动器"
    Case RamDisk
        S = "RAM 虚拟磁盘"
    Case Else
        S = "未知的驱动器类型"
    End Select
    GetDriveType = S
End Function

Private Sub Form_Load()

    Form1.AutoRedraw = True

    Dim fso As New FileSystemObject
```

```
        Dim myDrive As Drive
        Dim ts As Single      '保存总空间
        Dim fs As Single      '保存剩余空间
        Dim dc As String      '保存盘符
        Dim df As String      '保存磁盘文件系统类型
        Dim dt As String      '保存驱动器类型
        Dim Ds As Double      '保存磁盘序列号

        Print
        Print
        Print , "盘符", "驱动器类型", "文件系统类型", "总磁盘空间", "剩余磁盘空间", "磁盘序列号"
        For Each myDrive In fso.Drives
            dc = myDrive.DriveLetter
            dt = GetDriveType(myDrive)
            ts = 0
            fs = 0
            df = ""
            Ds = 0
            If myDrive.IsReady Then
                ts = myDrive.TotalSize / 1024 / 1024 / 1024
                fs = myDrive.FreeSpace / 1024 / 1024 / 1024
                df = myDrive.FileSystem
                Ds = myDrive.SerialNumber
            End If
            Print , dc, dt, df, Format(ts, "0.0") & "GB", Format(fs, "0.0") & "GB", Hex(Ds)
        Next
End Sub
```

上面的代码运行效果如图 14-6 所示。

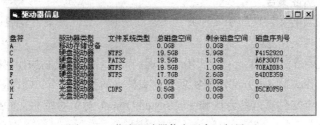

图 14-6　获取驱动器信息程序运行界面

14.3.4　文件夹操作

Folder 对象用于文件夹的操作以及获取文件夹的基本信息，如文件夹的创建、删除、移动等操作。Folder 对象主要有以下几个常用属性。

1. Name 属性

该属性用于获取或设置文件夹的名称。

2. Path 属性

该属性用于获取文件夹的完整路径。

3. Size 属性

该属性用于获取文件夹的大小，单位为字节。

例如，下面的代码将获得 "C:\windows" 文件夹的大小。

```
Private Sub Command1_Click()
    Dim fso As New FileSystemObject
    Dim myFolder As Folder
```

```
    Dim fs As Single
    Set myFolder = fso.GetFolder("c:\windows")
    fs = myFolder.Size / 1024 / 1024
    MsgBox myFolder.Path & "文件夹的大小为" & Format(fs, "0,0.0") & "MB"
End Sub
```

上面代码的运行效果如图 14-7 所示。

4. Drive 属性

该属性用于获取文件夹所在的驱动器符号。

图 14-7　获取文件夹大小

5. Attributes 属性

该属性用于获取或设置文件夹的属性信息。该属性的值及其含义见表 14.1。

6. DateCreated 属性、DateLastAccessed 属性和 DateLastModified 属性

DateCreated 属性用于获取文件夹的创建时间。

DateLastAccessed 属性用于获取文件夹的最后访问时间。

DateLastModified 属性用于获取文件夹的最后修改时间。

7. ParentFolder 属性

该属性用于获取当前文件夹的父文件夹。该属性的值也是一个 Folder 对象。通过该属性可以获取当前文件夹的父文件夹信息。

8. Files 属性集合

该属性用于获取当前文件夹中的文件，该属性是一个文件集合。通过该属性可以获取当前文件夹的所有文件信息，包括文件名称、文件大小、文件属性等信息，详见 14.3.5 小节。

9. SubFolders 属性集合

该属性用于获取当前文件夹的子文件夹，该属性是一个文件夹集合。通过该属性可以获取当前文件夹的所有子文件夹信息。

Folder 对象的主要方法有：Copy 方法用于实现当前文件夹的复制操作，Delete 方法用于实现当前文件夹的删除操作，Move 方法用于实现当前文件夹的移动操作，CreateTextFile 方法用于在当前文件夹下生成一个文件。这些方法和 FileSystemObject 对象对应的文件夹操作类似，这里就不再详细介绍了。

【例 14.3】设计一个应用程序，用于获取指定文件夹下的所有子文件夹和文件，在文本框中输出子文件夹的名称和创建时间，在另一个文本框中输出文件名称、文件大小和文件创建时间。程序对象属性如表 14.6 所示。

表 14.6　　　　　　　　　　　　　获取子文件夹和文件程序控件属性

对　象　名	类　　型	属性（属性值）
Form1	窗体	Caption（文件和子文件夹信息）
Frame1	框架	Caption（选择文件夹）
Drive1	驱动器列表框	
Dir1	目录列表框	
Frame2	框架	Caption（子文件夹）
Frame3	框架	Caption（文件）
txtFolders	文本框	MultiLine（True）、ScrollBars（2）
txtFiles	文本框	MultiLine（True）、ScrollBars（2）

程序代码如下:

```
Private Sub Dir1_Change()
    Dim fso As New FileSystemObject
    Dim myFolder As Folder
    Dim tmpFolder As Folder
    Dim tmpFile As File
    Dim FName As String
    Dim FSize As Single
    Dim FTime As Date


    txtFolders.Text = ""
    txtFiles.Text = ""
    '填充当前文件夹的子文件夹信息
    Set myFolder = fso.GetFolder(Dir1.Path)
    For Each tmpFolder In myFolder.SubFolders
        FName = tmpFolder.Name
        FTime = tmpFolder.DateCreated
        txtFolders.Text = txtFolders.Text & Format(FName, "!@@@@@@@@@@@@@@") & FTime
& vbCrLf
    Next
    '填充当前文件夹的文件信息
    For Each tmpFile In myFolder.Files
        FName = tmpFile.Name
        FSize = tmpFile.Size
        FTime = tmpFile.DateCreated
        txtFiles.Text = txtFiles.Text & Format(FName, "!@@@@@@@@@@@@@@@@@@@@") &
Format(Format(FSize / 1024, "#,#") & "KB", "!@@@@@@@@@@@@@@@@@@@@") & FTime & vbCrLf
    Next
End Sub

Private Sub Drive1_Change()
    Dir1.Path = Drive1.Drive
End Sub

Private Sub Form_Load()
    txtFolders.Locked = True
    txtFiles.Locked = True
    Dir1_Change
End Sub
```

上述代码的运行效果如图 14-8 所示。

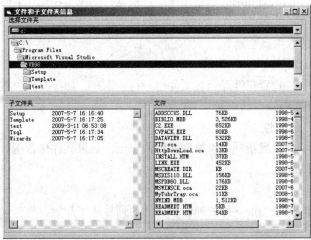

图 14-8　获取子文件夹和文件信息程序运行界面

14.3.5　文件操作

File 对象主要完成磁盘上的文件操作以及获取文件基本信息，如文件的创建、删除、移动等操作。在文件的读写操作中还会使用到 TextStream 对象。下面介绍 File 对象的常用属性方法和利用 TextStream 对象进行文件读写操作的方法。

1. File 对象的常用属性

（1）Name 属性

该属性用于获取或设置文件的名称。

（2）Path 属性

该属性用于获取文件的完整路径信息。

（3）Size 属性

该属性用于获取文件的大小，单位为字节。

（4）Drive 属性

该属性用于获取当前文件所在的驱动器符号。

（5）Attributes 属性

该属性用于获取或设置文件的属性信息。该属性的值及其含义见表 14.1。

（6）DateCreated 属性、DateLastAccessed 属性和 DateLastModified 属性

DateCreated 属性用于获取文件的创建时间。

DateLastAccessed 属性用于获取文件的最后访问时间。

DateLastModified 属性用于获取文件的最后修改时间。

（7）ParentFolder 属性

该属性用于获取当前文件所在的文件夹。该属性的值是一个 Folder 对象。通过该属性可以获取当前文件所在的文件夹信息。

File 对象的主要方法有：Copy 方法用于实现当前文件的复制操作，Delete 方法用于实现当前文件的删除操作，Move 方法用于实现当前文件的移动操作。这些方法和 FileSystemObject 对象对应的文件操作类似，这里就不再详细介绍了。

2. 文件的读写

在 FSO 对象模型中，TextStream 对象用于完成对文件的读写操作。下面介绍 TextStream 对象的常用属性和方法。

TextStream 对象的常用属性如下。

（1）AtEndOfLine 属性

该属性用于判断文件位置指针是否在文件中一行的末尾，如果文件位置指针处在一行末尾，则返回 True，否则返回 False。

（2）AtEndOfStream 属性

该属性用于判断文件位置指针是否处在文件的末尾，如果文件位置指针处在文件的末尾，则返回 True，否则返回 False。

（3）Column 属性

该属性用于返回文件中当前字符的列号，文件的列号从 1 开始。

（4）Line 属性

该属性用于返回文件中当前行的行号，文件的行号从 1 开始。

AtEndOfLine 属性和 AtEndOfStream 属性仅对以 iomode 参数为 ForReading 的方式打开的文件可用，否则将会出错。

TextStream 对象的常用方法如下。

（1）Close 方法

该方法用于关闭一个打开的文件。该方法的使用格式为

`对象名.Close()`

其中，对象名为一个 TextStream 对象。

（2）Read 方法

该方法用于从文件中读出若干个字符。该方法的使用格式为

`对象名.Read(n)`

说明：n 为读取的字符个数，是一个整数。

（3）ReadAll 方法

该方法用于从文件中读出所有字符。该方法的使用格式为

`对象名.ReadAll`

（4）ReadLine 方法

该方法用于从文件中读出一行内容。该方法的使用格式为

`对象名.ReadLine`

利用该方法和 AtEndOfStream 属性，可以循环从一个文件中读取所有的行。

（5）Skip 方法

该方法用于从文件读出内容时跳过若干个字符。该方法的使用格式为

`对象名.Skip n`

其中，n 表示要忽略的字符数。

（6）SkipLine 方法

该方法用于从文件读出内容时跳过下一行内容。该方法的使用格式为

`对象名.SkipLine`

（7）Write 方法

该方法主要用于向文件写入字符串。该方法的使用格式为

`对象名.Write <Content>`

其中，<Content>为要写入文件的字符串。

（8）WriteLine 方法

该方法用于向文件写入一行字符串，系统会自动在内容后面加上换行符。该方法的使用格式为

`对象名.WriteLine <Content>`

其中，<Content>为要写入文件的字符串。该方法和 Write 方法的主要区别是 Write 方法不自动添加换行符。

（9）WriteBlankLines 方法

该方法用于向文件写入若干空行。该方法的使用格式为

`对象名. WriteBlankLines n`

其中，n 是写入的空行数。

【例 14.4】设计一个应用程序，利用 FSO 对象模型完成一个文件的打开、保存和删除操作。程序的控件属性如表 14.7 所示。

表 14.7　　　　　　　　　打开、保存和删除文件程序控件属性

对 象 名	类 型	属性（属性值）
Form1	窗体	Caption（我的记事本）
Text1	文本框	MultiLine（True）、ScrollBars（2）
C1	通用对话框	
mnuFile	菜单	Caption（文件(&F)）
mnuNew	菜单项	Caption（新建(&N)）、ShorCut（Ctrl+N）
mnuOpen	菜单项	Caption（打开(&O)...）、ShorCut（Ctrl+O）
mnuSave	菜单项	Caption（保存(&S)）、ShorCut（Ctrl+S）
mnuDelete	菜单项	Caption（删除(&D)）、ShorCut（Ctrl+D）
mnuLine1	菜单项	Caption（-）
mnuExit	菜单项	Caption（退出(&E)）、ShorCut（Ctrl+E）
mnuFormat	菜单	Caption（格式(&O)）
mnuFontName	菜单项	Caption（字体）、ShorCut（Ctrl+F）

程序代码如下：

```vb
Private Sub Form_Load()
    Text1.Text = ""
End Sub
'窗体改变大小时，自动调整文本框的大小
Private Sub Form_Resize()
    Text1.Width = Me.ScaleWidth - 20
    Text1.Height = Me.ScaleHeight - 20
End Sub
'删除菜单项
Private Sub mnuDelete_Click()
    If FileName <> "" Then
        If MsgBox("真的要删除" & FileName & "文件吗？", vbYesNo + vbDefaultButton2 +
vbCritical) = vbYes Then
            DeleteFile FileName
            FileName = ""
        End If
    End If
End Sub
'退出菜单项
Private Sub mnuExit_Click()
    Unload Me
End Sub
'设置字体菜单项
Private Sub mnuFontName_Click()
    C1.Flags = cdlCFBoth Or cdlCFEffects
    C1.ShowFont
    Text1.FontName = C1.FontName
    Text1.FontBold = C1.FontBold
    Text1.FontItalic = C1.FontItalic
    Text1.FontSize = C1.FontSize
    Text1.FontUnderline = C1.FontUnderline
    Text1.FontStrikethru = C1.FontStrikethru
    Text1.ForeColor = C1.Color
End Sub
```

```
'新建菜单项
Private Sub mnuNew_Click()
    FileName = ""
    Text1.Text = ""
End Sub
'打开菜单项
Private Sub mnuOpen_Click()
    C1.Filter = "文本文件|*.txt|所有文件|*.*"
    C1.ShowOpen
    If C1.FileName <> "" Then
        FileName = C1.FileName
        Text1.Text = ReadFile(FileName)
    End If
End Sub
'保存菜单项
Private Sub mnuSave_Click()
    If FileName = "" Then    '如果文件还没有名称
        C1.ShowSave
        If C1.FileName <> "" Then
            FileName = C1.FileName
            WriteFile FileName, Text1.Text
        Else
            Exit Sub
        End If
    Else    '如果文件已经有名称，直接写入原来的文件
        WriteFile FileName, Text1.Text
    End If
End Sub
```

上面代码运行后，可以实现文件的新建、打开、保存和删除功能，同时可以设置文字的字体格式，程序运行界面如图 14-9 所示。

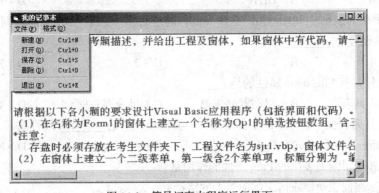

图 14-9　简易记事本程序运行界面

本章小结

本章首先介绍了文件和文件夹的操作语句和函数，利用这些语句和函数可以直接完成文件和文件夹的操作。然后介绍了驱动器列表框控件、目录列表框控件和文件列表框控件，利用这些控件，可以实现在不同的驱动器、不同的目录中选择文件。最后介绍了面向对象的文件和文件夹的

操作对象模型，即 FSO 对象模型。

本章重点介绍了 FSO 对象模型。FSO 对象模型包含在 Scripting 类型库（Scrrun.Dll）中，该库同时包含了 Drive、Folder、File、FileSystemObject 和 TextStream 5 个对象。Drive 对象用来收集驱动器的信息；Folder 对象用于文件夹的操作以及获取文件夹的基本信息；File 对象主要完成磁盘上的文件操作以及获取文件基本信息；FileSystemObject 对象用于完成文件或文件夹的创建、删除以及驱动器、文件夹、文件相关信息的收集等操作；TextStream 对象用于完成对文件的读写操作。

通过对本章的学习，要求读者能够利用 FSO 对象模型完成对文件和文件夹以及驱动器的各种操作。

习　题

一、选择题

1. 下列文件复制操作的语句中，格式正确的是_____。

　A）FileCopy d:\gc.dat　c:\a.txt　　　　　B）FileCopy "d:\gc.dat", "c:\a.txt"

　C）FileCopy "d:\gc.dat" "c:\a.txt"　　　　D）FileCopy "d:\gc.dat" As "c:\a.txt"

2. 下列文件操作的语句中，格式正确的是_____。

　A）Name "d:\gc.dat" As "d:\gc.txt"　　　B）Name "d:\gc.dat","c:\gc.txt"

　C）Name "d:\gc.dat","c:\gc.dat"　　　　D）Name d:\gc.dat As gc.txt

3. 函数 GetAttr("e:\xy.dat")的值为 2，表示该文件是_____。

　A）常规文件　　　B）只读文件　　　C）隐藏文件　　　D）系统文件

4. 要获得当前驱动器，应使用驱动器列表框的_____属性。

　A）Path　　　　B）Drive　　　　C）Dir　　　　D）Patten

5. 为了能在列表框中利用 Ctrl 键和 Shift 键进行多个列表项的选择，则应将列表框的 Multiselect 属性设置为_____。

　A）0　　　　　　B）1　　　　　　C）2　　　　　　D）3

6. 下列控件具有 FileName 属性的是_____。

　A）文件列表框　　　B）驱动器列表框　　　C）目录列表框　　　D）列表框

7. 设定文件列表框中所显示的文件类型，应修改该控件的_____属性。

　A）Pattern　　　　B）Path　　　　C）FileName　　　　D）Name

8. DirListBox 目录列表框的 Path 属性的作用是_____。

　A）显示当前驱动器或指定驱动器上的路径

　B）显示当前驱动器或指定驱动器上的某目录下的文件名

　C）显示根目录下的文件名

　D）只显示当前路径下的文件

9. FSO 对象只能访问_____。

　A）二进制文件　　　　　　　　　　B）随机文件

　C）纯文本文件　　　　　　　　　　D）磁盘文件

10. 使用 FSO 对象模型中的 TextStream 对象向文本文件写数据，以下语句正确的是_____。

　A）Open "c：\Test．Dat" For InPut As #1

　　B）fs.Write "Hello World"

　　C）fs.ReadLine

　　D）Open "c：\Test．Dat"　For OutPut As #1

二、编程题

　　1. 编写程序，实现文件的复制、移动、删除和新建文件夹操作。程序运行效果如图 14-10 所示。

图 14-10　文件操作程序界面

　　2. 编写程序，实现用户通过驱动器列表框控件和目录列表框控件选择目录，然后用户输入文件名，程序在选定的文件夹和其子文件夹中按文件名称查找文件，并将查找的文件路径保存到文本框中。

　　3. 编写程序，实现在指定文件夹下按用户输入的内容查找包含指定内容的文本文件。

第 3 部分
实验篇

- 第 15 章　操作实验
- 附录 A　ASCII 码表
- 附录 B　键盘按键系统常量

实验 1 Visual Basic 程序设计环境

【实验目的】

1. 熟悉 Visual Basic 集成开发环境的启动和退出。

2. 了解 Visual Basic 集成开发环境的窗口组成。

3. 掌握 Visual Basic 应用程序的建立步骤。

【实验内容】

1. 熟悉 Visual Basic 开发环境的窗体设计窗口、属性窗口、工程资源管理器窗口、代码窗口、立即窗口、窗体布局窗口、工具箱窗口的关闭及开启方法。

2. 建立一个 Visual Basic 应用程序，要求单击"显示内容"按钮时，文本框中出现红色的文字"欢迎进入 Visual Basic 世界"，单击"清除"按钮时，文本框中文字消失，单击"结束"按钮后，程序结束。程序运行界面如图 15-1 所示。

【实验步骤】

1. 启动 Visual Basic，并在窗体上绘制控件。

启动 Visual Basic，按图 15-1 所示在窗体上添加控件。

2. 设置各个对象的属性。

将窗体和窗体上的各个控件按表 15.1 所示的属性及值进行属性设置。

表 15.1   对象属性表

对 象 名 称	对 象 类 型	属性（属性值）
Form1	窗体	Caption（VB 世界）
Text1	文本框	Text（　） Font（粗体、14 号） ForeColor（红色）
Command1	命令按钮	Caption（显示内容）
Command2	命令按钮	Caption（清屏）
Command3	命令按钮	Caption（结束）

3. 编写程序代码。

设置好各个对象的属性后，分别双击 3 个按钮控件，为其单击事件编写如下代码。

```
Private Sub Command1_Click()
    Text1.Text = "欢迎进入 Visual Basic 世界"
End Sub

Private Sub Command2_Click()
    Text1.Text = ""
End Sub

Private Sub Command3_Click()
    End
End Sub
```

4. 保存程序。

单击工具栏上的 ![] 图标，将窗体和工程分别存盘。

5. 运行程序。

单击工具栏上的 ▶ 图标，运行应用程序，运行界面如图
15-1 所示。

图 15-1　程序运行界面

6. 生成可执行程序。

确定程序没有错误后，选择"文件"菜单的"生成xxx.EXE"命令，生成一个可执行程序。

实验 2　窗体和基本控件

【实验目的】

1. 掌握窗体对象的常用属性和事件。

2. 掌握命令按钮、标签及文本框控件的使用方法。

【实验内容】

建立一个登录应用程序，取消窗体的最大化按钮，并为窗体设置一个图标；当用户在文本框中输入账号时，在窗体上的 Label3 标签中同步显示用户输入的账号；用户输入密码后，单击"确定"按钮，在 Label4 标签中显示用户输入的密码；单击"退出"按钮退出系统。程序运行界面如图 15-2 所示。

【实验步骤】

1. 在窗体上按图 15-2 所示的界面添加控件。

2. 按表 15.2 所示的属性及值对窗体及各个控件进行属性设置。

表 15.2　　　　　　　　　　　　　　　对象属性表

对象名称	对象类型	属性（属性值）
Form1	窗体	Caption（登录窗口）、MaxButton（False） BackColor（&H00FFC0FF&）、Icon（自己设置）
txtUserName	文本框	Text（）
txtPassword	文本框	Text（）、PasswordChar（*）
Label1	标签	Caption（输入账号：）、AutoSize（True）、BackStyle（1-Transparent）
Label2	标签	Caption（输入密码：）、AutoSize（True）、BackStyle（1-Transparent）

续表

对象名称	对象类型	属性（属性值）
Label3	标签	Caption（ ）、AutoSize（True）、BackStyle（1-Transparent）
Label4	标签	Caption（ ）、AutoSize（True）、BackStyle（1-Transparent）
cmdOK	命令按钮	Caption（确定(&O)）、Default（True）
cmdExit	命令按钮	Caption（退出(&E)）、Cancel（True）

3. 为"确定"按钮、"退出"按钮和"账号"文本框编写如下事件代码。

```
Private Sub cmdExit_Click()
    End
End Sub

Private Sub cmdOK_Click()
    Label4.Caption = txtPassword.Text
End Sub

Private Sub txtUserName_Change()
    Label3.Caption = txtUserName.Text
End Sub
```

4. 运行程序并保存。

运行上面的程序，并保存窗体和工程文件。运行界面如图 15-2 所示。

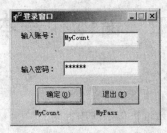

图 15-2　程序运行界面

实验 3　Visual Basic 程序设计基础

【实验目的】

1. 了解 Visual Basic 变量的定义方法。
2. 掌握 Visual Basic 运算符和表达式的用法。
3. 熟练掌握 Visual Basic 系统内部函数的使用。

【实验内容】

在窗体上显示当前日期和星期，用户在文本框中分别输入出生日期和姓名（用户输入单姓，不能是复姓），计算用户的年龄，并且输出用户的姓和名，显示用户输入的名字的字符数，同时显示一个不超过 10 的幸运数字。程序运行界面如图 15-3 所示。

【实验步骤】

1. 在窗体上分别添加 4 个标签控件、2 个文本框控件和 2 个按钮控件，各个控件的属性如表 15.3 所示。

表 15.3   对象属性表

对 象 名 称	对 象 类 型	属性（属性值）
Form1	窗体	Caption（程序设计基础）
Label1	标签	Caption（ ）、AutoSize（True）、Font(隶书、加粗、四号)
Label2	标签	Caption（请输入姓名：）、AutoSize（True）
Label3	标签	Caption（请输入生日：）、AutoSize（True）
Label4	标签	Caption（ ）、AutoSize（True）
Text1	文本框	Text（ ）
Text2	文本框	Text（ ）
Command1	命令按钮	Caption（确定）、Default（True）
Command2	命令按钮	Caption（退出）、Cancel（True）

2. 为各个对象编写代码。

```
'确定按钮代码
Private Sub Command1_Click()
    Dim PreName As String            '保存姓
    Dim LastName As String           '保存名
    Dim LenName As Integer           '保存名字的长度
    Dim LuckyNumber As Integer       '保存幸运数字
    Dim Age As Integer               '保存年龄

    PreName = Left(Text1.Text, 1)    '本程序不适用于复姓的情况
    LastName = Mid(Text1.Text, 2)
    LenName = Len(Text1.Text)
    Age = Year(Date) - Year(CDate(Text2.Text))
    Randomize
    LuckyNumber = Int(Rnd * 10)
    'vbCrLf 为系统常量，表示回车换行
    Label4.Caption = "您姓 " & PreName & " 名 " & LastName & _
            " 您的名字由 " & LenName & " 个字组成。" & vbCrLf & vbCrLf & _
            "您贵庚 " & Age & " 。您的幸运数字是 " & LuckyNumber
End Sub
'退出按钮代码
Private Sub Command2_Click()
    End
End Sub

Private Sub Form_Load()
    Label1.Caption = "今天是" & Date & "星期" & Weekday(Date, vbMonday)
End Sub
```

3. 运行程序。

程序运行界面如图 15-3 所示。

图 15-3   程序运行界面

实验 4　程序设计的基本结构（一）

【实验目的】

1. 掌握顺序结构的基本用法，包括结束语句、InputBox 函数和 MsgBox 函数的用法。
2. 掌握选择结构的用法，包括 If 语句、IIF 函数和 If 语句嵌套的用法。

【实验内容】

编写一个猜数游戏。功能要求：一开始"猜数"按钮不可用（为灰色），当用户单击"开始游戏"按钮后，"猜数"按钮可用，并且产生　个 0～100 的随机整数；当用户在义本框中输入一个整数后，判断用户输入的整数是否与系统随机数相等，如果不等，则提示用户相应的大小信息，如果相等，询问用户是否继续游戏，若继续，自动开始游戏，否则退出系统。程序运行界面如图 15-4 所示。

【实验步骤】

1. 在窗体上分别添加 4 个标签控件、1 个文本框控件和 3 个按钮控件，各个控件的属性如表 15.4 所示。

表 15.4　　　　　　　　　　　　猜数游戏对象属性表

对象名称	对象类型	属性（属性值）
Form1	窗体	BorderStyle（0-None）、Picture（4Back.Gif）
Label1	标签	Caption（请输入一个数字：）、AutoSize（True）、BackStyle（1-Transparent）、Font(华文行楷、加粗、四号)、ForeColor(红色)
sysNumber	标签	Caption（ ）、Visible（False）
Result	标签	Caption（ ）、AutoSize（True）、BackStyle（1-Transparent）、Font(宋体、加粗、四号)、ForeColor(蓝色)
Text1	文本框	Text（ ）
Command1	命令按钮	Caption（开始游戏）
Command2	命令按钮	Caption（猜数）、Enabled（False）、Default（True）
Command3	命令按钮	Caption（退出）、Cancel（True）

2. 为各个对象编写事件代码。

```
'开始游戏按钮代码
Private Sub Command1_Click()
    Dim n As Integer
    Randomize
    n = Int(Rnd * 100)
    '由于没有讲到模块级变量，因此将产生的随机数放在一个隐藏的标签中
    sysNumber.Caption = n
    Command2.Enabled = True
    Text1.Text = ""
    Text1.SetFocus
End Sub
'猜数按钮代码
Private Sub Command2_Click()
    Dim m As Integer
```

```
    Dim n As Integer
    m = Val(Text1.Text)          '用户输入的数据
    n = Val(sysNumber.Caption)   '系统产生的随机数
'如果用户输入的数据大于系统随机数，提示用户输入的数太大，选中用户输入的内容
If m > n Then
    Result.Caption = "您输入的数太大了，请重试"
    Text1.SelStart = 0
    Text1.SelLength = Len(Text1.Text)
'如果用户输入的数据小于系统随机数，提示用户输入的数太小，选中用户输入的内容
    ElseIf m < n Then
        Result.Caption = "您输入的数太小了，请重试"
        Text1.SelStart = 0
        Text1.SelLength = Len(Text1.Text)
'如果用户输入的数据等于系统随机数，提示很棒，询问用户是否继续游戏
    Else
        Result.Caption = "太棒了，您猜对了"
        '提示用户是否继续游戏，若选择"是"，自动开始游戏
        If MsgBox("您还继续玩游戏吗? ", vbYesNo + vbQuestion) = vbYes Then
            '调用开始游戏过程
            Command1_Click

            MsgBox "您可以继续猜数了"
        Else             '如果选择"否"，退出系统
            End
        End If
    End If
End Sub
'退出游戏按钮代码
Private Sub Command3_Click()
    End
End Sub
```

3. 运行程序。

程序运行界面如图 15-4 所示。

图 15-4　猜数游戏程序运行界面

　　本实验通过一个隐藏的标签 sysNumber 保存了一个多个过程都需要使用的数据，即系统随机数，到后面介绍模块级变量后，本实验中的 sysNumber 标签可以取消，只要定义一个 sysNumber 模块级变量即可。

实验5　程序设计的基本结构（二）

【实验目的】

1. 掌握循环结构解决问题的思路，并掌握 For 循环和 Do While 的用法。
2. 掌握循环结构和选择结构嵌套的使用方法。

【实验内容】

编写字符统计和单词个数统计的应用程序。功能要求：用户在文本框中输入内容时，在标签中显示字符的个数和单词个数。在统计单词时，所有连续的字母按一个单词处理，只要不是连续的字母，就按两个单词处理，比如，HelloHowareyou 按一个单词处理，Word2Pdf 按两个单词处理。程序运行界面如图 15-5 所示。

【实验步骤】

1. 在窗体上分别添加 1 个文本框控件和 1 个标签控件，各个控件的属性如表 15.5 所示。

表 15.5　　　　　　　　　　　　　　字符、单词统计对象属性表

对象名称	对象类型	属性（属性值）
Form1	窗体	Caption（单词统计）、MaxButton（False）
Text1	文本框	Text（ ）、MultiLine（True）、ScrollBars（3-Both）
Label1	标签	Caption（字符个数：0 单词个数：0）、AutoSize（True）

2. 编程思路。

当用户输入字符时，将用户输入的所有字符，按字符截取，如果该字符是第 1 个字母，单词个数加 1，设置单词开始标记位为 True；如果该字符不是字母，设置单词开始标记位为 False。

3. 为文本框的 Change 事件编写如下代码。

```
Private Sub Text1_Change()
    Dim WordStart As Boolean    '保存单词开始标记
    Dim nowChar As String       '保存截取的当前字母
    Dim WordCount As Integer    '保存单词个数
    For i = 1 To Len(Text1.Text)
        '截取一个字母
        nowChar = Mid(Text1.Text, i, 1)
        '如果是字母，并且原来不是字母，单词个数加1，设置标记，单词已经开始
    If (nowChar >= "A" And nowChar <= "Z") Or (nowChar >= "a" And nowChar <= "z") Then
        If WordStart = False Then
            WordCount = WordCount + 1
            WordStart = True
        End If
        '如果不是字母，设置标记，表明单词还没有开始
    Else
        WordStart = False
    End If
    Next
    '显示字符个数和单词个数
    Label1.Caption = "字符个数：" & Len(Text1.Text) & " 单词个数：" & WordCount
End Sub
```

4. 运行程序。

程序运行界面如图 15-5 所示。

图 15-5　单词统计程序运行界面

本实验的 For 循环也可以修改为 Do While 循环, 请用户自己尝试用 Do While 循环完成本实验。

实验 6　数　　组

【实验目的】

1. 掌握静态数组和动态数组的定义和使用方法。
2. 掌握数组的常用操作, 如排序、查找等。
3. 掌握数组相关的常用函数的用法。

【实验内容】

编写一个简易的 30 选 5 彩票摇奖程序。功能要求: 用户可以输入 5 个不同的整数, 或者通过 "机选" 按钮, 自动生成 5 个互不相同的随机数; 单击 "摇奖" 按钮, 生成中奖号码, 并对用户输入或机选的彩票数字进行评奖, 如果用户选对 1 个数字, 获 5 等奖, 如果选对 2 个数字, 获 4 等奖……程序运行界面如图 15-6 所示。

【实验步骤】

1. 在窗体上分别添加 3 个标签控件、1 个文本框控件和 2 个按钮控件, 各个控件的属性如表 15.6 所示。

表 15.6　　　　　　　　　　　彩票摇奖程序对象属性表

对 象 名 称	对 象 类 型	属性（属性值）
Form1	窗体	Caption（30 选 5 摇奖程序）
Label1	标签	Caption（输入彩票号码: ）、AutoSize（True）
Text1	文本框	Text（ ）、Font（宋体、四号、粗体）、ForeColor（蓝色）
lblSystem	标签	Caption（ ）、AutoSize（True）、ForeColor（红色）、Font（宋体、四号、粗体）
lblInf	标签	Caption（ ）、AutoSize（True）、ForeColor（蓝色）、Font（宋体、四号、粗体）
Command1	命令按钮	Caption（机选）
Command2	命令按钮	Caption（摇奖）

2. 为各个对象编写代码。

```vb
'机选命令按钮代码
Private Sub Command1_Click()
    Dim a(4)
    Dim Find As Boolean
    Dim i As Integer
    i = 0
    Do While i < 5
        Randomize
        a(i) = Int(Rnd * 30)
        Find = False
        For j = 0 To 4
            '判断新生成的数字是否与原来的相等
            If i <> j And a(j) = a(i) Then
                Find = True
                Exit For
            End If
        Next
        If Not Find Then
            i = i + 1
        End If
    Loop
    r = Join(a)
    Text1.Text = r
End Sub

'摇奖命令按钮代码
Private Sub Command2_Click()
    Dim a(4)
    Dim Find As Boolean
    Dim i As Integer
    i = 0
    Do While i < 5
        Randomize
        a(i) = Int(Rnd * 30)
        Find = False
        For j = 0 To 4
            If i <> j And a(j) = a(i) Then
                Find = True
                Exit For
            End If
        Next
        If Not Find Then
            i = i + 1
        End If
    Loop
    r = Join(a)
    lblSystem = "本期中将号码为：" & r


    '判断用户猜对几个
    Dim RightN As Integer
    Dim UserNumber
    UserNumber = Split(Text1.Text, " ")
    For i = 0 To 4
        For j = 0 To 4
            If Val(UserNumber(i)) = a(j) Then
                RightN = RightN + 1
            End If
        Next
```

```
        Next
    Select Case RightN
        Case 0
            lblInf.Caption = "对不起，您没有中奖"
        Case 1
            lblInf.Caption = "恭喜了，您中了五等奖"
        Case 2
          lblInf.Caption = "恭喜了，您中了四等奖"
        Case 3
          lblInf.Caption = "恭喜了，您中了三等奖"
        Case 4
            lblInf.Caption = "发财了，您中了二等奖"
        Case 5
            lblInf.Caption = "太幸运了，您中了一等奖"
    End Select
End Sub
```

3. 运行程序。

上面程序的运行界面如图 15-6 所示。

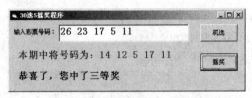

图 15-6　彩票摇奖程序运行界面

对本实验，可以将中奖结果按由小到大的顺序排列，机选号码也可以按由小到大的顺序排列，请读者将上述程序修改为所有号码都按由小到大顺序排列。

实验 7　过　　程

【实验目的】

1. 掌握 Sub 过程的定义和调用方法。

2. 掌握 Function 过程的定义和调用方法。

3. 掌握递归过程的定义方法。

4. 掌握 Visual Basic 过程参数传递的方法。

5. 掌握变量和过程的作用域。

【实验内容】

编写一个应用程序。功能要求：

（1）编写一个过程生成一个随机整数数组，整数范围为 0~100，数组的长度由用户通过文本框设定；

（2）编写一个过程对数组排序；

（3）编写一个过程将数组内容连接成字符串；

（4）编写一个过程求数组中的最大值。

程序运行界面如图 15-7 所示。

【实验步骤】

1. 添加控件。

在窗体上添加如图 15-7 所示的空件，并按表 15.7 所示的属性及值对控件进行属性设置。

表 15.7   程序对象属性及值

对 象 名 称	对 象 类 型	属性（属性值）
Form1	窗体	Caption（过程）
Label1	标签	Caption（输入数组长度：）
Label2	标签	Caption（ ）、AutoSize（True）、Font（宋体、四号、粗体）
Label3	标签	Caption（ ）、AutoSize（True）、Font（宋体、四号、粗体）
Label4	标签	Caption（ ）、AutoSize（True）、Font（宋体、四号、粗体）
Command1	命令按钮	Caption（生成数组）
Command2	命令按钮	Caption（排序）
Command3	命令按钮	Caption（最大值）

2. 为各个控件编写事件代码如下。

```
Dim a() As Integer    '保存生成的数组
'自定义过程，生成一个长度为 N 的随机数组
Sub Create(n As Integer, a() As Integer)
    ReDim a(n - 1)
    For i = 0 To n - 1
        Randomize
        a(i) = Int(Rnd * 100)
    Next
End Sub
'自定义过程，数组排序过程
Sub Sort(a() As Integer)
    Dim n As Integer
    n = UBound(a)
    For i = 0 To n - 1
        For j = 0 To n - 1 - i
            If a(j) > a(j + 1) Then
                t = a(j)
                a(j) = a(j + 1)
                a(j + 1) = t
            End If
        Next
    Next
End Sub
'自定义过程，求数组最大值过程
Function getMax(a() As Integer)
    Dim n As Integer
    Dim m As Integer
    n = UBound(a)
    m = a(0)
    For i = 0 To n
        If m < a(i) Then
            m = a(i)
        End If
    Next
    getMax = m
End Function
```

```
'自定义过程，连接数组过程
Function getStr(a() As Integer)
    Dim n As Integer
    Dim r As String
    n = UBound(a)
    For i = 0 To n
        r = r & a(i) & " "
    Next
    getStr = r
End Function
'生成数组按钮代码
Private Sub Command1_Click()
    Dim n As Integer
    n = Val(Text1.Text)
    Create n, a
    Label2.Caption = "生成的数组为：" & getStr(a)
End Sub
'排序数组按钮代码

Private Sub Command2_Click()
    Sort a
    Label3.Caption = "排序后的结果为：" &
getStr(a)
End Sub
'求数组最大值按钮代码
Private Sub Command3_Click()
    Label4.Caption = "数组最大值为：" & getMax(a)
End Sub
```

3. 运行程序。

程序运行界面如图 15-7 所示。

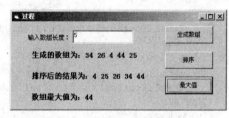

图 15-7　程序运行界面

实验 8　常用控件（一）

【实验目的】

1. 掌握单选按钮和复选框控件的常用属性和事件。

2. 掌握组合框和列表框控件的常用属性和事件。

【实验内容】

编写一个设置文本框格式的应用程序。功能要求：

（1）用户可以设置粗体、斜体、下划线格式，也可以设置字体、字号格式；

（2）用户可以选择设置字体还是背景颜色，然后通过组合框设置相应的颜色。

程序运行界面如图 15-8 所示。

【实验步骤】

1. 添加控件。

在窗体上添加如图 15-8 所示的控件，并按表 15.8 所示的属性及值对控件的属性进行设置。

表 15.8　　　　　　　　　　　程序对象属性及值

对 象 名 称	对 象 类 型	属性（属性值）
Form1	窗体	Caption（基本控件一）、MaxButton（False）
Frame1	框架	Caption（字体格式）
chkBold	复选框	Caption（粗体）、Style（1-Graphical）
chkItalic	复选框	Caption（斜体）、Style（1-Graphical）
chkUnder	复选框	Caption（下划线）、Style（1-Graphical）
cmbFont	组合框	
cmbSize	组合框	
optFor	单选按钮	Caption（前景色）
optBack	单选按钮	Caption（背景色）
cmbColor	组合框	
Text1	文本框	Text（ ）、MultiLine（True）、ScrollBars（3-Both）

2. 为各个控件编写事件代码如下。

```
'粗体
Private Sub chkBold_Click()
    Text1.FontBold = chkBold.Value
End Sub
'斜体
Private Sub chkItalic_Click()
    Text1.FontItalic = chkItalic.Value
End Sub
'下划线
Private Sub chkUnder_Click()
    Text1.FontUnderline = chkUnder.Value
End Sub
'设置字体或背景颜色
Private Sub cmbColor_Click()
    If optFor.Value = True Then
        Text1.ForeColor = getColor(cmbColor.Text)
    Else
        Text1.BackColor = getColor(cmbColor.Text)
    End If
End Sub
'设置字体
Private Sub cmbFont_Change()
    cmbFont_Click
End Sub
'设置字号
Private Sub cmbFont_Click()
    Text1.FontName = cmbFont.Text
End Sub
Private Sub cmbSize_Change()
    cmbSize_Click
End Sub
'设置字号
Private Sub cmbSize_Click()
    Text1.FontSize = cmbSize.Text
End Sub
Private Sub Form_Load()
```

```
        '添加字体
    cmbFont.AddItem "宋体"
    cmbFont.AddItem "隶书"
    cmbFont.AddItem "黑体"
    cmbFont.AddItem "华文行楷"
    cmbFont.AddItem "华文彩云"
    cmbFont.ListIndex = 0
        '添加字号
    For i = 5 To 70 Step 5
        cmbSize.AddItem i
    Next
    cmbSize.ListIndex = 0
        '添加颜色
    cmbColor.AddItem "黑色"
    cmbColor.AddItem "红色"
    cmbColor.AddItem "蓝色"
    cmbColor.AddItem "绿色"
    cmbColor.AddItem "黄色"
    cmbColor.AddItem "白色"
End Sub
'自定义 Function 过程，根据颜色文字获得指定颜色
Function getColor(t As String)
    Dim result
    Select Case t
        Case "黑色"
            result = vbBlack
        Case "红色"
            result = vbRed
        Case "蓝色"
            result = vbBlue
        Case "绿色"
            result = vbGreen
        Case "黄色"
            result = vbYellow
        Case "白色"
            result = vbWhite
    End Select
    getColor = result
End Function
```

3. 运行程序。

程序运行界面如图 15-8 所示。

图 15-8　程序运行界面

实验 9 　常用控件（二）

【实验目的】

1. 掌握图片框、图像框控件的常用属性和事件。
2. 掌握滚动条、计时器控件的常用属性和事件。

【实验内容】

编写应用程序，功能要求：

（1）在窗体上动态显示当前时间；

（2）在窗体上的图片框里显示一个大图片，利用滚动条可以滚动显示的图片内容。

【实验步骤】

1. 添加控件。

在窗体上添加一个标签控件、一个图片框控件和一个计时器控件，在图片框中添加一个图像框控件、一个水平滚动条控件和一个垂直滚动条控件。各个控件的属性及值如表 15.9 所示。

表 15.9　　　　　　　　　　　程序对象属性及值

对 象 名 称	对 象 类 型	属性（属性值）
Form1	窗体	Caption（基本控件二）
lblTime	标签	Caption（）、AutoSize（True）、Font（宋体、四号、粗体）、ForeColor（蓝色）
Timer1	计时器	Interval（1000）
Picture1	图片框	
Image1	图像框	Picture(bmp\天堂.jpg)
HS1	水平滚动条	
VS1	垂直滚动条	

2. 为各个控件编写如下事件代码。

```
Private Sub Form_Load()
    lblTime.Caption = Now
    '设置水平滚动条的 Max 属性、SmallChange 属性和 LargeChange 属性
    HS1.Max = Image1.Width - Picture1.Width
    HS1.SmallChange = 100
    HS1.LargeChange = 1000
    '设置垂直滚动条的 Max 属性、SmallChange 属性和 LargeChange 属性
    VS1.Max = Image1.Height - Picture1.Height
    HS1.SmallChange = 100
    HS1.LargeChange = 1000
End Sub
'水平滚动条改变事件
Private Sub HS1_Change()
    Image1.Left = -HS1.Value
End Sub
'水平滚动条拖动事件
Private Sub HS1_Scroll()
    HS1_Change
```

```
End Sub
'计时器动态显示时间
Private Sub Timer1_Timer()
    lblTime.Caption = Now
End Sub
'垂直滚动条改变事件
Private Sub VS1_Change()
    Image1.Top = -VS1.Value
End Sub
'垂直滚动条拖动事件
Private Sub VS1_Scroll()
    VS1_Change
End Sub
```

3. 运行程序。

程序运行界面如图 15-9 所示。读者可用计时器控件自己做一些动画效果，比如滚动字幕等。

图 15-9 程序运行界面

实验 10 鼠标和键盘事件

【实验目的】

1. 掌握鼠标事件的用法。

2. 掌握键盘事件的用法。

【实验内容】

编写一个动画应用程序。功能要求：

（1）设置一个跟随鼠标移动的图片；

（2）窗体上有一个图片，用户按←键，图片自动向左走，走到最左端，自动调头；用户按→键，图片自动向右走，走到最右端，自动调头；按↑、↓键，相同的处理方法；

（3）用户按 PageUp 键，使得图片的运动速度递增，按 PageDown 键，使得图片的运动速度递减，同时要求为图片设置一个最小速度；

（4）用户按 Esc 键，退出系统。

【实验步骤】

1. 添加控件。

在窗体上添加两个 Image 控件，名称分别为"Cat"和"Dog"，添加一个计时器控件，各个控件的属性及值如表 15.10 所示。

表 15.10　　　　　　　　　　　　动画程序对象属性及值

对 象 名 称	对 象 类 型	属性（属性值）
Form1	窗体	Caption（鼠标键盘事件）
cat	图像框	Picture(bmp\cat.gif)
dog	图像框	Picture(bmp\dog1.gif)
Timer1	计时器	Interval（100）

2. 为窗体和计时器控件编写事件代码。

```
Dim Direction As String          '保存方向
Dim stepN As Integer             '保存步长
'判断用户按键
Private Sub Form_KeyDown(KeyCode As Integer, Shift As Integer)
    Select Case KeyCode
        Case vbKeyLeft    '向左走
            dog.Picture = LoadPicture(App.Path & "\bmp\dog2.gif")
            Direction = "LEFT"
        Case vbKeyRight   '向右走
            dog.Picture = LoadPicture(App.Path & "\bmp\dog1.gif")
            Direction = "RIGHT"
        Case vbKeyUp      '向上走
            Direction = "UP"
        Case vbKeyDown    '向下走
            Direction = "DOWN"
        Case vbKeyPageUp
            stepN = stepN + 10
        Case vbKeyPageDown
            stepN = stepN - 10
            If stepN <= 10 Then
                stepN = 10
            End If
        Case vbKeyEscape      'ESC 键退出程序
            End
    End Select
End Sub
'设置初始步长和方向
Private Sub Form_Load()
    Direction = "RIGHT"
    stepN = 60
End Sub
'跟随鼠标的图像
Private Sub Form_MouseMove(Button As Integer, Shift As Integer, X As Single, Y As Single)
    cat.Left = X
    cat.Top = Y
End Sub
'自动运动
Private Sub Timer1_Timer()
    Select Case Direction
```

```
    Case "LEFT"
        dog.Left = dog.Left - stepN
        '如果到最左端，调头
        If dog.Left <= 0 Then
            dog.Picture = LoadPicture(App.Path & "\bmp\dog1.gif")
            Direction = "RIGHT"
        End If
    Case "RIGHT"
        dog.Left = dog.Left + stepN
        '如果到最右端，调头
        If dog.Left + dog.Width >= Me.ScaleWidth Then
            dog.Picture = LoadPicture(App.Path & "\bmp\dog2.gif")
            Direction = "LEFT"
        End If
    Case "UP"
        dog.Top = dog.Top - stepN
        '如果到顶端，向下走
        If dog.Top <= 0 Then
            Direction = "DOWN"
        End If
    Case "DOWN"
        dog.Top = dog.Top + stepN
        '如果到底端，向上走
        If dog.Top + dog.Height >= Me.ScaleHeight Then
            Direction = "UP"
        End If
    End Select
End Sub
```

3. 运行程序。

将实验环境中的 bmp 文件夹拷贝到本实验程序的存盘文件夹下，执行上面的程序，运行界面如图 15-10 所示。

图 15-10　动画应用程序运行界面

实验 11　菜单与对话框程序设计

【实验目的】

1. 掌握 Visual Basic 中菜单和右键弹出菜单的设计方法。

2. 掌握通用对话框的使用。

【实验内容】

编写一个简易的文本编辑器应用程序。功能要求：

（1）用户单击"新建"菜单命令，将文本框内容清空，并将 FileName 变量为空；

（2）用户单击"打开"菜单命令，弹出打开文件对话框，并将 FileName 变量设置为用户选中的文件名，将窗体的标题设置为该文件名；

（3）用户单击"保存"菜单命令，如果已经有文件名，不弹出保存文件对话框，如果没有文件名，弹出保存文件对话框，并将窗体的标题设置为用户输入的文件名；

（4）用户单击"退出"菜单命令，退出应用程序；

（5）用户单击"字体"菜单命令，弹出"字体"对话框，设置文本框的字体格式；

（6）用户单击"背景色"菜单命令，弹出"颜色"对话框，设置文本框的背景颜色；

（7）用户在文本框中单击鼠标右键，弹出"格式"菜单内容。

【实验步骤】

1. 添加控件。

用鼠标右键单击工具箱窗口，选择"部件"命令，在"部件"对话框中添加 "Microsoft Common Dialog Control 6.0"控件。

在窗体上添加一个 Common Dialog 控件，名称为 CD1；一个文本框控件，名称为 Text1；在窗体上设计"文件"菜单和"格式"菜单。控件和菜单属性及值如表 15.11 所示。

表 15.11　　　　　　　　　　　　　　对象属性及值

对 象 名 称	对 象 类 型	属性（属性值）
Form1	窗体	Caption（编辑器）
Text1	文本框	Text（ ）、MultiLine（True）、ScrollBars(2)
CD1	通用对话框	
mnuFile	菜单	Caption（文件）
mnuNew	菜单命令	Caption（新建）
mnuOpen	菜单命令	Caption（打开）
mnuSave	菜单命令	Caption（保存）
MnuLine1	菜单命令	Caption（ - ）
mnuExit	菜单命令	Caption（退出）
mnuFormat	菜单	Caption（格式）
mnuFont	菜单命令	Caption（字体…）
mnuBack	菜单命令	Caption（背景色…）

2. 为各个对象编写事件代码。

```
Dim FileName As String  '保存文件名
'背景色菜单命令代码
Private Sub mnuBack_Click()
    CD1.ShowColor
    Text1.BackColor = CD1.Color
End Sub
'退出菜单命令代码
Private Sub mnuExit_Click()
    End
End Sub
'字体菜单命令代码
```

```
Private Sub mnuFont_Click()
    On Error Resume Next
    CD1.Flags = 3
    CD1.ShowFont
    Text1.FontBold = CD1.FontBold
    Text1.FontItalic = CD1.FontItalic
    Text1.FontUnderline = CD1.FontUnderline
    Text1.FontStrikethru = CD1.FontStrikethru
    Text1.FontSize = CD1.FontSize
    Text1.FontName = CD1.FontName
    Text1.ForeColor = CD1.Color
End Sub
'新建菜单命令代码
Private Sub mnuNew_Click()
    Text1.Text = ""
    FileName = ""
    Me.Caption = "编辑器"
End Sub
'打开菜单命令代码
Private Sub mnuOpen_Click()
    CD1.Filter = "文本文件|*.txt|所有文件|*.*"
    CD1.FileName = ""
    CD1.ShowOpen
    If CD1.FileName <> "" Then
        FileName = CD1.FileName
        Me.Caption = FileName
        '下面可以编写打开文件的代码，文件名为 FileName

    End If
End Sub
'保存菜单命令代码
Private Sub mnuSave_Click()
    If FileName = "" Then
        CD1.Filter = "文本文件|*.txt|所有文件|*.*"
        CD1.FileName = ""
        CD1.ShowSave
        If CD1.FileName <> "" Then
            FileName = CD1.FileName
            Me.Caption = FileName
            '下面可以编写保存文件的代码，文件名为 FileName

        End If
    Else
    '下面可以编写保存文件的代码，文件名为 FileName

    End If
End Sub
'文本框右键菜单命令代码
Private Sub Text1_MouseDown(Button As Integer, Shift As Integer, X As Single, Y As Single)
    If Button = 2 Then
        PopupMenu mnuFormat
    End If
End Sub
```

3. 运行程序。

程序运行界面如图 15-11 所示。

图 15-11　简易文本编辑器程序运行界面

　　本实验的程序还不具有文件的打开和保存功能，待介绍完文件操作后，读者可以编写一个具有文件读写功能的更加完善的文本编辑器。

实验 12　文　　件

【实验目的】

1. 掌握顺序文件的打开和读写方法。
2. 掌握二进制文件的打开和读写方法。
3. 了解随机文件的打开和读写方法。

【实验内容】

1. 编写一个简易的记事本程序，程序具有新建文件、打开文件、保存文件和退出功能。
2. 编写一个文件加密和解密的程序，使得用户能够对一个任意文件进行加密和解密操作。
3. 用户自己编写一个读取学生信息和保存学生信息的应用程序。

【实验步骤】

1. 编写简易的记事本程序并带有文件加密和解密功能。

　　（1）在窗体 Form1 上添加文本框控件和通用对话框控件，并设计文件菜单。具体控件及其属性如表 15.12 所示。

表 15.12　　　　　　　　　　　　　　　对象属性及值

对 象 名 称	对 象 类 型	属性（属性值）
Form1	窗体	Caption（我的记事本）
Text1	文本框	Text（ ）、MultiLine（True）、ScrollBars(3)
CD1	通用对话框	
mnuFile	菜单	Caption（文件）
mnuNew	菜单命令	Caption（新建）
mnuOpen	菜单命令	Caption（打开）
mnuSave	菜单命令	Caption（保存）
MnuLine1	菜单命令	Caption（-）
mnuExit	菜单命令	Caption（退出）

（2）添加窗体 Form2，并在窗体上添加 3 个按钮，名称分别为"Command1"、"Command2"和"Command3"，标题分别为"加密文件"、"解密文件"和"打开记事本"，并添加一个名称为"CD1"的通用对话框控件。

（3）加密/解密思想：当一个字节的内容异或一个整数以后，该字节的内容就变成了一个不同于原来内容的新字节，即完成加密操作；文件解密时，用加密的结果再次异或原来加密时的整数，就还原成原来的字节内容，即完成解密操作，也就是 A Xor B Xor B=A。

（4）为 Form1 记事本窗体和 Form2 文件加密和解密窗体分别添加如下代码。

Form1 记事本窗体代码：

```
Dim FileName As String            '保存文件名
Private Sub Form_Resize()
    On Error Resume Next
    Text1.Width = Me.ScaleWidth - 20
    Text1.Height = Me.ScaleHeight - 20
End Sub
'加密解密菜单命令代码
Private Sub mnuEncrypt_Click()
    Form2.Show
    Unload Me
End Sub
'退出菜单命令代码
Private Sub mnuExit_Click()
    End
End Sub
'新建菜单命令代码
Private Sub mnuNew_Click()
    FileName = ""
    Text1.Text = ""
End Sub
'打开菜单命令代码
Private Sub mnuOpen_Click()
    Dim c As String
    CD1.FileName = ""
    CD1.ShowOpen
    If CD1.FileName <> "" Then
        FileName = CD1.FileName
        Open FileName For Input As #1
        Do While Not EOF(1)
            Line Input #1, c
            Text1.Text = Text1.Text & c & Chr(13) & Chr(10)
        Loop
        Text1.Text = Left(Text1.Text, Len(Text1.Text) - 2)    '去掉最后添加的换行符号
        Close #1
    End If
End Sub
'保存菜单命令代码
Private Sub mnuSave_Click()
    If FileName = "" Then
        CD1.FileName = ""
        CD1.ShowSave
        If CD1.FileName <> "" Then
            FileName = CD1.FileName
            SaveFile FileName
        End If
    Else
```

```
                SaveFile FileName
        End If
End Sub
'保存一个文件的自定义过程
Sub SaveFile(FileName As String)
    Open FileName For Output As #1
    Print #1, Text1.Text
    Close #1
End Sub
```

Form2 文件加密/解密窗体代码：

'加密代码
```
Private Sub Command1_Click()
    Dim FileName As String
    Dim c As Byte
    Dim p
    CD1.FileName = ""
    CD1.ShowOpen
    If CD1.FileName <> "" Then
        FileName = CD1.FileName
        Open FileName For Binary As #1
        For p = 1 To LOF(1)
            Get #1, p, c       '读取一个字节内容到变量C中
            c = c Xor 85       '将C的内容进行加密
            Put #1, p, c
        Next
        Close #1
        MsgBox "加密成功"
    End If
End Sub
```

'解密代码
```
Private Sub Command2_Click()
    Dim FileName As String
    Dim c As Byte
    Dim p
    CD1.FileName = ""
    CD1.ShowOpen
    If CD1.FileName <> "" Then
        FileName = CD1.FileName
        Open FileName For Binary As #1
        For p = 1 To LOF(1)
            Get #1, p, c       '读取一个字节内容到变量C中
            c = c Xor 85       '将C的内容进行加密
            Put #1, p, c
        Next
        Close #1
        MsgBox "解密成功"
    End If
End Sub


Private Sub Command3_Click()
    Form1.Show
    Unload Me
End Sub
```

上面程序的运行界面分别如图 15-12（a）、（b）所示。

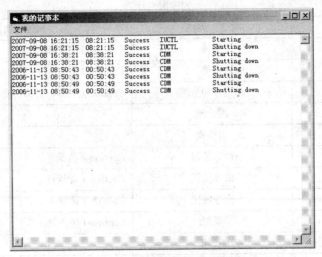

（a）记事本程序运行界面

（b）文件加密/解密程序运行界面

图 15-12   程序运行界面

2. 根据随机文件的读写方法，用户自己编写一个能够打开并读写一个文件内的学生信息，学生信息包括学号、姓名、性别和出生日期。

实验 13   图 形 操 作

【实验目的】

1. 了解坐标系的建立方法。

2. 掌握图形方法的应用。

【实验内容】

设计一个简易的画板应用程序。要求用户能够绘制矩形、椭圆、直线以及自由绘制图形，同时能够设置线型、线宽以及绘图笔颜色和画板的背景颜色。程序运行界面如图 15-13 所示。

【实验步骤】

1. 在窗体上添加如图 15-13 所示的控件，并按表 15.13 所示的属性及值对控件的属性进行设置。

表 15.13 对象属性及值

对 象 名 称	对 象 类 型	属性（属性值）
Form1	窗体	Caption（图形操作）
Frame1	框架	Caption（设置）
DrawType	单选按钮数组	Caption（矩形、椭圆、直线、自由绘制）
Combo1	组合框	
Combo2	组合框	
Command1	命令按钮	Caption（前景色）
Command2	命令按钮	Caption（背景色）
Command3	命令按钮	Caption（清除）
Frame2	框架	Caption（绘图区）
P1	图形框	
CD1	通用对话框	

2. 为各个对象编写事件代码。

```
Dim StartX, StartY  '记录起点坐标
'设置线型代码
Private Sub Combo1_Change()
    P1.DrawStyle = Combo1.Text
End Sub
'设置线型代码
Private Sub Combo1_Click()
    P1.DrawStyle = Combo1.Text
End Sub
'设置线宽代码
Private Sub Combo2_Change()
    P1.DrawWidth = Combo2.Text
End Sub
'设置线宽代码
Private Sub Combo2_Click()
    P1.DrawWidth = Combo2.Text
End Sub
'前景色命令按钮代码
Private Sub Command1_Click()
    CD1.ShowColor
    P1.ForeColor = CD1.Color
End Sub
'背景色命令按钮代码
Private Sub Command2_Click()
    CD1.ShowColor
    P1.BackColor = CD1.Color
End Sub
'清除命令按钮代码
Private Sub Command3_Click()
    P1.Cls
End Sub

Private Sub Form_Load()
'添加线形
For i = 0 To 6
```

```
        Combo1.AddItem i
    Next
    '添加线宽
    For i = 1 To 10
        Combo2.AddItem i
    Next
    Combo1.ListIndex = 0
    Combo2.ListIndex = 0
End Sub
'记住鼠标按下的起点坐标
Private Sub P1_MouseDown(Button As Integer, Shift As Integer, X As Single, Y As Single)
    StartX = X
    StartY = Y
End Sub
'自由绘制图形时，随时画线
Private Sub P1_MouseMove(Button As Integer, Shift As Integer, X As Single, Y As Single)
    If Button = 1 Then
        If DrawType(3).Value = True Then
            P1.Line (StartX, StartY)-(X, Y)
            StartX = X
            StartY = Y
        End If
    End If
End Sub
'绘制标准图形时，鼠标弹起开始绘制
Private Sub P1_MouseUp(Button As Integer, Shift As Integer, X As Single, Y As Single)
    Dim nowType
    Dim r            '保存椭圆半径
    Dim r2           '保存椭圆 y 轴半径
    Dim sp           '保存轴比
    Dim cx, cy       '保存圆心坐标

    For i = 0 To 3
      If DrawType(i).Value = True Then
        nowType = i
      End If
    Next
    Select Case nowType
        Case 0   '矩形
            P1.Line (StartX, StartY)-(X, Y), , B
        Case 1   '椭圆
            r = Abs(X / 2 - StartX / 2)
            r2 = Abs(Y / 2 - StartY / 2)
            sp = r2 / r
            If X > StartX Then
                cx = X - r
            Else
                cx = StartX - r
            End If
            If Y > StartY Then
                cy = Y - r2
            Else
                cy = StartY - r2
            End If
            P1.Circle (cx, cy), r, , , , sp

        Case 2   '直线
```

```
        P1.Line (StartX, StartY)-(X, Y)
    Case 3  '自由绘制

End Select
End Sub
```

3. 运行程序。

程序运行界面如图 15-13 所示。

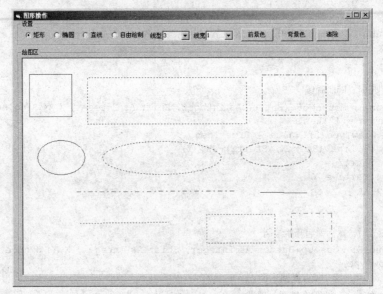

图 15-13　简易画图程序运行界面

实验 14　多重窗体程序设计

【实验目的】

1. 掌握窗体调用、卸载、隐藏的方法。
2. 掌握多文档窗体的建立方法和工具栏、状态栏的使用方法。

【实验内容】

建立一个简易的多文档文本编辑器，具体功能包括：文件的新建、打开和保存，用户在退出程序或关闭文档时，如果文档未保存，提示用户是否保存；具有复制、剪切和粘贴的功能；具有设置字体和文档背景功能；具有窗体水平平铺、垂直平铺、层叠窗口功能和文档列表功能；设置"新建"、"打开"、"保存"、"剪切"、"复制"、"粘贴"工具栏；设置状态栏，第 1 个面板显示当前光标位置，第 2 个面板显示日期，第 3 个面板显示 CapLocks 键的状态，第 4 个面板显示 Insert 键的状态。程序运行结果如图 15-14 所示。

【实验步骤】

1. 添加部件。

用鼠标右键单击工具箱窗口，选择"部件"命令，在"部件"对话框中添加"Microsoft Windows Common Control 6.0"控件、"Microsoft Common Dialog Control 6.0"控件和"Microsoft Rich TextBox Control 6.0"控件。

2. 添加窗体、控件。

（1）添加窗体。

为应用程序添加 MDI 窗体"MDIForm1"和一个文档窗体"Form1"，将 Form1 窗体的 MDIChild 属性设置为 True，并将启动对象设置为 MDIForm1。

（2）为 Form1 文档窗体添加控件。

在窗体上添加 RichTextBox 控件，命名为"rchText"，将其 MultiLine 属性设置为 True。

（3）为 MDIForm1 窗体添加控件和设计菜单。

在 MDIForm1 窗体上添加 ToolBar 控件、StatusBar 控件、ImageList 控件和 CommonDialog 控件。

为 ImageList 控件添加 6 个图片，分别为 New.bmp、Open.Bmp、Save.Bmp、Cut.Bmp、Copy.Bmp 和 Cut.Bmp。

将 ToolBar 控件的 ImageList 属性设置为"ImageList1"，同时，为控件添加 6 个按钮，并将按钮的图片分别设置为 0，1，2，3，4，5，6，将按钮的 Key 设置为 NEW、OPEN、SAVE、CUT、COPY 和 PASTE。

为 StatusBar 控件设置 4 个面板，并将第 1 个面板的 Style 设置为 0-sbrText，第 2 个面板的 Style 设置为 6-sbrDate，第 3 个面板的 Style 设置为 1-sbrCaps，第 4 个面板的 Style 设置为 3-sbrIns。

3. 编写程序代码。

（1）Form1 窗体事件代码如下：

```
Public FileName As String    '保存文件名称
Public FileSave As Boolean    '保存文件是否存盘标志

Private Sub Form_Load()
    FileSave = True
End Sub
'关闭文档时，询问是否存盘
Private Sub Form_QueryUnload(Cancel As Integer, UnloadMode As Integer)
    If FileSave = False Then
        If MsgBox("文件还没有保存，是否保存文件", vbYesNo + vbQuestion) = vbYes Then
            MDIForm1.mnuSave_Click
        End If
    End If
End Sub

Private Sub Form_Resize()
    rchText.Width = Me.ScaleWidth - 20
    rchText.Height = Me.ScaleHeight - 20
End Sub

Private Sub rchText_Change()
    FileSave = False '将保存文件标志设置为未保存
    MDIForm1.StatusBar1.Panels(1).Text = "Position:" & rchText.SelStart
End Sub

Private Sub rchText_Click()
    MDIForm1.StatusBar1.Panels(1).Text = "Position:" & rchText.SelStart
End Sub
```

（2）MDIForm1 窗体事件代码如下：

```
Dim docCount As Integer    '保存文档计数器

'背景菜单命令代码
```

```
Private Sub mnuBackColor_Click()
    Dim nowdoc As Form1
    Set nowdoc = MDIForm1.ActiveForm
    CD1.ShowColor
    nowdoc.rchText.BackColor = CD1.Color

End Sub
'复制菜单命令代码
Private Sub mnuCopy_Click()
        Dim nowdoc As Form1
        Set nowdoc = MDIForm1.ActiveForm
        Clipboard.SetText nowdoc.rchText.SelText
End Sub
'剪切菜单命令代码
Private Sub mnuCut_Click()
        Dim nowdoc As Form1
        Set nowdoc = MDIForm1.ActiveForm
        Clipboard.SetText nowdoc.rchText.SelText
        nowdoc.rchText.SelText = ""
End Sub

Private Sub mnuExit_Click()
    Unload Me
End Sub

'粘贴菜单命令代码
Private Sub mnuPaste_Click()
     Dim nowdoc As Form1
    Set nowdoc = MDIForm1.ActiveForm
    nowdoc.rchText.SelText = Clipboard.GetText
End Sub
'字体菜单命令代码
Private Sub mnuFont_Click()
    Dim nowdoc As Form1
    Set nowdoc = MDIForm1.ActiveForm
    CD1.Flags = 3
    CD1.ShowFont
    nowdoc.rchText.SelBold = CD1.FontBold
    nowdoc.rchText.SelItalic = CD1.FontItalic
    nowdoc.rchText.SelStrikeThru = CD1.FontStrikethru
    nowdoc.rchText.SelUnderline = CD1.FontUnderline
    nowdoc.rchText.SelFontName = CD1.FontName
    nowdoc.rchText.SelFontSize = CD1.FontSize
    nowdoc.rchText.SelColor = CD1.Color
End Sub
'水平平铺窗口命令代码
Private Sub mnuHorizon_Click()
    MDIForm1.Arrange 2
End Sub
'层叠窗口命令代码
Private Sub mnuLayer_Click()
    MDIForm1.Arrange 0
End Sub
'垂直平铺窗口命令代码
Private Sub mnuVertical_Click()
    MDIForm1.Arrange 1
End Sub
'新建文件菜单命令代码
```

```
Private Sub mnuNew_Click()
    Dim newDoc As New Form1
    docCount = docCount + 1
    newDoc.Caption = "文档 " & docCount
    newDoc.Show
End Sub
'打开文件菜单命令代码
Private Sub mnuOpen_Click()
    CD1.Filter = "RTF 文档|*.rtf|文本文件|*.txt|Word 文档|*.doc|所有文件|*.*"
    CD1.ShowOpen
    If CD1.FileName <> "" Then
        Dim newDoc As New Form1
        newDoc.Caption = CD1.FileName
        newDoc.FileName = CD1.FileName
        newDoc.rchText.FileName = newDoc.FileName
        newDoc.rchText.Refresh
        newDoc.FileSave = True
    End If
End Sub
'保存文件菜单命令代码
Public Sub mnuSave_Click()
    Dim nowdoc As Form1
    Set nowdoc = MDIForm1.ActiveForm
    If nowdoc.FileName = "" Then
        CD1.Filter = "RTF 文件|*.rtf|文本文件|*.txt|所有文件|*.*"
        CD1.ShowSave
        If CD1.FileName <> "" Then
            nowdoc.FileName = CD1.FileName
            nowdoc.Caption = CD1.FileName
            nowdoc.rchText.SaveFile nowdoc.FileName
            nowdoc.FileSave = True
        End If
    Else
        nowdoc.rchText.SaveFile nowdoc.FileName
        nowdoc.FileSave = True
    End If
End Sub
'工具栏操作
Private Sub Toolbar1_ButtonClick(ByVal Button As MSComctlLib.Button)
    Select Case Button.Key
        Case "NEW"      '新建文档
            mnuNew_Click
        Case "OPEN"     '打开文档
            mnuOpen_Click
        Case "SAVE"     '保存文档
            mnuSave_Click
        Case "CUT"      '剪切
            mnuCut_Click
        Case "COPY"     '复制
            mnuCopy_Click
        Case "PASTE"    '粘贴
            mnuPaste_Click
    End Select
End Sub
```

4. 运行程序。

程序运行结果如图 15-14 所示。

图 15-14　简易多文档文本编辑器

实验 15　数据库程序设计

【实验目的】

1. 掌握数据库的设计方法。

2. 掌握基本 SQL 语句的使用。

3. 掌握 ADO Data 控件和 DataGrid 控件的应用。

【实验内容】

1. 设计一个学生信息管理管理系统的数据库，包括"系统用户"表、"学生信息"表。

2. 设计一个应用程序，实现"系统用户"表中记录的合法用户登录系统后，能够对学生信息进行浏览、添加、修改和删除操作。

【实验步骤】

1. 建立"学生管理.mdb"数据库。

（1）建立数据库和数据表。

启动 Access，建立"学生管理.mdb"数据库，并按表 15.14 和表 15.15 所示的表结构建立"系统用户"表和"学生信息"表。

表 15.14　　　　　　　　　　　　　　系统用户表结构

字 段 名 称	字 段 类 型	字 段 长 度	说　　明
用户名	文本	10	关键字
密码	文本	10	

表 15.15　　　　　　　　　　　　　　学生信息表结构

字 段 名 称	字 段 类 型	字 段 长 度	说　　明
学号	文本	10	关键字
姓名	文本	10	
性别	文本	1	
党员	是/否		
出生日期	日期/时间		
籍贯	文本	50	

续表

字 段 名 称	字 段 类 型	字 段 长 度	说　明
专业	文本	50	
入学日期	日期/时间		

（2）录入数据。

打开已经设计好的表，分别向两个表中录入数据。

2. 建立登录窗口。

（1）用鼠标右键单击工具箱，选择"部件"命令，在"部件"对话框中，添加"Microsoft ADO Data Control 6.0"控件和"Microsoft DataGrid Control 6.0"控件。

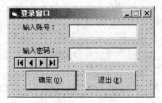

图 15-15　登录窗口

（2）在登录窗体上绘制如图 15-15 所示的控件。

（3）程序代码如下。

```
'确定按钮代码
Private Sub Command1_Click()
    Dim sql As String
    sql = "select * from 系统用户 where 用户名='" & Text1.Text & "'"
    Adodc1.CommandType = adCmdText
    Adodc1.RecordSource = sql
    Adodc1.Refresh
    If Adodc1.Recordset.RecordCount > 0 Then
        If Adodc1.Recordset.Fields("密码") = Text2.Text Then
            Form2.Show
            Unload Me
        Else
            MsgBox "密码不正确"
        End If
    Else
        MsgBox "您输入的账号不存在"
    End If
End Sub
'退出按钮代码
Private Sub Command2_Click()
    End
End Sub

Private Sub Form_Load()
    Adodc1.ConnectionString = "Provider=Microsoft.Jet.OLEDB.4.0;Data Source=" & App.Path & "\学生管理.mdb;Persist Security Info=False"
    Adodc1.Visible = False
End Sub
```

3. 建立学生信息管理窗体。

（1）在窗体上添加如图 15-16 所示的控件。

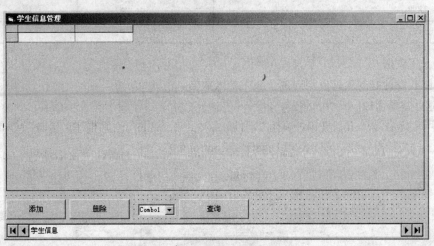

图 15-16 "学生信息管理"窗口

（2）学生信息管理窗体代码如下：

```
'添加按钮代码
Private Sub Command1_Click()
    Adodc1.Recordset.AddNew
End Sub
'删除按钮代码
Private Sub Command2_Click()
    If MsgBox("确实要删除吗? ", vbYesNo + vbQuestion) = vbYes Then
        Adodc1.Recordset.Delete
    End If
End Sub
'查询按钮代码
Private Sub Command3_Click()
    Dim sc As String
    If Command3.Caption = "查询" Then
        sc = InputBox("请输入要查询的内容")
        Adodc1.Recordset.Filter = Combo1.Text & " like '%" & sc & "%'"
        Command3.Caption = "所有"
    Else
        Adodc1.Refresh
        Command3.Caption = "查询"
    End If
End Sub

Private Sub Form_Load()
    Adodc1.ConnectionString = "Provider=Microsoft.Jet.OLEDB.4.0;Data Source=" &
App.Path & "\学生管理.mdb;Persist Security Info=False"
    Adodc1.RecordSource = "select * from 学生信息"
    Set DataGrid1.DataSource = Adodc1
    '向组合框中添加文本字段
    For i = 0 To Adodc1.Recordset.Fields.Count - 1
        If Adodc1.Recordset.Fields(i).Type = adVarWChar Then
            Combo1.AddItem Adodc1.Recordset.Fields(i).Name
```

```
        End If
    Next
    Combo1.ListIndex = 0
'End Sub
```

在本实验中，用户也可以单独做一个窗体，实现学生信息的添加和修改功能，这样可以使得用户在添加学生信息和修改学生信息时，界面更加美观，用法更加方便。

实验 16 文件系统操作

【实验目的】

1. 掌握文件语句的使用方法。
2. 掌握驱动器列表框控件、目录列表框控件和文件列表框控件的用法。
3. 熟悉掌握 FSO 对象的应用。

【实验内容】

建立一个应用程序，实现文件和文件夹的复制、移动、删除和文件夹的新建功能。程序运行界面如图 15-17 所示，对象属性如表 15.16 所示。

【实验步骤】

1. **在窗体上绘制如图 15-17 所示的控件，并为控件设置如表 15.16 所示的属性。**

表 15.16   对象属性值表

对 象 名 称	对 象 类 型	属性（属性值）
Form1	窗体	Caption（文件系统操作）
Frame1	框架	Caption（源文件）
Drive1	驱动器列表框	
Dir1	目录列表框	
File1	文件列表框	MultiSelect（2-Extended）
Combo1	组合框	List（*.txt、*.doc、*.exe、*.*）
Frame2	框架	Caption（目标文件）
Drive2	驱动器列表框	
Dir2	目录列表框	
Frame3	框架	Caption（操作）
Command1~Command4	命令按钮	Caption（复制）、Caption（移动）、Caption（删除）、Caption（建文件夹）

2. **编写程序代码。**

```
Private Sub Combo1_Click()
    File1.Pattern = Combo1.Text
End Sub
'文件和文件夹的复制
Private Sub Command1_Click()
    Dim fso As New FileSystemObject
    If File1.FileName = "" Then    '没有选择文件，文件夹复制
        fso.CopyFolder Dir1.Path, Dir2.Path
```

```
        Else    '文件复制
            For i = 0 To File1.ListCount - 1
                If File1.Selected(i) Then
                    fso.CopyFile File1.Path & "\" & File1.List(i), Dir2.Path
                End If
            Next
        End If

End Sub
    '文件和文件夹的移动
    Private Sub Command2_Click()
     Dim fso As New FileSystemObject
        If File1.FileName = "" Then    '没有选择文件, 文件夹移动
            fso.MoveFolder Dir1.Path, Dir2.Path
        Else    '文件移动
            For i = 0 To File1.ListCount - 1
                If File1.Selected(i) Then
                    fso.MoveFile File1.Path & "\" & File1.List(i), Dir2.Path & "\" &
File1.List(i)
                End If
            Next
        End If
    End Sub
    '文件和文件夹的删除
    Private Sub Command3_Click()
        Dim fso As New FileSystemObject
        If File1.FileName = "" Then    '没有选择文件, 文件夹删除
            If MsgBox("确实要删除该文件夹吗? ", vbYesNo + vbQuestion) = vbYes Then
                fso.DeleteFolder Dir1.Path
                Dir1.Refresh
            End If
        Else    '文件删除
            If MsgBox("确实要删除该文件夹吗? ", vbYesNo + vbQuestion) = vbYes Then
                For i = 0 To File1.ListCount - 1
                    If File1.Selected(i) Then
                        fso.DeleteFile File1.Path & "\" & File1.List(i)
                    End If
                Next
            End If
            File1.Refresh
        End If
    End Sub
    '新建文件夹操作
    Private Sub Command4_Click()
        Dim FolderName As String
        Dim fso As New FileSystemObject
        FolderName = InputBox("请输入文件夹名称")
        If FolderName <> "" Then
            fso.CreateFolder Dir1.Path & "\" & FolderName
            Dir1.Refresh
        End If
    End Sub

    Private Sub Dir1_Change()
        File1.Path = Dir1.Path
    End Sub
```

```
Private Sub Drive1_Change()
    Dir1.Path = Drive1.Drive
End Sub

Private Sub Drive2_Change()
    Dir2.Path = Drive2.Drive
End Sub
```

3. 运行程序。

程序运行界面如图 15-17 所示。

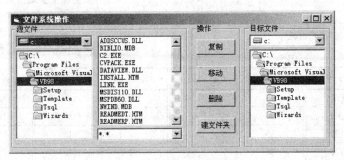

图 15-17 程序运行界面

附录 A
ASCII 码表

ASCII 码	字 符	ASCII 码	字 符	ASCII 码	字 符	ASCII 码	字 符
0	NUL	33	!	66	B	99	c
1	SOH	34	"	67	C	100	d
2	STX	35	#	68	D	101	e
3	ETX	36	$	69	E	102	f
4	EOT	37	%	70	F	103	g
5	ENQ	38	&	71	G	104	h
6	ACK	39	'	72	H	105	i
7	BEL	40	(	73	I	106	j
8	BS	41	)	74	J	107	k
9	TAB	42	*	75	K	108	l
10	LF	43	+	76	L	109	m
11	VT	44	,	77	M	110	n
12	FF	45	-	78	N	111	o
13	CR	46	.	79	O	112	p
14	SO	47	/	80	P	113	q
15	SI	48	0	81	Q	114	r
16	DLE	49	1	82	R	115	s
17	DC1	50	2	83	S	116	t
18	DC2	51	3	84	T	117	u
19	DC3	52	4	85	U	118	v
20	DC4	53	5	86	V	119	w
21	NAK	54	6	87	W	120	x
22	SYN	55	7	88	X	121	y
23	ETB	56	8	89	Y	122	z
24	CAN	57	9	90	Z	123	{
25	EM	58	:	91	[	124	|
26	SUB	59	;	92	\	125	}
27	ESC	60	<	93	]	126	~
28	FS	61	=	94	^	127	DEL
29	GS	62	>	95	_		
30	RS	63	?	96	`		
31	US	64	@	97	a		
32	(space)	65	A	98	b		

附录 B
键盘按键系统常量

（一）特殊键系统常量

常　数	值	描　述	常　数	值	描　述
vbKeyLButton	1	鼠标左键	vbKeyPageDown	34	PageDown 键
vbKeyRButton	2	鼠标右键	vbKeyEnd	35	End 键
vbKeyCancel	3	Cancel 键	vbKeyHome	36	Home 键
vbKeyMButton	4	鼠标中键	vbKeyLeft	37	Left Arrow 键
vbKeyBack	8	Backspace 键	vbKeyUp	38	Up Arrow 键
vbKeyTab	9	Tab 键	vbKeyRight	39	Right Arrow 键
vbKeyClear	12	Clear 键	vbKeyDown	40	Down Arrow 键
vbKeyReturn	13	Enter 键	vbKeySelect	41	Select 键
vbKeyShift	16	Shift 键	vbKeyPrint	42	Print Screen 键
vbKeyControl	17	Ctrl 键	vbKeyExecute	43	Execute 键
vbKeyMenu	18	菜单键	vbKeySnapshot	44	Snap Shot 键
vbKeyPause	19	Pause 键	vbKeyInser	45	Ins 键
vbKeyCapital	20	Caps Lock 键	vbKeyDelete	46	Del 键
vbKeyEscape	27	Esc 键	vbKeyHelp	47	Help 键
vbKeySpace	32	Spacebar 键	vbKeyNumlock	144	Nnm Lock 键
vbKeyPageUp	33	PageUp 键			

（二）A 键到 Z 键系统常量

常　数	值	描　述	常　数	值	描　述
vbKeyA	65	A 键	vbKeyI	73	I 键
vbKeyB	66	B 键	vbKeyJ	74	J 键
vbKeyC	67	C 键	vbKeyK	75	K 键
vbKeyD	68	D 键	vbKeyL	76	L 键
vbKeyE	69	E 键	vbKeyM	77	M 键
vbKeyF	70	F 键	vbKeyN	78	N 键
vbKeyG	71	G 键	vbKeyO	79	O 键
vbKeyH	72	H 键	vbKeyP	80	P 键

续表

常　　数	值	描　　述	常　　数	值	描　　述
vbKeyQ	81	Q 键	vbKeyV	86	V 键
vbKeyR	82	R 键	vbKeyW	87	W 键
vbKeyS	83	S 键	vbKeyX	88	X 键
vbKeyT	84	T 键	vbKeyY	89	Y 键
vbKeyU	85	U 键	vbKeyZ	90	Z 键

（三）0 键到 9 键系统常量

常　　数	值	描　　述	常　　数	值	描　　述
vbKey0	48	0 键	vbKey5	53	5 键
vbKey1	49	1 键	vbKey6	54	6 键
vbKey2	50	2 键	vbKey7	55	7 键
vbKey3	51	3 键	vbKey8	56	8 键
vbKey4	52	4 键	vbKey9	57	9 键

（四）数字小键盘系统常量

常　　数	值	描　　述	常数	值	描述
vbKeyNumpad0	96	0 键	vbKeyNumpad8	104	8 键
vbKeyNumpad1	97	1 键	vbKeyNumpad9	105	9 键
vbKeyNumpad2	98	2 键	vbKeyMultiply	106	乘号 (*) 键
vbKeyNumpad3	99	3 键	vbKeyAdd	107	加号 (+) 键
vbKeyNumpad4	100	4 键	vbKeySeparator	108	数字键盘的 Enter 键
vbKeyNumpad5	101	5 键	vbKeySubtract	109	减号 (-) 键
vbKeyNumpad6	102	6 键	vbKeyDecimal	110	小数点 (.) 键
vbKeyNumpad7	103	7 键	vbKeyDivide	111	除号 (/) 键

（五）功能键系统常量

常　　数	值	描　　述	常　　数	值	描　　述
vbKeyF1	112	F1 键	vbKeyF9	120	F9 键
vbKeyF2	113	F2 键	vbKeyF10	121	F10 键
vbKeyF3	114	F3 键	vbKeyF11	122	F11 键
vbKeyF4	115	F4 键	vbKeyF12	123	F12 键
vbKeyF5	116	F5 键	vbKeyF13	124	F13 键
vbKeyF6	117	F6 键	vbKeyF14	125	F14 键
vbKeyF7	118	F7 键	vbKeyF15	126	F15 键
vbKeyF8	119	F8 键	vbKeyF16	127	F16 键